“十四五”职业教育国家规划教材
“十三五”职业教育国家规划教材
高等职业教育农业农村部“十三五”规划教材

动物防疫与检疫技术

第二版

DONGWU FANGYI YU JIANYI JISHU

朱俊平　葛爱民　主编

中国农业出版社
北　京

内容简介

本教材根据现代畜牧兽医行业发展的需要和毕业生工作岗位的能力要求而开发，构建了“项目导向、任务驱动”的教材内容，设计了动物疫情调查、动物疫病监测、动物疫病防控、重大动物疫情的处置、共患疫病的检疫、猪疫病的检疫、禽疫病的检疫、牛羊疫病的检疫、兔疫病的检疫、产地检疫、动物屠宰检疫、动物及动物产品检疫监督、动物及动物产品进出境检疫等13个项目、77个典型工作任务和25个技能操作。做到了教学内容与岗位要求一致，教学内容与工作任务一致，职业特色和实用特色鲜明。通过学习该教材，能使学生具备畜禽产品检验员、动物疫病诊治员、兽医化验员、动物检疫检验员等职业所需的知识和技能。

本教材既可作为高等职业院校动物医学、动物防疫与检疫、畜牧兽医、动物科学等专业的教学用书，也可作为养殖场技术人员的学习用书以及基层兽医、动物检疫和防疫人员的培训教材。

第二版编审人员

DIERBAN BIANSHEN RENYUAN

主　　编　朱俊平　葛爱民

副 主 编　杨惠超　尹小平　隋兆峰

编　　者　（以姓名笔画为序）

尹小平　冯　刚　朱俊平　刘洪明

杨惠超　张　曼　战晓燕　隋兆峰

葛爱民

企业指导　刘洪明

审　　稿　李　舫　孙荣钊

第一版编审人员

DIYIBAN BIANSHEN RENYUAN

主　编　朱俊平　匡存林

副主编　杨惠超　尹小平

编　者　（以姓名笔画为序）

尹小平　冯　刚　匡存林　朱俊平

杨惠超　张　曼　战晓燕　隋兆峰

审　稿　李　舫　崔言顺

FOREWORD/第二版前言

为贯彻落实《国家职业教育改革实施方案》《职业院校教材管理办法》《教育部关于职业院校专业人才培养方案制订与实施工作的指导意见》等文件精神，根据新修订的《中华人民共和国动物防疫法》《动物检疫管理办法》等法律法规内容，对《动物防疫与检疫技术》第一版进行了修订。

新版教材在修订过程中更加注重科学性、先进性和应用性。内容方面增加了动物防疫和动物检疫近几年的新标准、新规范和新技术，对第一版教材内容中涉及的法规、规范、规程、标准等进行了全面的更新，同时对第一版中存在的用语不规范及疏漏之处进行了修正与完善，特别增加了“思政园地”版块，丰富了课程思政的内容。

第二版教材继承了第一版“项目导向、任务驱动”的设计理念，按照真实工作任务及其工作过程，科学设计了动物疫情调查、动物疫病监测、动物疫病防控、重大动物疫情的处置、共患疫病的检疫、猪疫病的检疫、禽疫病的检疫、牛羊疫病的检疫、兔疫病的检疫、产地检疫、动物屠宰检疫、动物及动物产品检疫监督、动物及动物产品进出境检疫等13个项目共77个典型工作任务，以及25个技能操作。教材结构适合项目教学、案例教学和模块化教学。教材充分利用信息技术和数字化教学资源，制作了融媒体教材，融文字、图片、动画等于一体，以充分适应“互联网+职业教育”的需求。登录“智农书苑”APP和官网，即可畅享本教材的超媒体版本，同时还可阅读中国农业出版社职业教育各类电子教材，为教师推广翻转课堂、参与式教学、探究式教学等新型教学模式提供了有力支撑。

本教材具体分工如下：朱俊平（山东畜牧兽医职业学院）编写绪论、项目一、项目七、项目十和项目十三，并负责全书编排和统稿；葛爱民（山东畜牧兽医职业学院）编写项目四，并负责校稿；杨惠超（辽宁职业学院）编写项目三，并负责校稿；隋兆峰（山东畜牧兽医职业学院）编写项目二和项目九，并参加校稿；尹小平（贵州农业职业学院）编写项目十一；战晓燕（上海农林职业技术学院）编写项目五；冯刚（玉溪农业职业技术学院）编写项目六；张曼（杨凌职业技术学院）编写项目八；刘洪明（山东省烟台市农业农村局）编写项目十二；教材数字化资源由山东畜牧兽医职业学院朱俊平、葛爱民、隋兆峰、薛梅、潘柳婷提供。全书承蒙山东畜牧兽医职业学院李舫教授和中国动物卫生与流行病学中心孙荣钊博士审稿。

本教材在编写过程中，得到了重庆三峡职业学院郑敏、山东省寿光市农业农村局王建华、山东畜牧兽医职业学院潘柳婷和夏庆祥等老师的指导和帮助，在此一并致谢。

由于编者水平所限，书中疏漏和不妥之处在所难免，敬请广大师生和读者批评指正，以便再版时改进。

编　者

2022 年 1 月

FOREWORD / 第一版前言

本教材是根据教育部《关于深化职业教育教学改革全面提高人才培养质量的若干意见》和《关于全面提高高等教育质量的若干意见》等文件的精神，根据动物疫病防治员、畜禽产品检验员、兽医化验员、动物检疫检验员等职业所需的知识和技能，融入执业兽医资格标准和企业标准编写而成。本教材注重科学性、先进性和应用性，内容简明扼要，职业特色和实用特色鲜明，反映了近年来有关的新理论、新标准和新技术。

本教材构建了"项目导向、任务驱动"的教材内容，设计了动物疫情调查、动物疫病监测、动物疫病防控、重大动物疫情的处置、共患疫病的检疫、猪疫病的检疫、禽疫病的检疫、牛羊疫病的检疫、兔疫病的检疫、产地检疫、屠宰检疫、动物及动物产品检疫监督、动物及动物产品进出境检疫 13 个项目，77 个典型工作任务，适合实施"课程与实训一体化""教学做一体化"教学。

本教材的具体编写分工如下：朱俊平（山东畜牧兽医职业学院）编写绪论、项目一、项目七、项目十和项目十三，并负责全书编排和统稿；匡存林（江苏农牧科技职业学院）编写项目四和项目九，并负责校稿；杨惠超（辽宁职业学院）编写项目三，并负责校稿；尹小平（贵州农业职业学院）编写项目十一；隋兆峰（山东畜牧兽医职业学院）编写项目二和项目十二；战晓燕（上海农林职业技术学院）编写项目五；冯刚（玉溪农业职业技术学院）编写项目六；张曼（杨凌职业技术学院）编写项目八。全书承蒙山东畜牧兽医职业学院李舫教授和山东农业大学崔言顺教授审稿。

本书在编写过程中，得到了山东畜牧兽医职业学院葛爱民、潘柳婷和夏庆祥等老师的指导和帮助，顾浩（潍坊海关）、马东平（寿光市畜牧局）和孙荣钊（中国动物卫生与流行病学中心）提供了编写材料并帮助校正了部分文稿，在此一并致谢。

由于编写时间仓促、编者水平所限，书中不妥之处在所难免，敬请广大师生和读者批评指正。

编　者

2018 年 10 月

CONTENTS / 目 录

绪　论

动物疫病是制约畜牧业发展的重要因素，在长期与疫病斗争过程中，人们越来越清楚地认识到疫病预防的重要性，并提出了许多疫病防控的原则。“未病先防，既病防变”是春秋战国时期，我国传统医学提出的防病思想。“检疫”作为疫病预防的重要措施之一，起源于14世纪的欧洲，主要用于防止人类疫病的流行与传播，后来“检疫”措施扩展到对动物及动物产品的管理。英国在1866年签署了一项法令，扑杀由进境种牛传染的全部病牛，这是最早的动物检疫法令。我国的动物检疫始于20世纪初，随着中华人民共和国的成立，特别是改革开放后，动物检疫工作发展迅速，已形成了较为完善的动物防疫检疫体系，为推动我国畜牧业发展、保障人民健康发挥了重大作用。

一、动物疫病

1. 动物疫病的概念　动物疫病是指由病原体（细菌、病毒等微生物和寄生虫）感染引起的，具有传染性的动物疾病，即动物传染病，包括寄生虫病。

2. 动物疫病的特征　动物疫病虽然因病原体的不同以及动物的差异，在临诊上表现各种各样，但同时也具有一些共性，主要有下列特点。

（1）由病原体作用于机体引起。动物疫病都是由病原体引起的，如狂犬病由狂犬病病毒引起，猪瘟由猪瘟病毒引起，鸡球虫病由艾美耳球虫引起等。

（2）具有传染性和流行性。从患病动物体内排出的病原体，侵入其他动物体内，引起其他动物感染，这就是传染性。个别动物的发病造成了群体性的发病，这就是流行性。

（3）感染的动物机体发生特异性免疫反应。几乎所有的病原体都具有抗原性，病原体侵入动物体内一般会激发动物体的特异性免疫应答。

（4）耐过动物能获得特异性免疫。当患疫病的动物耐过后，动物体内产生了一定量的特异性免疫效应物质（如抗体、细胞因子等），并能在动物体内存留一定的时间。在这段时间内，这些效应物质可以保护动物机体不受同种病原体的侵害。每种疫病耐过保护的时间长短不一，有的几个月，有的几年，也有终身免疫的。

（5）具有特征性的症状和病变。由于一种病原体侵入易感动物体内，侵害的部位相对来说是一致的，所以出现的临诊症状基本相同，显现的病理变化也基本相似。

二、动物防疫

1. 动物防疫的概念 动物防疫是指动物疫病的预防、控制、诊疗、净化、消灭和动物、动物产品的检疫，以及病死动物、病害动物产品的无害化处理。就是指采取各种措施，将动物疫病排除于动物群之外，根据疫病发生发展的规律，采取包括消毒、免疫接种、药物预防、检疫、隔离、封锁、畜群淘汰等措施，消除或减少疫病的发生。

2. 动物防疫工作的基本原则

（1）建立和健全各级动物疫病防控机构。重视基层动物疫病防控机构建设，构建立体式动物疫病防控机构。动物防疫工作是一项与农业、商业、对外贸易、卫生、交通等部门都有密切关系的重要工作。只有各有关部门密切配合、紧密合作，从全局出发，统一部署，全面安排，才能把动物防疫工作做好。

（2）贯彻预防为主，预防与控制、净化、消灭相结合的方针。搞好防疫卫生、饲养管理、消毒、免疫接种、检疫、隔离、封锁等综合性防疫措施，以达到提高动物健康水平和抗病能力，控制和杜绝动物疫病的传播蔓延，降低发病率和病死率。随着集约化畜牧业的发展，预防为主的方针更显重要，如果防疫重点不放在预防、控制、净化、消灭方面，而忙于治疗个别病例，势必会造成发病率不断增加，病例越治越多，使防疫工作陷入被动局面。

（3）贯彻执行防疫法规。《中华人民共和国动物防疫法》对动物防疫工作的方针政策和基本原则作出了明确而具体的规定，是我国目前执行的主要动物防疫法规。

三、动物检疫

1. 动物检疫的概念 动物检疫是指为了预防、控制、净化、消灭动物疫病，保障动物及动物产品安全，保护畜牧业生产和人民身体健康，由法定的机构和法定的人员，依照法定的检疫项目、对象、标准和方法，对动物及动物产品进行检疫、定性和处理的一项带有强制性的技术行政措施。

动物检疫不同于一般的兽医诊断，虽然都是采用兽医诊断技术对动物进行疫病诊断，但二者在目的、对象、范围和处理等方面有很大的不同。

2. 动物检疫的特点 动物检疫的性质决定了其不同于一般的动物疫病诊断和监测工作，在各方面都有严格的要求，有其固有的特点。

（1）强制性。动物检疫是政府的强制性行政行为，受法律保护。动物卫生监督机构依法对动物、动物产品实施检疫，任何单位和个人都必须服从并协助做好检疫工作。凡不按照规定或拒绝、阻挠、抗拒动物检疫的，都属于违法行为，将受到法律制裁。

（2）法定的机构和人员。法定的检疫机构是指按照《中华人民共和国动物防疫法》规定，在规定的区域或范围内行使动物检疫职权的单位，即动物检疫主体，包括县级以上人民政府所属的动物卫生监督机构和国家进出口检验检疫机构。

官方兽医具体实施动物、动物产品检疫。动物卫生监督机构的官方兽医应当具备国务院农业农村主管部门规定的条件，由省、自治区、直辖市人民政府农业农村主管

部门按照程序确认，由所在地县级以上人民政府农业农村主管部门任命；海关的官方兽医应当具备规定的条件，由海关总署任命。

（3）法定的检疫项目和检疫对象。实施检疫时，从动物饲养到运输、屠宰、加工、贮藏乃至产品运输、市场出售的各个环节所进行的各方面的检查事项，称为动物检疫项目。我国法律、法规对各环节的检疫项目，分别做了不同规定。动物卫生监督机构和检疫人员必须按规定的项目实施检疫，否则所出具的检疫证明将会失去法律效力。

检疫对象是指动物疫病，而法定检疫对象是指由国家或地方根据不同动物疫病的流行情况、分布区域及危害大小，以法律的形式规定的某些重要动物疫病。

（4）法定的检疫标准和方法。检疫的方法以准确、迅速、方便、灵敏、特异、先进等指标为标准，在若干检疫方法中进行选择，将最先进的方法作为法定的检疫方法，以确保动物检疫的科学性和准确性。动物检疫必须采用法律、法规统一规定的检疫方法和判定标准。

（5）法定的处理方法。动物检疫人员必须按照规定方法对动物及其产品实施检疫，对检疫后的处理，必须执行统一的标准，不得任意设定。根据检疫结果，即合格与不合格两种情况，分别做出相应的处理。

（6）法定的检疫证明。国务院农业农村主管部门依法制定的检疫证明称为法定的检疫证明。国家对其格式、电子出证系统的管理等方面均有统一规定，并以法律的形式加以固定。动物检疫人员必须按照规定出具法定的检疫证明。

3. 动物检疫的作用　动物检疫是消灭疫病、保障人类健康的重要手段，其主要的作用体现在下列几个方面。

（1）监督作用。动物检疫人员通过索证、验证，发现和纠正违反《中华人民共和国动物防疫法》的行为。通过监督检查促使动物饲养者自觉开展预防接种等防疫工作，达到以检促防的目的；同时可促进动物及其产品经营者主动接受检疫，合法经营；另外还可促进产地检疫顺利进行，把不合格的动物及其产品处理在流通环节之前。

（2）保护畜牧业生产。通过动物检疫，可以及时发现动物疫情，及时采取防控措施，防止动物疫病散播。

（3）保护人体健康。动物及动物产品与人类生活紧密相关，许多疾病可以通过动物或动物产品传染给人。200 多种动物疫病中，70%以上可以传染给人，75%的人类新疫病来源于动物或动物源性食品，如布鲁菌病、炭疽、结核病、猪囊尾蚴病等。通过动物检疫，检出患病动物或带菌（毒）动物，以及带菌（毒）动物产品，保证进入流通领域的动物及其产品的卫生质量，防止人畜共患病的传播，保护人民群众的健康。

（4）促进对外经济贸易发展。随着全球经济一体化，动物及其产品贸易量也越来越大。通过对进口动物及动物产品的检疫，及时发现患病动物或染疫产品，御疫病于国门之外，同时可依照有关法律及协议进行索赔，使国家免受损失。例如 2014—2016 年，我国检疫进口奶牛 535 367 头，因疫病淘汰 64 856 头，避免直接经济损失近 9 亿元。另外，通过对出口动物及动物产品的检疫，可保证畜产品质量，维护我国对外贸易信誉，提高国际市场竞争力，促进畜牧业发展。

四、我国动物防疫与检疫工作概况

中华人民共和国成立以前，我国兽医事业的基础非常薄弱，动物防疫与检疫机构残缺不全，从业人员稀缺。牛瘟、猪瘟、猪肺疫、炭疽及新城疫等动物疫病在我国广泛流行，严重地影响了畜牧业的发展和人民的身体健康。

（一）新中国成立后动物防疫与检疫工作取得的主要成就

1. 建立了动物防疫、检疫的法律法规 建立健全动物防疫与检疫的法律法规，使动物防疫与检疫工作走向法治轨道，做到有法可依，是动物防疫与检疫工作正常进行并充分发挥作用的根本保证。

目前我国制定并执行的涉及动物防疫检疫方面的法律法规有：《中华人民共和国动物防疫法》（以下简称《动物防疫法》）、《中华人民共和国进出境动植物检疫法》（以下简称《进出境动植物检疫法》）、《中华人民共和国进出境动植物检疫法实施条例》（以下简称《进出境动植物检疫法实施条例》）、《中华人民共和国进出口商品检验法》（以下简称《进出口商品检验法》）、《中华人民共和国进出口商品检验法实施条例》（以下简称《进出口商品检验法实施条例》）、《中华人民共和国畜牧法》（以下简称《畜牧法》）、《兽药管理条例》《生猪屠宰管理条例》以及有关的配套法规。特别是《动物防疫法》，是对新时期动物防疫工作的进一步完善，也是社会主义法制建设的重要成果。

2. 统一了组织管理，建立了较为完善的动物防疫管理网络 2013 年，生猪屠宰监管由商务部划入农业部主管，打通了从养殖到屠宰卫生质量风险控制与监管链条，把养殖、屠宰两个环节紧密联系，动物产地检疫和屠宰检疫更加规范。

国务院农业农村主管部门主管全国的动物防疫工作，县级以上地方人民政府农业农村主管部门主管本行政区域内的动物防疫工作，县级以上地方人民政府设立的动物卫生监督机构负责动物、动物产品的检疫工作。隶属于海关总署的出入境检验检疫机构负责进出境动物、动物产品的检疫。

除专门防疫检疫机构外，县级以上人民政府对动物防疫工作进行统一领导，加强了基层动物防疫队伍的建设，建立健全了动物防疫体系，根据统筹规划、合理布局、综合设置的原则建立动物疫病预防控制机构，承担动物疫病的监测、诊断、流行病学调查、疫情报告以及其他预防、控制等技术工作；承担动物疫病净化、消灭的技术工作。乡级人民政府、城市街道办事处组织群众，协助做好本管辖区域内的动物疫病预防控制工作。

3. 培养了专业人才，建立了专业队伍 建设和完善动物防疫与检疫队伍，是提高动物疫病防控能力，实现畜牧业持续稳定健康发展的重要前提条件，也是保障动物性食品安全和公共卫生安全的要求。

全国高等院校、国家相关畜牧兽医研究院所，培养了大批的高素质动物防疫与检疫人才。“十二五”期间，全国共认定官方兽医 11.05 万人，7.67 万人获得执业兽医资格。随着国家对动物防疫经费投入的不断增加，县级和乡级人民政府采取招聘、培训等有效措施，加强了村级防疫员队伍的建设。

4. 加强了世界合作，完成了国际接轨 改革开放 40 多年来，我国畜牧业发展迅速，已成为世界畜牧生产和消费大国。创新跨境动物疫病联防联控机制，促进周边国

家和地区动物卫生风险管理能力共同提升，有效降低了动物疫病传入风险。加强世界合作，完成国际接轨，畜产品按照国际规范的卫生标准生产，使其顺利跨出国门，对促进畜牧业由数量型向质量型转变、开拓国际市场、提高人民生活质量和保障人民健康等都具有十分重要的意义。

我国政府先后与世界多个国家或地区签署了动物防疫和动物卫生合作协定、双边输出输入动物及产品单项检疫议定书。2007 年 5 月 25 日，第 75 届世界动物卫生组织（OIE，现更名为 WOAH）国际委员会大会恢复了中华人民共和国在 WOAH 的合法权利和义务，中国作为主权国家加入 WOAH。作为世界畜牧业大国，中国政府高度重视 WOAH 在世界动物卫生领域不可替代的重要地位和作用，与世界各地和包括 WOAH 在内的有关国际组织加强在动物卫生领域的交流与合作。中国以负责任的态度，认真履行 WOAH 成员的权利和义务，为世界动物卫生事业做出自己应有的贡献。

5. 控制和消灭了主要动物疫病　自新中国成立以来，我国十分重视动物疫病的防控和研究工作，积极组织力量，于 1949—1955 年短短 6 年的时间内，在全国范围内消灭了猖獗流行、蔓延成灾的牛瘟；1996 年又消灭了牛肺疫。炭疽、猪肺疫、气肿疽、羊痘、猪丹毒、兔病毒性出血病等重要动物疫病已得到基本控制；基本消灭了马鼻疽、马传染性贫血；高致病性禽流感、口蹄疫等重大动物疫病流行强度逐年下降、发病范围显著缩小、发病频次明显下降，全国连续多年未发生亚洲Ⅰ型口蹄疫疫情；对布鲁菌病、结核病、狂犬病等人畜共患病的防控也取得了很好的效果。

（二）我国动物防疫与检疫工作的发展方向

1. 进一步完善法规体系　根据我国的实际，以《动物防疫法》为依据，将动物防疫与检疫工作纳入法制化轨道，健全法律法规配套标准，完善技术规程和标准体系，建立较为严格完善的动物防疫法律法规体系。

2. 构建综合执法体系　建立省市级畜牧兽医行政执法与综合执法协调机制，加强对县级畜牧兽医综合执法的业务指导。整合畜牧兽医执法队伍，统一行使动物防疫检疫、种畜禽、饲料、兽药、畜禽屠宰、生鲜乳、兽医实验室生物安全、动物诊疗机构和兽医从业人员监督执法等职责，逐步实现执法人员统一管理，执法力量统一调度。

3. 推行官方兽医制度和执业兽医制度　官方兽医负责实施动物、动物产品检疫和出具检疫证明。我国实行官方兽医制度，有利于与国际接轨，有利于贯彻落实动物卫生法律规范，有利于造就公正、廉洁、高效的兽医执法队伍，有利于控制动物疫病，提高动物产品质量。

执业兽医制度，是指国家对从事动物疫病诊断、治疗和动物保健等经营活动的兽医人员实行执业资格认可的制度。实行执业兽医制度是国际通行做法，是实现全面防疫、群防群控的基本保证，也是兽医职业化发展、行业化管理的具体要求。鼓励具备从业条件的兽医人员申请执业兽医资格，创办兽医诊疗机构。各地通过建立兽医行业协会等方式，加强对执业兽医的管理，实行行业自律，规范从业行为，提高服务水平。

4. 加强基层动物防疫检疫队伍建设　高水平的基层动物防疫检疫队伍是畜牧业健康发展的有力保障，如何确保基层动物防疫检疫队伍的稳定和发展，提高基层动物防疫检疫人员专业技术水平和自身素质，是一个十分紧迫的任务。鼓励养殖和兽药生产经营企业、动物诊疗机构及其他市场主体成立动物防疫服务队、合作社等多种形式的服务机构，规范整合村级防疫员资源。

我国最新的动物检疫标准和规范中，仅屠宰检疫当中的检疫对象就达到了 40 个以上，这要求检疫人员具有较强的专业素质和实践经验。国家一方面在加大对基层防疫工作的资金投入，改善检疫设备，提高监测水平；另一方面，也在加强对基层防疫工作人员的培训，提高其思想素质和专业素质。

5. 加强技术研究及技术成果的推广应用 我国动物疫病研究虽已取得了很大成就，但还远不能适应畜牧业快速发展的需要。由于没有充分掌握某些疫病的流行规律、病原体的变异情况及变异规律，没有掌握同一疫病的不同来源病原在毒力、血清型、抗原性、免疫原性等方面的差异，导致了防控工作的盲目性和低水平。因此，在将来的一段时间内，对一些重要的动物疫病需进行病原学、流行病学及致病与免疫机制研究，为疫病防控提供科学依据；改进传统疫苗，进行新型疫苗的研制，完善疫病的监测预报，解决动物疫病防控中的关键技术问题。

思政园地

对比新中国成立前后的动物防疫与检疫工作概况，总结我国社会主义制度在动物疫病预防、控制、消灭等方面的优势。结合党的二十大报告提出的坚持科技创新在我国现代化建设全局中的核心地位，分析动物防疫与检疫工作的科技发展方向。

项目一

动物疫情调查

本项目的应用：用于动物疫病发生流行情况的调查，通过分析疫情调查资料，明确动物疫病的发生流行规律，为制定和评价疫病防控措施提供依据。

完成本项目所需知识点：感染；疫病发生的条件及发展的四个阶段；疫病流行过程的三个基本环节；疫病流行过程的特征；疫病调查分析的方法。

完成本项目所需技能点：进行疫情调查分析。

任务一　动物疫病发生的调查

动物机体在整个生命活动中，会受到来自体内外各种病原体的侵袭。病原体感染动物机体后，可引起机体不同程度的损伤，机体内部与外界的相对平衡稳定状态遭受破坏，机体处于异常的生命活动中，其机能、代谢甚至组织结构多会发生改变，从而在临诊上出现一系列异常的症状，导致动物疫病的发生。

一、感染

1. 感染的概念　病原体侵入动物机体，并在一定的部位定居、生长繁殖，引起动物机体产生一系列病理反应的过程，称为感染，亦可称传染。病原体对动物的感染不仅取决于病原体本身的特性，而且与动物的易感性、免疫状态以及环境因素有关。

当病原体具有相当的毒力和数量，并且动物机体的抵抗力又相对较弱时，动物机体就会表现出一定的临诊症状；如果病原体毒力较弱或数量较少，而动物机体的抵抗力较强时，病原体可能在动物体内存活，但不能大量繁殖，动物机体也不表现明显症状。动物机体抵抗力较强时，机体内并不适合病原体的生长，一旦病原体进入动物体内，机体能迅速动员自身的防御力量将病原体杀死，从而保持机体机能的正常稳定。

2. 感染的类型　病原体与动物机体抵抗力之间的关系错综复杂，影响因素较多，造成了感染过程的表现形式多样化，从不同角度可分为不同的类型。

（1）外源性感染和内源性感染。病原体从外界侵入动物机体引起的感染过程，称为外源性感染，大多数疫病都属此类。如果病原体是寄居在动物体内的条件性病原体，由于动物机体抵抗力的降低而引起的感染，称为内源性感染。

继发感染

（2）单纯感染和混合感染、原发感染和继发感染。由单一病原体引起的感染，称为单纯感染；由两种以上的病原体同时参与的感染称为混合感染。动物感染了一种病原体后，随着抵抗力下降，又有新的病原体侵入或原先寄居在动物体内的条件性病原体引起的感染，称为继发感染；最先侵入动物体内引起的感染，称为原发感染。如鸡感染了支原体后，再感染大肠杆菌，那么感染支原体是原发感染，感染大肠杆菌是继发感染。

显性感染

（3）显性感染和隐性感染。一般按患病动物症状是否明显可分为显性感染和隐性感染。动物感染病原体后表现出明显的临诊症状称显性感染；症状不明显或不表现任何症状称为隐性感染。隐性感染的动物一般难以发现，多是通过病原体检查或血清学方法查出，因此在临诊上这类动物更具危险性。

（4）良性感染和恶性感染。一般以患病动物的病死率作为标准，病死率高者称为恶性感染，病死率低的则为良性感染。如狂犬病为恶性感染，猪气喘病多为良性感染。

（5）最急性、急性、亚急性和慢性感染。常把病程较短，一般在24h内，没有典型症状和病变的感染称为最急性感染，常见于传染病流行的初期。急性感染的病程一般在几天到2周不等，常伴有明显的症状，这有利于临诊诊断。亚急性感染的动物临诊症状一般相对缓和，也可由急性感染发展而来，病程一般在2周到一个月不等。慢性感染病程长，在一个月以上，如布鲁菌病、结核病等。

（6）典型感染和非典型感染。在感染过程中表现出该病的特征性临诊症状，称为典型感染。而非典型感染则表现或轻或重，与特征性临诊症状不同。

（7）局部感染和全身感染。病原体侵入动物机体后，能向全身多部位扩散或其代谢产物被吸收，从而引起全身性症状，称为全身感染，其表现形式有菌（病毒）血症、毒血症、败血症和脓毒败血症等。如果侵入动物体内的病原体毒力较弱或数量不多，常被限制在一定的部位生长繁殖，并引起局部病变的感染，称为局部感染，如葡萄球菌、链球菌引起的化脓创等。

（8）病毒的持续性感染和慢病毒感染。有些病毒可以长期存活于动物机体内，感染的动物有的持续有症状，有的间断出现症状，有的不出现症状，这称为病毒的持续性感染。疱疹病毒、副黏病毒和反转录病毒科病毒，常诱发持续性感染。

慢病毒感染是指某些病毒或类病毒感染后呈慢性经过，潜伏期长达几年至数十年，临诊上早期多没有症状，后期出现症状后多以死亡结束，如牛海绵状脑病等。

以上感染的各种类型都是人为划分的，因此都是相对的，它们之间往往会出现交叉、重叠和相互转化。

二、动物疫病发生的条件

动物疫病的发生需要一定的条件，其中病原体是引起传染过程发生的首要条件，动物的易感性和环境因素也是疫病发生的必要条件。

1. 病原体的毒力、数量与侵入门户　毒力是病原体致病能力强弱的反映，人们常把病原体分为强毒株、中等毒力株、弱毒株、无毒株等。病原体的毒力不同，与机体相互作用的结果也不同。病原体须有较强的毒力才能突破机体的防御屏障引起传染，导致疫病的发生。

病原体引起感染，除必须有一定毒力外，还必须有足够的数量。一般来说病原体毒力越强，引起感染所需数量就越少；反之需要数量就越高。

具有较强的毒力和足够数量的病原体，还需经适宜的途径侵入易感动物体内，才可引发传染。有些病原体只有经过特定的侵入门户，并在特定部位定居繁殖，才能造成感染。例如，伤寒沙门菌须经口进入机体，破伤风梭菌侵入深部创伤才有可能引起破伤风，日本脑炎病毒以蚊子为媒介叮咬皮肤后经血流才能传染。但也有些病原体的侵入途径是多种的，例如炭疽杆菌、布鲁菌可以通过皮肤和消化道、生殖道黏膜等多种途径侵入宿主。

2. 易感动物　对病原体具有感受性的动物称为易感动物。动物对病原体的感受性是动物“种”的特性，因此动物的种属特性决定了它对某种病原体的传染具有天然的免疫力或感受性。动物的种类不同对病原体的感受性也不同，如猪是猪瘟病毒的易感动物，而牛、羊则是非易感动物；人、草食动物对炭疽杆菌易感，而鸡不易感。同种动物对病原体的感受性也有差异，如肉鸡对马立克病毒的易感性大于蛋鸡。

另外，动物的易感性还受年龄、性别、营养状况等因素的影响，其中以年龄因素影响较大。例如，雏鹅易感染小鹅瘟病毒，成鹅感染但不发病；猪霍乱沙门菌容易感染 1～4 月龄的猪。

3. 外界环境因素　外界环境因素包括气候、温度、湿度、地理环境、生物因素（如传播媒介、储存宿主）、饲养管理及使役情况等，它们对于传染的发生是不可忽视的条件，是传染发生相当重要的诱因。环境因素改变时，一方面可以影响病原体的生长、繁殖和传播；另一方面可使动物机体抵抗力、易感性发生变化。如夏季气温高，病原体易于生长繁殖，因此易发生消化道传染病；而寒冷的冬季能降低易感动物呼吸道黏膜抵抗力，易发生呼吸道传染病。另外，在某些特定环境条件下，存在着一些疫病的传播媒介，影响疫病的发生和传播。如流行性乙型脑炎（日本脑炎）、蓝舌病等疫病以昆虫为媒介，故在昆虫繁殖的夏季和秋季容易发生和传播。

三、动物疫病的发展阶段

为了更好地理解动物疫病的发生、发展规律，人们将疫病的发展分为四个阶段，虽然各阶段有一定的划分依据，但有的界限不是非常严格。

动物疫病的发展阶段

1. 潜伏期　从病原体侵入机体开始繁殖，到动物出现最初症状为止的一段时间称为潜伏期。

不同疫病的潜伏期不同，就是同一种疫病也不一定相同。潜伏期一般与病原体的毒力、数量、侵入途径和动物机体的易感性有关，但一般来说，还是相对稳定的，如猪瘟的潜伏期为 2～20d，多数为 5～8d。总的来说，急性疫病的潜伏期比较一致，慢性疫病的潜伏期差异较大，较难把握。同一种疫病的潜伏期短时，疫病经过往往比较严重；潜伏期长时，则表现较为缓和。动物处于潜伏期时没有临诊表现，难以被发现，对健康动物威胁大。因此，了解疫病的潜伏期对于预防和控制疫病也有极其重要的意义。

2. 前驱期 是指动物从出现最初症状到出现特征性症状的一段时间。这段时间一般较短，仅表现疾病的一般症状，如食欲下降、发热等，此时进行疫病确诊是非常困难的。

3. 明显期 是疫病特征性症状的表现时期，是疫病诊断最容易的时期。这一阶段患病动物排出体外的病原体最多、传染性最强。

4. 转归期 是指明显期进一步发展到动物死亡或恢复健康的一段时间。如果动物机体不能控制或杀灭病原体，则以动物死亡为转归；如果动物机体的抵抗力得到加强，病原体得到有效控制或杀灭，症状就会逐步缓解，病理变化慢慢恢复，生理机能逐步正常。在病愈后一段时间内，动物体内的病原体不一定马上消失，会出现带毒（菌、虫）现象，各种病原体的保留时间不相同。

任务二　动物疫病流行过程的调查

动物疫病的流行过程（简称流行）是指疫病在动物群体中发生、发展和终止的过程，也就是从动物个体发病到群体发病的过程。

动物疫病的流行必须同时具备三个基本环节，即传染源、传播途径和易感动物群。这三个环节同时存在并互相联系时，就会导致疫病的流行，如果其中任何环节受到控制，疫病的流行就会终止。所以在预防和扑灭动物疫病时，都要紧紧围绕三个基本环节来开展工作。

一、流行过程的三个基本环节

（一）传染源

传染源

传染源是指某种疫病的病原体能够在其中定居、生长、繁殖，并能够将病原体排出体外的动物机体。包括患病动物和病原携带者。

1. 患病动物 患病动物是最重要的传染源。动物在明显期和前驱期能排出大量毒力强的病原体，传染的可能性也就大。

患病动物能排出病原体的整个时期称为传染期。不同动物疫病的传染期不同，为控制传染源隔离患病动物时，应隔离至传染期结束。

2. 病原携带者 是指外表无症状但携带并排出病原体的动物体。由于很难发现，平时常常和健康动物生活在一起，所以对其他动物影响较大，是更危险的传染源。主要有以下几类。

（1）潜伏期病原携带者。大多数传染病在潜伏期不排出病原体，少数疫病（狂犬病、口蹄疫、猪瘟等）在潜伏期的后期能排出病原体，传播疫病。

（2）恢复期病原携带者。是指病症消失后仍然排出病原体的动物。部分疫病（布鲁菌病、猪瘟、鸡白痢、猪弓形虫病等）的感染者在康复后仍能长期排出病原体。对于这类病原携带者，应进行反复的实验室检查才能查明。

（3）健康病原携带者。是指动物本身没有患过某种疫病，但体内存在且能排出病原体。一般认为这是隐性感染的结果，如巴氏杆菌病、沙门菌病、猪丹毒等疫病的健康病原携带者是重要的传染源。

病原携带者存在间歇排毒现象，只有反复多次检查均为阴性时，才能排除病原携带状态。

被病原体污染的各种外界环境因素，不适于病原体长期的寄居、生长繁殖，也不能排出。因此不能认为是传染源，而应称为传播媒介。

（二）传播途径

病原体从传染源排出后，通过一定的途径侵入其他动物体内的方式称为传播途径。掌握疫病传播途径的重要性在于人们能有效地将其切断，保护易感动物的安全。传播途径可分为水平传播和垂直传播两大类。

1. 水平传播　是指疫病在群体之间或个体之间以水平形式横向平行传播，可分为直接接触传播和间接接触传播。

（1）直接接触传播。指在没有任何外界因素的参与下，病原体通过传染源与易感动物直接接触（交配、舐、咬等）而引起疫病传播的方式。最具代表性的是狂犬病，大多数患者是被狂犬病患病动物咬伤而感染的。其流行特点是一个接一个地发生，形成明显的链锁状，一般不会造成大面积流行。以直接接触传播为主要传播方式的疫病较少。

（2）间接接触传播。指在外界因素的参与下，病原体通过传播媒介使易感动物发生传染的方式。大多数疫病（口蹄疫、猪瘟、鸡新城疫等）以间接接触传播为主要传播方式，同时也可直接接触传播。两种方式都能传播的疫病称为接触性疫病。间接接触传播一般通过以下几种途径传播。

①经污染的饲料和饮水传播。这是主要的一种传播方式。传染源的分泌物、排泄物等污染了饲料、饮水而传给易感动物，如以消化道为主要侵入门户的猪瘟、口蹄疫、结核病、炭疽、犬细小病毒病、球虫病等，其传播媒介主要是污染的饲料和饮水。因此，在防疫中要特别注意做好饲料和饮水的卫生消毒工作。

②经污染的空气（飞沫、尘埃）传播。空气并不适合于病原体的生存，但病原体可以短时间内存留在空气中。病原体主要依附于空气中的飞沫和尘埃，并通过其进行传播。几乎所有的呼吸道传染病都主要通过飞沫进行传播，如流行性感冒、结核病、鸡传染性支气管炎、猪气喘病等。一般冬春季节、动物密度大、通风不良的环境，有利于通过空气进行传播。

疫病经飞沫传播

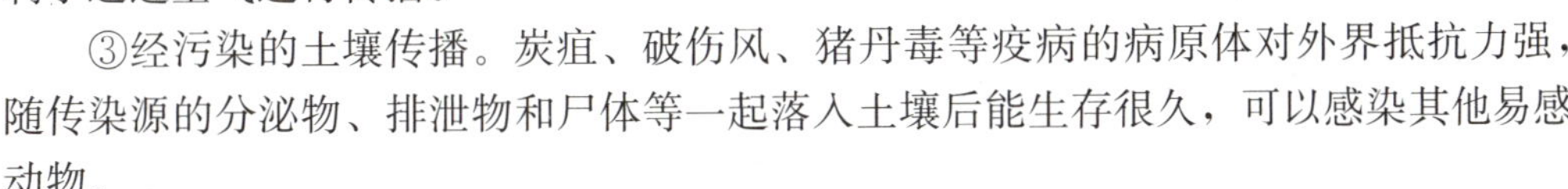

③经污染的土壤传播。炭疽、破伤风、猪丹毒等疫病的病原体对外界抵抗力强，随传染源的分泌物、排泄物和尸体等一起落入土壤后能生存很久，可以感染其他易感动物。

④经活的媒介物传播。主要是非本种动物和人类。

节肢动物：主要有蚊、蝇、蠓、虻类和蜱等。传播主要是机械性的，通过在患病动物和健康动物之间的刺螯、吸血而传播病原体。可以传播马传染性贫血、流行性乙型脑炎、炭疽、鸡住白细胞虫病、梨形虫病等。

疫病经蚊虫传播

野生动物：野生动物的传播可分为两类。一类是本身对病原体具有易感性，在感染后再传给其他易感动物，如飞鸟传播禽流感，狼、狐传播狂犬病等；另一类是本身对病原体并不具有感受性，但能机械性传播病原微生物，如鼠类传播猪瘟和口蹄疫等。

人：部分饲养员和兽医工作人员缺乏防疫意识，也可以成为疫病的传播者。

⑤经体温计、注射针头等用具传播。体温计、注射针头、手术器械等，用后消毒不严，可能成为马传染性贫血、炭疽、猪瘟、猪附红细胞体病、口蹄疫和新城疫等疫病的传播媒介。

疫病经卵传播

2. 垂直传播 一般是指疫病从母体到子代两代之间的传播，包括以下几种方式。

（1）经胎盘传播。受感染的动物能通过胎盘血液循环将病原体传给胎儿，如猪瘟、伪狂犬病、猪圆环病毒病、布鲁菌病等。

（2）经卵传播。由带有病原体的卵细胞发育而使胚胎感染，如鸡白痢、鸡传染性贫血、禽白血病等。

（3）经产道传播。病原体通过子宫口到达绒毛膜或胎盘引起的传播，如大肠杆菌病、葡萄球菌病、链球菌病、疱疹病毒感染等。

（三）易感动物群

易感动物群是指一定数量的有易感性的动物群体。动物易感性的高低虽与病原体的种类和毒力强弱有关，但主要还是由动物的遗传性状和特异性免疫状态决定的。另外，外界环境也能影响动物机体的感受性。易感动物群体数量与疫病发生的可能性成正比，群体数量越大，疫病造成的影响越大。影响动物易感性的因素主要有以下几方面。

1. 动物群体的内在因素 不同种动物对一种病原体的感受性有较大差异，这是动物的遗传性决定的。动物的年龄也与抵抗力有一定的关系，一般初生动物和老年动物抵抗力较弱，而青年期动物抵抗力较强，这和动物机体的免疫应答能力高低有关。

2. 动物群体的外界因素 动物生活过程中的一切因素都会影响动物机体的抵抗力。如环境温度、湿度、光线、有害气体浓度、日粮成分、喂养方式、运动量等。

3. 特异性免疫状态 在疫病流行时，一般易感性高的动物个体发病严重，感受性较低的动物症状较缓和。通过获取母源抗体和接触抗原获得特异性免疫，就可提高特异性免疫的能力，如果动物群体中70%～80%的动物具有较高免疫水平，就不会引发大规模的流行。

动物疫病的流行必须有传染源、传播途径和易感动物群三个基本环节同时存在。因此，动物疫病的防控措施必须紧紧围绕这三个基本环节进行，施行消灭和控制传染源、切断传播途径及增强易感动物的抵抗力的措施，是疫病防控的根本。

二、疫源地和自然疫源地

1. 疫源地 具有传染源及其排出的病原体所存在的地区称为疫源地。疫源地比传染源含义广泛，它除包括传染源之外，还包括被污染的物体、房舍、牧地、活动场所，以及这个范围内的可疑动物群。防疫方面，对于传染源采取的措施包括隔离、扑杀或治疗，对疫源地还包括环境消毒等。

疫源地的范围大小一般根据传染源的分布和病原体的污染范围的具体情况确定。它可能是个别动物的生活场所，也可能是一个小区或村庄。人们通常将范围较小的疫源地或单个传染源构成的疫源地称为疫点，而将较大范围的疫源地称为疫区。疫区划分时应注意考虑当地的饲养环境、天然屏障（如河流、山脉）和交通等因素。通常疫点和疫区并没有严格的界限，而应从防疫工作的实际出发，切实做好疫病的防控工作。

疫源地的存在具有一定的时间性，时间的长短由多方面因素决定。一般而言，只有当所有的传染源死亡或离开疫区，康复动物体内不带有病原体，经过一个最长潜伏期没有出现新的病例，并对疫源地进行彻底消毒，才能认为该疫源地被消灭。

2. 自然疫源地 有些疫病的病原体在自然情况下，即使没有人类或家畜的参与，也可以通过传播媒介感染动物造成流行，并长期在自然界循环延续后代，这些疫病称为自然疫源性疾病。存在自然疫源性疾病的地区，称为自然疫源地。自然疫源性疾病具有明显的地区性和季节性，并受人类活动改变生态系统的影响。自然疫源性疾病很多，如狂犬病、伪狂犬病、口蹄疫、流行性乙型脑炎、鹦鹉热、野兔热、布鲁菌病等。

在日常的动物疫病防控工作中，一定要切实做好疫源地的管理工作，防止其范围内的传染源或其排出的病原体扩散，引发疫病的蔓延。

三、流行过程的特征

（一）疫病流行过程的表现形式

在动物疫病的流行过程中，根据在一定时间内发病动物的多少和波及范围的大小，大致分为以下四种表现形式。

1. 散发 是指在一段较长的时间内，一个区域的动物群体中仅出现零星的病例，且无规律性随机发生。形成散发的主要原因包括：动物群体对某病的免疫水平较高，仅极少数没有免疫或免疫水平不高的动物发病，如猪瘟；某病的隐性感染比例较大，如流行性乙型脑炎；有些疫病的传播条件非常苛刻，如破伤风。

2. 地方流行性 在一定的地区和动物群体中，发病动物数量较多，常局限于一个较小的范围内流行。它一方面表明了本地区内某病的发生频率，另一方面说明此类疫病带有局限性传播特征，如炭疽、猪丹毒等。

3. 流行性 是指在一定时间内一定动物群发病率较高，发病数量较多，波及的范围也较广。流行性疫病往往传播速度快，如果采取的防控措施不力，可很快波及很大的范围。

暴发是指在一定的地区和动物群体中，短时间内（该病的最长潜伏期内）突然出现很多病例。

4. 大流行 是指传播范围广，常波及整个国家或几个国家，发病率高的流行过程。如流感和口蹄疫都曾出现过大流行。

（二）动物疫病流行的季节性和周期性

1. 季节性 某些动物疫病常发生于一定的季节，或在一定的季节出现发病率显著上升，这称为动物疫病的季节性。造成季节性的原因较多，主要有以下几方面。

动物疫病流行的季节性

（1）季节对病原体的影响。病原体在外界环境中存在时，受季节因素的影响。如口蹄疫病毒在夏天阳光曝晒下很快失活，因而口蹄疫在夏季较少流行。

（2）季节对活的媒介物的影响。如鸡住白细胞虫病、流行性乙型脑炎主要通过蚊子传播，所以这些疫病主要发生在蚊虫活跃季节。

（3）季节对动物抵抗力的影响。不同季节的气温及其给饲料带来的影响，对动物的抵抗力也会产生一定的影响。如冬季动物呼吸道抵抗力差，呼吸系统疫病较易发生；夏季由于饲料的原因导致消化系统疫病发生较多。

了解动物疫病的季节性，对人们防控疫病具有十分重要的意义，它可以帮助我们提前做好此类疫病的预防。

2. 周期性 某些动物疫病在一次流行以后，常常间隔一段时间（常以数年计）后再次发生流行，这种现象称为动物疫病的周期性。这种动物疫病一般具有以下特点：易感动物饲养周期长；不进行免疫接种或免疫密度很低；动物耐过免疫保护时间较长；发病率高等。如口蹄疫和牛流行热等易发生周期性流行。

四、影响流行过程的因素

动物疫病的发生和流行主要取决于传染源、传播途径和易感动物群三个基本环节，而这三个环节往往受到很多因素的影响，归纳起来主要是自然因素和社会因素两大方面。如果我们能够合理利用这些因素，就能防止疫病的发生。

1. 自然因素 对动物疫病的流行起影响作用的自然因素主要有气候、气温、湿度、光照、雨量、地形、地理环境等，它们对疫病的流行都起到大小不一的作用。江、河、湖等水域是天然的隔离带，对传染源的移动进行限制，形成了一道坚固的屏障。对于生物传播媒介而言，自然因素的影响更加重要，因为媒介者本身也受到环境的影响。同时，自然因素也会影响动物的抗病能力，而动物抗病力的降低或者易感性的增加，都会增加疫病流行的机会。所以在动物养殖过程中，一定要根据天气、季节等各种因素的变化，切实做好饲养管理工作，以防动物疫病的发生和流行。

2. 社会因素 影响动物疫病流行的社会因素包括社会制度、生产力、经济、文化、科学技术水平等多种因素，其中重要的是动物防疫法规是否健全和得到充分执行。各地有关动物饲养的规定正不断完善，动物疫病的预防工作正得到不断加强，这与国家的政策保障，各地政府及职能部门的重视是分不开的。

五、流行病学调查的方法

流行病学调查的目的是研究动物疫病在动物群中发生、发展和分布的规律，制定并评价防控措施，达到预防和消灭疫病的目的。

1. 询问调查 是流行病学调查中最常用的方法。通过询问座谈，对动物的饲养者、主人、动物医生以及其他相关人员进行调查，查明传染源、传播方式及传播媒介等。

2. 现场调查 重点调查疫区的兽医卫生状况、地理地形、气候条件等，同时疫区的动物存在状况、动物的饲养管理情况等也应重点观察。在现场观察时应根据疫病的不同，选择观察的重点。如发生消化道传染病时，应特别注意动物的饲料来源和质量，水源卫生情况，粪便处理情况等；发生节肢动物传播的传染病时，应注意调查当地节肢动物的种类、分布、生态习性和感染情况等。

3. 实验室检查 为了在调查中进一步落实致病因子，常常对疫区的各类动物进行实验室检查。检查的内容常有病原检查、抗体检查、毒物检查、寄生虫及虫卵检查等。另外，也可检查动物的排泄物、呕吐物，动物的饲料、饮水等。

六、流行病学的统计分析

将流行病学调查所取得的材料，去伪存真，综合分析，找到动物疫病流行过程的

规律，可为人们找到有效的防控措施提供重要的帮助。

流行病学统计分析中常用的指标有以下几个。

1. 发病率 是指一定时期内动物群体中发生某病新病例的百分比。发病率能全面反映传染病的流行速度，但往往不能说明整个过程，有时常有动物呈隐性感染。

$$发病率=\frac{一定时期内某动物群中某病的新病例数}{同期内该群动物的平均数}\times 100\%$$

2. 感染率 是指用临诊检查方法和各种实验室检查法（微生物学、血清学等）检查出的所有感染某种疫病的动物总数占被检查动物总数的百分比。统计感染率可以比较深入地提示流行过程的基本情况，特别是在发生慢性动物疫病时有非常重要的意义。

$$感染率=\frac{感染某疫病的动物总数}{被检查的动物总数}\times 100\%$$

3. 患病率 是指在某一指定时间动物群中存在某病的病例数的比例，病例数包括该时间内新老病例，但不包括此时间前已死亡和痊愈者。

$$患病率=\frac{在某一指定时间动物群中存在的病例数}{在同一指定时间该群动物总数}\times 100\%$$

4. 死亡率 是指因某病死亡的动物数占该群动物总数的百分比。它能较好地表示该病在动物群体中发生的频率，但不能说明动物疫病的发展特性。

$$死亡率=\frac{某动物群在一定时期内因某病死亡数}{同期内该群动物平均数}\times 100\%$$

5. 病死率 是指因某病死亡的动物数占该群动物中患该病动物数的百分比。它反映动物疫病在临诊上的严重程度。

$$病死率=\frac{某时期内因某病死亡动物数}{同期内患该病动物数}\times 100\%$$

操作与体验

技能　畜禽养殖场疫情调查方案的制订

（一）技能目标

（1）通过实训，明确疫情调查的内容，了解动物疫病的流行规律。

（2）学会疫情调查方法，并能进行疫情调查资料分析。

（二）材料设备

动物疫情调查表、消毒服、胶靴、口罩、养殖户动物疫情资料、交通工具。

（三）方法步骤

1. 确定调查内容与项目 疫病的发生，往往与多种因素有关，在进行动物疫情调查时，应尽量将可能影响动物发病的各种因素考虑进来。

（1）被调查养殖场的基本情况。包括该场的名称、地址，地理地形特点，气象资料，饲养动物的种类、数量、用途，饲养方式等。

（2）饲养场卫生特征。饲养场及其邻近地区的卫生状况，饲料来源、品质、调配及保藏情况，饲喂方法，放牧场地和水源卫生状况，周围及圈舍内昆虫、啮齿动物活动情况，粪便、污水处理方法，消毒及免疫接种情况，动物流通情况，病死动物的处理方法等。

（3）疫病发生与流行情况。首例病例发生时间，发病及死亡动物的种类、数量、性别、年龄，临诊主要表现，疫病经过的特征，采用的诊断方法及结果，动物疫病的流行强度，所采取的措施及效果等。

（4）疫区既往发病情况。曾发生过何种疫病及发生时间，流行概况，所采取的措施，疫病间隔期限，是否呈周期性等。

2. 设计调查表 根据所调查地区或养殖场具体情况，确定调查项目，并依据所要调查的内容自行设计疫情调查表（表1-1）。

表1-1 养殖场动物疫情调查表

<table>
<tr><td>养殖场名称</td><td colspan="3"></td><td colspan="2">启用时间</td><td></td><td>负责人</td><td></td></tr>
<tr><td>联系地址</td><td colspan="3"></td><td colspan="2">邮　编</td><td></td><td>联系电话</td><td></td></tr>
<tr><td>养殖场基本情况</td><td colspan="8">1. 地理特点：□山地　□平原　□河谷　□盆地　□其他______
2. 近期气候是否异常：□否　□是______
3. 交通情况：距交通干线______km；距居民区______km
4. 场区面积______；圈舍栋数______；每栋圈舍面积______
5. 周边有无河流、湖泊：□无　□有______
附近有无养殖场污水排出：□无　□有______
6. 周围有无野生动物（野兽、野鸟）：□无　□有______
7. 隔离野鸟、防鼠、防虫等设施设备：□无　□有______
8. 畜禽群构成：□种畜禽　□商品畜禽（□肉用　□蛋用　□乳用　□皮毛用）　□混合
9. 饲养量：发病前存栏数______头/只；年出栏数______头/只
10. 饲养方式：□全进全出　□连续饲养
11. 防疫设施：□进场洗澡更衣　□进生产区换胶靴　□场舍门口消毒设施　□畜禽场粪便污水处理　□动物尸体无害化处理　□供料与出粪道分离
12. 畜禽场卫生状况：□好　□一般　□差
13. 饲料：□全价饲料　□配合饲料　□其他______
14. 饲养员居住情况：□住场　□不住场（□家中饲养畜禽　□家中没有饲养畜禽）</td></tr>
<tr><td rowspan="2">发病情况</td><td>动物种类</td><td></td><td>发病年龄</td><td></td><td>发病时间</td><td></td><td>死亡时间</td><td></td></tr>
<tr><td>临诊表现</td><td colspan="7">发病数：______头/只，幼龄畜禽______头/只；青年畜禽______头/只，
成年畜禽______头/只，种畜禽______头/只；发病率______%
死亡数：______头/只，幼龄畜禽______头/只，青年畜禽______头/只，
成年畜禽______头/只，种畜禽______头/只；死亡率______%
主要临诊症状：

主要病理变化：</td></tr>
<tr><td rowspan="4">发病后防控情况</td><td>治疗情况</td><td colspan="7">药物治疗情况：</td></tr>
<tr><td>紧急接种</td><td colspan="7">□无　□有______</td></tr>
<tr><td>消　毒</td><td colspan="7">消毒时间______，消毒次数______，消毒剂______</td></tr>
<tr><td>其他措施</td><td colspan="7"></td></tr>
<tr><td>周边疫情</td><td colspan="8">□无　□有______</td></tr>
</table>

（续）

<table>
<tr><td>免疫
情况</td><td colspan="5">免疫程序：

免疫效果监测：□无 □有____</td></tr>
<tr><td>疫病史</td><td colspan="5">过去类似疫情：□无 □有：发生时间____
诊断单位____
诊断结论____
发病情况____</td></tr>
<tr><td>水源
情况</td><td colspan="5">饮用水：□自来水 □自备井水 □河水 □池塘水 □水库水 □其他____
冲洗水：□自来水 □自备井水 □河水 □池塘水 □水库水 □其他____</td></tr>
<tr><td>畜禽
来源</td><td colspan="5">种畜禽来源：____
禽苗/仔畜来源：____</td></tr>
<tr><td>最近30d
购入畜禽
情况</td><td colspan="5">来源：□种畜禽场 □交易市场 □畜禽商贩 □其他____
购进时间____；购进数量____；购进地名____
进场前是否检疫：□无 □有；有无异常：□无 □有____
混群前是否隔离：□否 □是</td></tr>
<tr><td>最近购进
饲料情况</td><td colspan="5">来源：□饲料厂 □交易市场 □饲料经销商 □其他____
购进时间____；购进数量____；购进地名____
用相同饲料的其他养殖场是否有同样疫情：□无 □有</td></tr>
<tr><td rowspan="4">发病前30d
场外有关业
务人员入场
情况</td><td>姓名</td><td>职业</td><td>入场日期</td><td>来自何地</td><td>是否疫区</td></tr>
<tr><td></td><td></td><td></td><td></td><td></td></tr>
<tr><td></td><td></td><td></td><td></td><td></td></tr>
<tr><td></td><td></td><td></td><td></td><td></td></tr>
<tr><td>初诊结论</td><td colspan="5"></td></tr>
<tr><td>采样
送样
情况</td><td colspan="5">血清：____份；抗凝血：____份；其他液体样品（____）：____份
拭子（□口咽 □鼻 □肛 □肠 □其他）：____份；死胎：____份
脏器（□心 □肝 □脾 □肾 □淋巴结 □肺 □脑 □其他____）：____份</td></tr>
<tr><td>结论</td><td colspan="5"></td></tr>
<tr><td>防控
措施</td><td colspan="5"></td></tr>
<tr><td rowspan="3">被调查
人情况</td><td>姓名</td><td>学历</td><td>工作年限</td><td>职务及岗位</td><td>联系电话</td></tr>
<tr><td></td><td></td><td></td><td></td><td></td></tr>
<tr><td></td><td></td><td></td><td></td><td></td></tr>
<tr><td>调查人
员情况</td><td colspan="5">组长：____；联系电话：____
组员：____；联系电话：____
组员：____；联系电话：____</td></tr>
</table>

3. 调查方法 可采取直接询问、现场调查、实验室检查和查阅资料等方法。

4. 资料分析 将调查资料进行统计分析，以明确被调查养殖场疫病流行的类型、特点、发生原因，疫病传播来源和途径等，并提出具体防控措施。

（四）考核标准（以100分制计算）

序号	考核内容	考核要点	分值	评分标准
1	确定调查内容与项目（30分）	调查养殖场的基本情况	5	全面、准确
		饲养场卫生特征	10	全面、准确
		疫病发生与流行情况	10	全面、准确
		疫区既往发病情况	5	全面、准确
2	设计调查表（20分）	内容项目	15	全面、准确
		表格结构	5	合理、清晰
3	调查方法（20分）	查阅资料	5	通过网络、图书馆查阅所需资料
		直接询问	8	与人沟通自然、顺畅
		现场调查	7	内容准确
4	资料分析（30分）	明确疫情	10	确定该调查养殖场的疫情
		提出防控措施	10	提出的动物疫病防控措施正确
		协作意识	5	具备团队协作精神，积极与小组成员配合，共同完成任务
		安全意识	5	正确穿戴消毒服、胶靴、口罩，注重生物安全
总分			100	

知识拓展

拓展知识　无规定动物疫病区的建立

随着现代畜牧业高度集约化发展，动物疫病已经成为影响畜牧业持续发展、危害人民健康和影响社会稳定的重要因素。因此，通过建立无规定动物疫病区，改善饲养环境、控制和消灭一些重点疫病、提高畜产品质量、创立优质畜产品品牌、保证公共卫生安全，具有重要的经济和社会意义。

（一）无规定动物疫病区的概念

无规定动物疫病区是指在某一确定区域，在规定期限内没有发生过某种或某几种动物疫病（口蹄疫、高致病性禽流感、新城疫、猪瘟、高致病性猪蓝耳病等），且在该区域及其边界和外围一定范围内，对动物和动物产品、动物源性饲料、动物遗传材料、动物病料、兽药（包括生物制品）的流通实施官方有效控制并经国家评估合格的特定地域。

无规定动物疫病区包括免疫无规定动物疫病区和非免疫无规定动物疫病区两种。其区域应集中连片，与相邻地区之间具备一定地理屏障或人工屏障，须建有足够的监测区和缓冲区。

1. **动物疫病**　指《动物防疫法》及《一、二、三类动物疫病病种名录》规定的一、二、三类动物疫病。

2. **规定动物疫病**　根据国家或某一区域需要，列为国家或某一区域重点控制或

消灭的疫病。

3. 非免疫无规定动物疫病区　在规定期限内，某一划定的区域没有发生过某种或某几种动物疫病，且未实施免疫接种，并在其边界及周围一定范围规定期限内未实施免疫接种，对动物和动物产品及其流通实施官方有效控制。

4. 免疫无规定动物疫病区　在规定期限内，某一划定的区域没有发生过某种或某几种动物疫病，对该区域及其周围一定范围采取免疫措施，对动物和动物产品及其流通实施官方有效控制。

5. 地理屏障　亦称自然屏障，是指自然存在的足以阻断某种疫病传播、人和动物自然流动的地貌或地理阻隔，如山峦、河流、沙漠、海洋、沼泽等。

6. 人工屏障　指为防止规定动物疫病病原进入无规定动物疫病区，由省级人民政府批准的，在无规定动物疫病区周边建立的动物防疫监督检查站、隔离设施、封锁设施等。

7. 缓冲区　指为防止规定的动物疫病进入无规定动物疫病区，根据自然、地理或行政区域等条件，在无规定动物疫病区边界外围设立的防疫缓冲区域，在区域内采取了防止致病病原进入无规定动物疫病区的相关措施，这些措施可包括但不限于免疫接种。

8. 监测区　指在无规定动物疫病区内，沿其边界设立的，应采取强化疫病监测措施的区域。

（二）建立无规定动物疫病区的基本条件

1. 健全的组织机构和完善的基础设施条件　无规定动物疫病区内有职能明确的兽医行政管理部门，有统一、稳定的省、市、县三级动物防疫监督机构和技术支撑机构，有与动物防疫工作相适应的动物防疫队伍。

有完善的法律法规体系和稳定的财政保障机制，在保证基础设施、设备投入和更新的同时，人员及工作经费应纳入财政预算。

兽医机构应具有供其支配的必要资源，有实施监督检查、流行病学调查、疫情监测和疫病报告、控制、扑灭等能力，并有效运作。

2. 具备一定的区域规模和社会经济条件　无规定动物疫病区的区域应集中连片，具有一定规模，区内动物饲养和动物屠宰、动物产品加工等企业相对集中，有足够的缓冲区和监测区，区域尽可能与行政区域（如地级市或地区）一致；与相邻地区有一定地理或人工屏障区域。

无规定动物疫病区建立需得到辖区范围内政府、相关企业和社会的支持；区内社会经济水平和政府财政能够承担无规定疫病区建设、维持经费，承受短期的、局部的不利影响。

3. 具有动物疫病防控基础　无规定动物疫病区内的技术支撑体系应具备相应疫病的诊断、监测、免疫质量监控和分析能力，以及与所承担工作任务相适应的设施设备。

动物防疫监督机构具备与检疫、监督、消毒工作相适应的仪器设备，并有能力实施对动物及其产品的检疫监控、防疫条件审核和防疫追溯。

有相应的无害化处理设施设备，具备及时有效地处理病害动物和动物产品以及其他污染物的能力。

省、市、县具有健全的应急体系，完备的疫情信息传递和档案资料管理设备，具有对动物疫情应急处理和对疫情准确、迅速报告的能力，并按《动物疫情报告管理办法》的要求，及时、准确报告疫情。

工作人员的数量及技术水平必须符合行政主管部门的规定和工作需要。

（三）无规定动物疫病区的建立内容

1. 基础建设　主要包括机构队伍建设、法规规章制定、财政支持、人工屏障设置、测报预警、流通监管、检疫监管、规划制定等。

2. 免疫控制　制订科学的免疫计划，实施免疫接种，开展流行病学和免疫效果监测；加强流通控制。

3. 监测净化（免疫无规定动物疫病区）　加强病原和免疫监测，强制扑杀感染动物及同群动物，逐步缩小免疫接种区域。

4. 无疫监测（非免疫无规定动物疫病区）　停止免疫；强化监测；处置感染动物。

5. 评估　农业农村部畜牧兽医局按《无规定动物疫病区评估管理办法》的规定，对符合免疫无疫或非免疫无疫规定的无规定动物疫病区进行评估。评估合格后，农业农村部畜牧兽医局按国际惯例向有关国际组织申请国际认证。

（四）中国无规定动物疫病区建设状况

改革开放40多年来，我国畜牧业发展迅速，已成为世界畜牧生产和消费大国。建立无规定动物疫病区，完善动物防控体系和食品安全保障体系，使畜产品按照国际规范的卫生标准生产，拿到通往国际市场的通行证，使畜产品顺利跨出国门，对促进畜牧业由数量型向质量型转变、开拓国际市场、提高人民生活质量和保障人民健康等都具有十分重要的意义。

2001年，我国在胶东半岛、辽东半岛、四川盆地、松辽平原和海南岛等5个区域建设了6个无规定动物疫病示范区，涉及山东、辽宁、四川、重庆、吉林和海南等省份，其核心区有23个地（市）182个县。

中国无规定动物疫病示范区建设取得了巨大成效，疫病控制、防疫监督、疫情监测和防疫屏障四大体系建设得到加强；建立与国际接轨的动物防疫和兽医管理模式与运行机制；示范区内重大动物疫病得到有效控制，基本达到世界动物卫生组织规定的无猪瘟、高致病性禽流感和新城疫等重大动物疫病的示范区目标；示范区内动物发病率和死亡率明显降低；动物产品质量提高，动物及其产品出口竞争力增强，出口数量和金额均占全国畜产品出口的50%以上，促进了农民增收。

思政园地

钟南山院士有句名言：“科研既要顶天，也要立地。顶天就是抓住国际前沿、国家急需项目，立地就是要解决老百姓的实际问题。顶天的研究不能立地，不能缓解患者的痛苦，意义就会打折扣。”新冠肺炎发生初期，钟南山研究团队从全国552家医院提取了1 099例确诊新冠肺炎患者的临床信息。经研究发现，多数病例潜伏期是2～7d，重度、非重度组新冠肺炎患者各有1例潜伏期达24d，

潜伏期大于14d的共13例（12.7%），潜伏期大于18d有8例（7.3%）。这些数据的获得，对我国实施的新冠肺炎疫情精准防控方案提供了重要的依据，为我国迅速控制新冠肺炎疫情做出了重大贡献。

思考：钟南山团队研究新冠肺炎潜伏期长短有哪些意义？党的二十大报告指出，教育、科技、人才是全面建设社会主义现代化国家的基础性、战略性支撑。培养造就大批德才兼备的高素质人才，是国家和民族长远发展大计。以钟南山院士为例，如何理解“德才兼备的高素质人才”对国家发展的重要性？

复习与思考

1. 针对动物疫病发生所需的条件，制定防止疫病发生的基本措施。

2. 针对动物疫病流行过程所需的三个基本环节，制定防控疫病流行的基本措施。

3. 分析动物疫病流行过程中出现季节性的原因，制定防止疫病季节性流行的基本措施。

4. 某养猪场发生疫情，需要进行疫情调查。请你确定调查项目，并依据所要调查的内容设计疫情调查表。

项目二

动物疫病监测

本项目的应用：动物疫病预防控制中心人员按照国家动物疫病监测计划，完成监测任务；村级防疫员、养殖场兽医人员进行样品采集；门诊兽医对动物进行临诊检查、样品采集和实验室检查；规模化养殖场通过疫病监测，评估疫病防控措施。

完成本项目所需知识点：临诊检查的方法；病理学检查的方法；动物疫病检测样品采集的方法；病原学检测的方法；免疫学检测的方法。

完成本项目所需技能点：动物临诊检查；病死畜禽的病理学检查；动物血液样品的采集、保存和运送；禽流感、口蹄疫、猪瘟等重大疫病检测样品的采集；重大疫病的病原学和免疫学检测。

认知与解读

疫病监测是指通过系统、完整、连续和规则地观察疫病在一地或多地的分布动态，调查其影响因子，以便及时采取正确的防控措施。通过疫病监测，全面掌握和分析动物疫病病原分布和流行规律，对评估重大动物疫病免疫效果，及时掌握疫情动态，消除疫情隐患，发布预警预报，科学开展防控工作等具有重要意义。

一、动物疫病监测的意义

1. 掌握疫情动态、发布预警预报 通过动物疫病监测，掌握动物疫病的分布特征和发展趋势，有助于动物疫病防控规划的制定。特别是对于外来疫病的监测，能及时发现并采取预警措施。

2. 掌握疫病流行规律 通过动物疫病监测，掌握动物群体特征和影响疫病流行的因素，确定传染源、传播途径和传播范围，从而预测疫病的危害程度并制定合理的防控措施。

3. 评价防控措施实施效果 动物疫病监测是评价疫病防控措施实施效果、制定科学免疫程序的重要依据。

4. 科学开展疫病防控工作 动物疫病监测是国家调整动物疫病防控策略、计划

和制定动物疫病根除方案的基础。只有通过长期、连续、可靠的监测，才能及时准确地掌握动物疫病的发生状况和流行趋势，才能有效地实施国家动物疫病控制、根除计划，才能为建立无规定动物疫病区提供有力的数据支持。

5. 尽早发现疫病，及时扑灭疫情 疫病的常规监测有助于随时掌握疫情动态，做到早发现、早预防、早控制、早扑灭。

6. 提高动物产品的质量 动物疫病监测也能对动物养殖全过程进行全方位监控，以提高动物产品的质量，促进对外贸易，增强国际竞争力。

二、动物疫病监测的原则

1. 国家监测和地方监测相结合 《国家动物疫病监测计划》分为国家计划和辖区计划，国家计划由国务院农业农村主管部门会同国务院有关部门制定下发，各省、自治区、直辖市人民政府农业农村主管部门根据国家计划制定本辖区监测计划。中国动物疫病预防控制中心、中国动物卫生与流行病学中心和相关动物疫病国家参考实验室或专业实验室，要按农业农村部部署对重点动物疫病开展直接采样监测和分析；地方动物疫病监测机构应根据国家和本省监测计划，对本地区的易感动物进行疫病监测。

2. 常规监测与应急监测相结合 各地动物疫病预防控制中心要按照国家动物疫病监测计划，完成常规监测任务；对突发重大动物疫病和新发疫病，要及时开展应急监测。

3. 定点监测与全面监测相结合 各地动物疫病预防控制中心根据本辖区疫病流行特点，在辖区内设立固定监测点，实行定时定点持续监测。在春秋两季集中免疫后，进行全面集中监测工作。

4. 抗体监测与病原监测相结合 通过免疫抗体水平监测，及时评估重大动物疫病免疫效果；通过开展病原学监测，及时掌握动物疫情动态和病原分布情况。

任务一 动物临诊检查

临诊检查就是利用人的感觉器官或借助最简单的器械（体温计、听诊器等）直接对发病动物进行检查，包括问诊、视诊、触诊、听诊、叩诊，有时也包括血、粪、尿的常规检查和X射线透视及摄影、超声波检查和心电图描记等。

有些动物疫病具有特征性症状，如狂犬病、破伤风等，经过仔细的临诊检查，即可作出诊断。但是临诊检查具有一定的局限性，对于发病初期未表现出特征性症状、非典型感染和临诊症状有许多相似之处的动物疫病，就难以诊断。因此多数情况下，临诊检查只能提出可疑疫病的范围，必须结合其他诊断方法才能确诊。

一、视诊

（一）检查精神状态

主要观察动物的神态，根据动物面部表情、眼、耳的活动及其对外界刺激的各种反应、举动而判定。

1. 正常状态 表现为两眼有神，反应敏捷，动作灵活，行为正常。

2. 病理状态 可表现为精神抑制或精神兴奋。

(1) 精神抑制。轻的表现为沉郁，呆立不动，反应迟钝；重的表现为昏睡，只对强烈刺激才产生反应，甚至昏迷，倒地躺卧，意识丧失，对强烈刺激也无反应。见于各种热性病或侵害神经系统的疾病。

(2) 精神兴奋。轻度兴奋的动物表现为惊恐不安，呼吸和心率加快，对轻微的外界刺激产生强烈反应，如刨地挣缰、烦躁不安、嚎叫反抗等，多见于脑膜炎等。重度兴奋的动物表现狂躁不驯，乱冲乱撞，甚至攻击人畜，多见于侵害中枢神经系统的疫病（如狂犬病、李氏杆菌病等）。

(二) 检查营养状况

主要根据肌肉的丰满度、皮下脂肪的蓄积量及被毛的状态和光泽判断营养状况。

1. 营养良好的动物 表现为肌肉丰满，皮下脂肪丰富，轮廓丰圆，骨突不显露，被毛有光泽，皮肤富有弹性。

2. 营养不良的动物 表现为消瘦，骨突明显，被毛粗乱无光泽，皮肤缺乏弹性。多见于慢性消耗性疫病（如结核病、片形吸虫病等）。

(三) 检查姿势与步态

1. 健康状态 健康动物姿势自然，动作灵活而协调，步态稳健。马多站立，常交换歇其后蹄，偶尔卧下，但听到吆喝声时会站起；牛站立时常低头，采食后喜欢四肢集于腹下而卧，起立时先起后肢，动作缓慢；羊、猪于采食后喜欢躺卧，生人接近时迅速起立，逃避。犬、猫主要有站立、蹲、卧三种姿势，正常时姿势自然、动作灵活而协调，生人接近时迅速起立。

2. 病理状态 病理状态是由中枢神经系统机能失常，骨骼、肌肉或内脏器官病痛及外周神经麻痹等原因引起。例如，破伤风患病动物呈全身僵直，马立克病病鸡呈“劈叉”姿势，新城疫病鸡头颈扭转，中枢神经系统疾病或中毒病表现四肢运步不协调、蹒跚、踉跄等。

(四) 检查被毛和皮肤

1. 鼻盘、鼻镜及鸡冠的检查

(1) 健康动物。健康牛、猪的鼻镜、鼻盘湿润，并附有少许小而密集的水珠，触之凉感。鸡冠和肉髯的颜色为鲜红色，触之温感。

(2) 患病动物。牛鼻镜干燥甚至龟裂，多见于热性疾病等。鸡冠和肉髯呈蓝紫色，可见于高致病性禽流感、新城疫等；颜色苍白，可见于鸡白痢、鸡住白细胞虫病；出现痘疹，多为鸡痘。

2. 被毛的检查

(1) 健康动物。健康动物的被毛整洁、平顺而富有光泽、生长牢固，动物多于每年春秋两季适时脱换新毛，而家禽多于每年秋末换羽。

(2) 患病动物。被毛蓬松粗乱、失去光泽、易脱落或换毛季节推迟，多是营养不良或慢性消耗性疾病的表现。局部被毛脱落，多见于湿疹、毛癣、疥螨等病。

检查被毛时，还要注意被毛的污染情况，尤其注意污染的部位。当患病动物腹泻时，肛门附近、尾部及后肢等可被粪便污染。

3. 皮肤的检查

(1) 健康动物。皮肤颜色正常，无肿胀、溃烂、出血等。

(2) 患病动物。患病动物的皮肤出现颜色改变、出血、肿胀、疱疹等。例如，猪瘟病猪的四肢、腹部等部位皮肤有指压不褪色的小点状出血；亚急性猪丹毒病猪在胸、背侧等处呈现方形、菱形疹块；口蹄疫患病动物在唇、蹄等处形成水疱或溃疡。

(五) 检查呼吸和反刍

主要检查呼吸运动（呼吸频率、节律、强度和呼吸方式），看有无呼吸困难，同时检查反刍情况。

1. 健康动物 呼吸均匀、深长。健康反刍动物，一般于采食后经0.5～1h即开始反刍，每次反刍持续时间在0.25～1h，每昼夜进行反刍4～8次；每次返回的食团再咀嚼40～60次；牛反刍时多喜伏卧。

2. 患病动物 呼吸急促、喘息，呈腹式呼吸等表现。患病反刍动物，反刍的间隔时间延长，次数减少，每次反刍的时间缩短，严重者反刍停止。见于高热性疾病、中毒性疾病等。

(六) 检查可视黏膜

主要检查眼结膜、口腔黏膜和鼻黏膜颜色，同时检查黏膜有无充血、出血、溃烂及天然孔有无分泌物等。

1. 健康动物 马的黏膜呈淡红色；牛的黏膜的颜色较马的稍淡，呈淡粉红色（水牛的较深）；猪、羊黏膜颜色较马的稍深，呈粉红色；犬的黏膜为淡红色。

2. 患病动物 黏膜的病理变化可反映全身的病变情况。黏膜苍白见于各型贫血和慢性消耗性疾病，如马传染性贫血；黏膜潮红，表示毛细血管充血，除局部炎症外，多为全身性血液循环障碍的表现；弥漫性潮红见于各种热性病和广泛性炎症；树枝状充血见于心机能不全的疾病等；黏膜发绀见于呼吸系统和循环系统障碍；黄染是血液中胆红素含量增高所致，见于肝病、胆道阻塞及溶血性疾病；黏膜出血，见于有出血性素质的疾病，如马传染性贫血、梨形虫病等；口腔黏膜有水疱或烂斑，可提示口蹄疫或猪水疱病；马鼻黏膜的冰花样斑痕则是马鼻疽的特征性病变。

(七) 检查排泄动作及排泄物

注意排泄动作有无困难，粪便颜色、硬度、气味、性状等有无异常。

1. 排泄动作

(1) 正常状态。动物排粪时，背部微拱起，后肢稍开张并略前伸。犬排粪采取近似坐下的姿势。

(2) 病理状态。腹泻见于各型肠炎，便秘见于热性病、慢性胃肠卡他或胃肠弛缓，排粪失禁见于荐部脊髓损伤或脑部疾病，里急后重见于直肠炎。

2. 粪便感官检查 注意检查粪便的数量、形状、颜色、混杂物及臭味等。

(1) 正常状态。正常动物的排粪次数、排粪量和粪便性状与采食饲料的数量、质量及使役情况有密切关系。马每日排粪次数为8～11次，呈球形，落地后部分碎开；牛每日排粪次数为10～18次，质地软，落地形成叠层状粪盘；羊粪多呈小的干球状；猪粪因饲料的性状、组成不同而异。

(2) 病理状态。一般腹泻时粪便量多而稀薄，便秘时粪便少而干硬。便秘时，粪便色深；肠道出血时，粪便呈红色或黑色；发生胃肠炎症时，粪便有酸臭味。

二、触诊

触诊是通过人手或器材按触动物身体产生的感觉来进行疾病诊断的方法。

1. 触摸耳根、角根、鼻端、四肢末端 检查体表的温度和湿度。

2. 触摸皮肤 检查皮肤的弹性，检查有无水肿、气肿、脓肿、结节等病变。

3. 触摸体表淋巴结 检查其大小、形状、硬度、活动性、敏感性等，必要时可穿刺检查。

4. 触摸胸腹部 检查胸腹部的敏感性。患猪肺疫、牛肺疫的动物，胸部触诊敏感。

5. 触摸嗉囊 检查嗉囊内容物性状及有无积食、气体、液体。如鸡患新城疫时，嗉囊内常充满酸性气味的液体食糜。

三、听诊

听诊是用耳直接听取或借助听诊器听取动物体内发出的声音。

1. 听叫声 判别动物的异常声音，如呻吟、嘶鸣、喘息等。如牛呻吟见于疼痛或病重期，鸡患新城疫时发出“咯咯”声。

2. 听咳嗽声 判别动物呼吸器官病变。干咳常见于上呼吸道炎症，如咽喉炎、慢性支气管炎；湿咳常见于支气管和肺部炎症，如牛肺疫、猪肺疫、猪肺丝虫病等。

3. 听心音、肺音、胃肠音 借助听诊器听心音、肺音、胃肠音，以判定心、肺、胃肠有无异常。

四、叩诊

叩诊是对动物体表的某一部位进行叩击，根据所产生的音响的性质，来推断内部病理变化或某些器官的投影轮廓。叩诊心、肺、胃、肠、肝区的音响、位置和界限，胸、腹部敏感程度。

五、检查“三数”

“三数”即体温、脉搏、呼吸数，是动物生命活动的重要生理常数，其变化可提示许多疫病。

1. 体温测定 测体温时应考虑动物的年龄、性别、品种、营养状况、外界气候、使役、妊娠等情况，这些都可能引起一定程度的体温波动，但波动范围一般为0.5℃，最多不会超过1℃。测定体温多采用直肠测温。

体温升高的程度分为微热、中热、高热和极高热。微热是指体温升高0.5～1℃，见于轻症疫病及局部炎症。中热是指体温升高1～2℃，见于亚急性或慢性传染病，如布鲁菌病。高热是指体温升高2～3℃，见于急性传染病或广泛性炎症，如猪瘟、猪肺疫。极高热是指体温升高3℃以上，见于严重的急性传染病，如传染性胸膜肺炎、猪链球菌病、炭疽、猪丹毒。体温升高者，需重复测温，以排除应激因素（如运动、曝晒、拥挤引起的体温升高）。体温过低则见于大失血、严重脑病、中毒病或热病濒死期。

2. 脉搏测定 在动物充分休息后测定。脉搏增多见于多数发热病、心脏病及伴心机能不全的其他疾病等；脉搏减少见于颅内压增高的脑病、有机磷中毒等。

3. 呼吸数测定 宜在安静状态下测定。呼吸数增加多见于肺部疾病、高热性疾病、疼痛性疾病等，呼吸数减少见于颅内压显著增高的疾病（如脑炎）、代谢病等。

各种动物的正常体温、脉搏和呼吸数见表 2-1。

表 2-1 各种动物的正常体温、脉搏和呼吸数

动物种类	体温（℃）	呼吸数（次/min）	脉搏（次/min）
猪	38.0～39.5	18～30	60～80
马	37.5～38.5	8～16	26～42
牛	37.5～39.5	10～30	40～80
水牛	36.5～38.5	10～50	30～50
牦牛	37.6～38.5	10～24	33～55
绵羊	38.5～40.5	12～30	70～80
山羊	38.5～40.5	12～30	70～80
骆驼	36.0～38.5	6～15	32～52
犬	37.5～39.0	10～30	70～150
猫	38.5～39.5	10～30	110～130
兔	38.0～39.5	50～60	120～140
鸡	40.5～42.0	15～30	140
鸭	41.0～43.0	16～30	120～200
鹅	40.0～41.0	12～20	120～200

六、血、粪、尿常规检查

1. 血常规检查 血常规检查主要包括红细胞计数、血红蛋白含量测定、白细胞计数、中性粒细胞计数、淋巴细胞计数以及血小板计数等。红细胞、白细胞和血小板是动物血液的有形成分，其形态和数量的变化，可直接或间接地表明机体某器官功能的变化及疾病的发生、发展。对血液进行常规检测，可以发现许多全身性疾病的早期迹象，诊断是否贫血，是否有血液系统疾病等。例如，通常传染性疾病会使白细胞的数值和分类发生变化；贫血时血红蛋白或红细胞的检验值会降低；而血小板的减少会导致容易出血或出血后不容易止血。

2. 粪常规检查 检查方法除视诊中所述的感官检查外，还包括化学检查和显微镜检查。化学检查主要包括粪便酸碱度、潜血、胰蛋白酶等检测；显微镜检查主要包括粪便中饲料残渣、红细胞、白细胞、巨噬细胞、上皮细胞等的检测。通过此项检查可较直观地了解消化道有无炎症、溃疡、出血、寄生虫感染等情况，间接地判断消化道、胰腺、肝胆的功能状况。

3. 尿常规检查 尿液的检验内容包括：尿色、尿量、透明度、密度、黏稠度的检查，蛋白质、葡萄糖等化学成分的测定，有机沉渣、无机沉渣检查等。

任务二 病理学检查

病理解剖学检查通常选择病死动物尸体或有典型临诊症状的患病动物进行解剖检查。用肉眼或借助放大镜、量尺等器械，直接观察和检测器官、组织中的病变部位，根据病变部位大小、形态、颜色、质地、分布及切面性状，结合疫病特征性的病理变化，作出检查结论。

一、动物尸体剖检的要求

1. 剖检前检查 剖检前仔细检查尸体体表特征（卧位、尸僵情况、腹围大小）及天然孔有无异常，以排除炭疽等传染病。若怀疑动物死于炭疽，先采取耳尖血液涂片镜检，排除炭疽后方可解剖。

2. 剖检时间 尸体剖检应在患病动物死后越早越好，夏季不超过 6h，冬季不超过 24h。尸体放久后，容易腐败分解，尤其是在夏天，尸体腐败分解过程更快，这会影响对原有病变的观察和诊断。

3. 剖检地点 尸体剖检一般应在病理剖检室进行，以便消毒和防止病原扩散。如果条件不允许而在室外剖检时，应选择地势较高、环境较干燥，远离水源、道路、房舍和圈舍的地点进行。剖检前挖一深达 2m 以上的坑，坑底撒生石灰，坑旁铺垫席，在垫席上进行操作。剖检完成后，将动物尸体连同垫席及周围污染的土层，一起投入坑内，撒生石灰或其他消毒液掩埋，并对周围环境进行消毒。

4. 剖检数量 在畜群发生群体死亡时，要剖检一定数量的病死动物。家禽应至少剖检 5 只；大中型动物至少剖检 3 头。只有找到共同的特征性病变，才有诊断意义。

5. 剖检术式 动物尸体的剖检，从卧位、剥皮到体内各器官的检查，按一定的术式和程序进行。牛采取左侧卧位；猪、羊等中小动物和家禽取背卧位。

6. 安全防护 做好有关工作人员的安全防护工作并防止环境污染。在剖检过程中和结束后，要严格消毒。

7. 做好剖检记录 剖检记录是填写尸体病理剖检报告的主要依据，也是进行综合诊断的原始材料。剖检记录必须遵守系统、客观、准确的原则，对病变的形态、大小、质量、位置、色彩、硬度、性质、切面的结构变化等都要客观地描述和说明，应尽可能避免采用诊断术语或名词来代替。整个过程最好通过影像资料保存下来。记录应在检查过程中完成，而不是事后补记。

二、外部检查

对病死动物尸体，在剥皮之前要详细检查尸体外部状态，一是决定能否进行剖检，二要记录外部病变，大致区别是普通病还是疫病。

1. 检查尸体变化 动物死亡后受酶、细菌和外界环境因素的影响，会出现尸僵、尸斑、死后凝血、尸腐等变化。通过检查，正确辨认尸体变化，避免把某些死后变化误认为死前的病理变化。

（1）尸僵。动物死后尸体发生僵硬的状态，称为尸僵。尸僵是否发生可根据下颌骨的可动性和四肢能否屈伸来判断。一般死于败血症和中毒性疾病的动物，尸僵不明显。

（2）尸斑。即尸体倒卧侧皮肤的坠积性淤血现象，局部皮肤呈青紫色。家畜皮肤厚，且有色素和被毛遮盖，不易发现，要结合内部检查判断。

（3）尸腐。因消化道内微生物繁殖引起尸体腐败分解并产生气体所致。常表现尸体腹部膨胀，体表的部分皮肤、内脏（特别是与肠管接触的器官）呈现灰蓝色或绿色，血液带有泡沫，尸体散发出恶臭气味。

2. 检查皮肤 检查被毛的光泽度，皮肤的厚度、硬度及弹性，有无脱毛、褥疮、溃疡、脓肿、创伤、肿瘤、外寄生虫等，有无粪泥和其他病理产物的污染。此外，还要注意检查有无皮下水肿和气肿。

3. 检查天然孔 首先检查各天然孔的开闭状态，有无分泌物、排泄物及其性状、数量、颜色、气味和浓度；其次检查可视黏膜，着重检查黏膜色泽变化。

三、内部检查

1. 皮下检查 检查浅表淋巴结，皮下脂肪的厚度和性状，肌肉发育状况和病变。患炭疽时皮下呈出血性胶样浸润；患传染性法氏囊病时，腿肌、胸肌常有条状、斑点状出血。

2. 内脏器官的检查 先检查腹腔和腹腔器官，再检查胸腔和胸腔器官。各内脏器官多从尸体上取出后检查，亦可不取出进行检查。禽、兔等小动物和仔猪、羔羊等幼龄动物内脏器官常连带在尸体上进行检查。

（1）全面检查。打开腹腔和胸腔之后，首先观察暴露的腹腔、胸腔器官在动物体内的自然位置是否正常，其表面有无充血、出血、粘连、肿瘤、寄生虫等。然后由暴露部分开始，由表及里、由后向前逐一检查器官外表性状，检查胸、腹腔液体的量和性状，胸、腹壁浆膜性状。从中发现有病变、病变集中和病变严重的器官。

（2）重点检查。对有病变和病变严重的器官要重点检查，分辨病理变化特点，判定病变性质。病变器官检查多采用视诊、触诊、剖检的方法，且依次进行。

先看脏器的大小、形态、颜色、表面性状（表面光滑或粗糙、凹或凸、有干酪样物或粉末状物）。再用手触摸、按压检查脏器质地（软硬度、弹性、脆性、颗粒状）。最后，切开脏器检查切面性状，看切面组织结构是否清晰，有无寄生虫、结节、出血及其他病变。

3. 口腔、鼻腔和颈部器官的检查 首先检查口腔、舌、扁桃体、咽喉和鼻腔，注意有无创伤、出血、溃疡、水疱、水肿变化及寄生虫存在。剪开食管和气管，主要看食管黏膜和管壁厚度、气管分泌物的性质（浆液性、黏液性、出血性）和黏膜病变。

口腔、鼻腔和颈部器官的检查，对以口腔、食道和上呼吸道变化为主要表现形式的疫病，如鸡传染性喉气管炎、禽痘、兔瘟、鸭瘟等有较大诊断价值。

除对上述器官的检查外，必要时对脑、脊髓、骨髓、关节、肌肉、生殖器官进行检查。

四、病理组织学检查技术

病理组织学检查是将采集的病变组织作一系列技术处理，然后在显微镜下观察组织和细胞病变。它弥补了肉眼检查的不足，进一步明确病变性质，常使疫病得到确诊。病理组织学检查中常用的是石蜡切片，苏木精-伊红（H.E）染色法；快速冰冻切片也越来越多地应用在动物疫病诊断中，如猪瘟、牛海绵状脑病的检测。

（一）石蜡切片

从病料的采取到制成染色标本，要经过取材、固定、脱水、透明、浸蜡、包埋、切片、染色和封固等步骤。通常，检疫材料在10%的福尔马林溶液中固定48h，经70%、

80%、95%、100%系列乙醇脱水，二甲苯透明，石蜡浸蜡，石蜡包埋，切片及附贴，作苏木精-伊红染色（染色前组织片要经二甲苯脱蜡、脱二甲苯、系列乙醇和水漂洗），中性树胶封片后镜检。经过 H. E 染色，细胞核染成蓝色，细胞质染成红色。

（二）冰冻切片

1. 组织块处理　新鲜组织块有三种处理方法：不经任何固定处理直接进行冰冻切片；经 10%福尔马林固定 24～48h，水洗，冰冻切片；经福尔马林固定，水洗，明胶包埋，冰冻切片（用于易碎裂的组织块）。

2. 切片　冰冻切片机切片。

3. 贴片　采取蛋白甘油贴片法（先将载玻片上涂一层蛋白甘油）或明胶贴片法（先将载玻片涂一薄层明胶）。

4. 染色　冰冻切片可以不贴片进行染色，也可以贴片后染色，最好当天染色。染色方法根据制片目的选择，如猪瘟检疫时，扁桃体和肾冰冻切片进行荧光抗体染色。

5. 其他步骤　脱水、透明、封片或染色后直接镜检。

任务三　样品的采集

样品采集是进行动物疫病监测、诊断的一项重要的基础性工作，采样的时机是否适宜，样品是否具有代表性，样品处理、保存、运送是否合适及时，直接决定检测结果的准确性和检测结论的科学性。因此，对采样的方法、技术都有特定的要求。

一、采集原则

1. 先排除后采样　急性死亡的动物，怀疑患有炭疽时，应先进行血液抹片镜检，确定不是炭疽后，方可解剖采样。

2. 无菌采样　无菌采样的目的是避免样品污染。样品采集全过程应无菌操作，尤其是供微生物学检查和血清学检查的样品。采样部位、用具、盛放样品的容器均需灭菌处理。

3. 适时采集　供检测用的材料因检测目的和项目不同，有一定的时间要求。若是分离病原体，生前应在动物发热初期或出现典型临诊症状时采集；死后应立即采集，夏季不超过动物死后 6h，冬季不超过 24h。若需制备血清，最好在动物空腹时采血。

4. 典型采样　典型采样要求样品具有代表性。

（1）选择典型动物。选择未经药物治疗，症状典型的动物。这对细菌性传染病的检查尤为重要。

（2）选择典型材料。采集病原体含量最高的组织或脏器，通常采集病变最明显、最典型的部位。因为不同疫病的病原体在动物体内及其分泌物、排泄物中的分布、含量不同，即使同一种疫病，在疾病的不同时期、不同病型中，病原体在体内的分布也不同。在采取病料前，对动物可能患某种疫病作出初步诊断，侧重采集该病原体常侵害的部位。如呼吸道疫病生前可采集咽喉分泌物，消化道疫病采集粪便。

5. 合理采样　合理采样是指取样动物的数量和样品的数量合理。进行疫病诊断

时，应采集1～5只（头）病死动物的器官组织和不少于此数量的血清和抗凝血；监测免疫效果时，存栏万头（只）以下的畜禽场按1%采样，存栏万头（只）以上的畜禽场按0.5%进行采样，但每次监测数量不少于30份；监测种群疫病净化时，要逐头采样；疫情监测或流行病学调查时，采集血清、拭子、体液、粪尿或皮毛等样品，可根据季节、周边疫情、动物年龄估算感染率，然后计算应采数量。

每一种样品应有足够的数量，除确保本次用量外，以备复检使用。对于畜产品，按规定采取足量样品。如皮张炭疽检疫时，在每张皮的腿部或腋下边缘部位取样，初检取1g，复检时在同部位取2g。

6. 安全采样 在采样过程中，采样人员要注意安全，防止感染，同时防止病原扩散而造成环境污染。

二、血液样品的采集与处理

1. 采血部位 应根据动物种类确定采血部位。对大型哺乳动物，可选择颈静脉、耳静脉或尾静脉采血，也可采肱静脉和乳房静脉；毛皮动物少量采血可穿刺耳尖或耳壳外侧静脉，多量采血可在隐静脉采集，也可用尖刀划破趾垫至一定深度或剪断尾尖部采血；啮齿类动物可从尾尖采血，也可由眼窝内的血管丛采血。

通常，猪采用前腔静脉或耳静脉采血；羊采用颈静脉或前后肢皮下静脉采血；犬选择前肢隐静脉或颈静脉采集；兔从耳背静脉、颈静脉或心脏采血；禽类选择翅静脉或心脏采血。

2. 采血方法 应对动物采血部位的皮肤先剃毛（拔毛），用1%～2%的碘酊消毒后，再用75%的乙醇消毒，待干燥后采血。采血可用采血器或真空采血管，采集少量血可用三棱针穿刺，将血液滴到开口的试管内。

3. 采血种类

（1）全血样品。进行血液学分析，细菌、病毒或原虫培养，通常用全血样品，样品中加抗凝剂。抗凝剂可用0.1%肝素、阿氏液（阿氏液为红细胞保存液，1份血液加2份阿氏液）或枸橼酸钠（3.8%～4%的枸橼酸钠0.1mL，可用于1mL血液）。也可将血液放入装有玻璃珠的灭菌瓶内，震荡脱去纤维蛋白。若用于病毒检测的样品，可在1mL血样中加入青霉素500～1 000 U和链霉素500～1 000μg，以抑制血源性污染或在采血过程中污染的细菌。

（2）血清样品。进行血清学试验通常用血清样品。用于制备血清样品的血液中不加抗凝剂，将自然析出的血清或经离心分离出的血清吸出，按需要分装，再贴上标签冷藏保存备检。较长时间才检测的，应－20℃保存，但不能反复冻融，否则抗体效价下降。做血清学检验的血液，在采血、运送、分离血清过程中，应避免溶血，以免影响检验结果。采集双份血清检测比较抗体效价变化的，第一份血清采于发病的初期并作冻结保存，第二份血清采于第一份血清后3～4周。

（3）血浆的采集。采血试管内先加上抗凝剂，血液采完后，将试管颠倒几次，使血液与抗凝剂充分混合，然后静止，待细胞下沉后，上层即为血浆。

三、组织样品的采集与处理

组织样品一般由扑杀动物或病死动物尸体解剖采集。从尸体采样时，先剥去动物胸腹部皮肤，以无菌器械将体腔打开，根据检验目的和疫病的初步诊断，无菌采集不同的组织。

1. 病原检测样品的采集 用于微生物学检验的病料应新鲜，尽可能地减少污染。可用一套新消毒的器械切取所需器官的组织块，每个组织块应单独放在已消毒的容器内以防止组织间相互污染，容器壁上注明日期、组织或动物名称。用于细菌分离样品的采集，首先以烧红的刀片烫烙脏器表面，在烧烙部位切口，用灭菌后的铂金耳伸入切口内，取少量组织或液体，进行涂片镜检或划线接种于适宜的培养基上。

2. 组织病理学检查样品的采集 采集包括病灶及临近正常组织的组织块，组织块厚度不超过0.5cm，长宽不超过1.5cm×1.5cm，放入10倍于组织块体积的10%福尔马林溶液中固定。固定3～4h后修块，修切成厚度约0.2cm、长宽约1cm×1cm大小（检查狂犬病需要较大的组织块）。组织块切忌挤压、刮擦和用水洗。如作冷冻切片用，则将组织块放在0～4℃容器中，尽快送实验室检验。

四、分泌物和渗出液的采集与处理

1. 口腔、鼻腔、喉气管、泄殖腔及阴道分泌物 用灭菌的棉球蘸取，通常是将灭菌的棉拭子插入天然孔反复旋转以蘸取分泌物，然后将拭子浸入保存液中，密封低温保存。

2. 咽食道分泌物 采集前被检动物禁食12h。大中型动物用食道探杯从已扩张的口腔伸入咽喉部、食道，反复刮取。

3. 乳汁 清洗乳房并消毒，弃去最初挤出的几把乳汁，收集后挤出的10～20mL于灭菌试管中。

4. 尿液 在动物排尿时，用洁净的容器直接接取。也可使用塑料袋，固定在雌性动物外阴部或雄性动物阴茎下接取尿液。采取尿液，宜早晨进行。取样量据检验目的而定，通常取30～50mL。

5. 水疱液、水肿液、关节囊液、胸腹腔渗出液 用烫烙法消毒采样部位，用灭菌吸管、毛细吸管或注射器经烫烙部位插入，吸取内部液体材料，至少采取1mL，然后将液体材料注入灭菌的试管中，塞好棉塞送检。也可用接种环经消毒的部位插入，提取病料直接接种在培养基上。

6. 脓汁 已破口的脓疱，用灭菌的棉球蘸取；未破口的，用烫烙法消毒采样部位，用注射器吸取。过于浓稠不好抽取时，可切开脓疱，用灭菌的棉球蘸取。

五、样品的包装与运送

1. 样品的包装 容器必须完整无损，密封不渗漏液体。不同的样品不能混样，每份样品应仔细分别包装，在样品袋或平皿外面贴上标签，标签注明样品名、样品编号、采样日期等。

（1）液体病料（黏液、渗出物、胆汁、血液等）样品。将样品收集在灭菌的小试管或青霉素瓶中，装载量不可超过总容量的80%。加盖后用胶布或封口膜固封，并在胶布或封口膜外用溶化石蜡加封。

（2）棉拭子样品。将蘸取鼻液、脓汁、粪便等样品的棉拭子插入加有一定保存液的灭菌小塑料离心管中，剪去露出部分，盖紧瓶盖，胶布或封口膜固封。常用的病毒

保护液有：含抗生素的 pH7.2～7.4 磷酸盐缓冲液、50％甘油磷酸盐缓冲液、50％甘油生理盐水。常用的细菌保护液有：灭菌液状石蜡、30％甘油磷酸盐缓冲液、30％甘油生理盐水。病料与保存液的适宜比例为 1∶10。

（3）实质脏器、肠管、粪便样品。将样品放入灭菌玻璃容器（试管、平皿、三角烧瓶等）或塑料袋中。如果选用塑料袋作为容器，则用两层袋，分别用线结扎袋口，防止液体漏出或水进入袋中污染样品。

（4）镜检材料制成的涂片。涂片自然干燥后，使其涂面彼此相对，两端加以火柴杆或厚纸片，用线缠紧，用纸包好，放小盒内送检。

2. 样品的运送　样品应在特定温度下尽快运送到实验室。若 24h 内能送到实验室，可将样品放在 4℃的容器中冷藏运输；若超过 24h，要冷冻运输。

3. 样品的保存　样品应保持新鲜，避免污染、变质。样品到达实验室后，若暂时不处理，血清及病毒学检测样品应冷冻（－20℃以下）保存，不宜反复冻融。细菌学检测样品应冷藏，不宜冷冻，可置灭菌的保存液中冷藏保存。病理组织学样品放入 10％福尔马林溶液或 95％乙醇中固定保存，固定液的用量应为送检病料体积的 10 倍以上。

4. 样品的记录　每一份样品或每一批样品均要有采样单。采样单一式三份，第一联由采样单位保存，第二联跟随样品，第三联由被采样单位保存。采样单内容见表 2－2。

表 2－2　动物疫病检测样品采样单

<table>
<tr><td>采样单位名称</td><td colspan="6"></td></tr>
<tr><td>采样地点</td><td colspan="6"></td></tr>
<tr><td>联系人</td><td></td><td>联系电话</td><td></td><td>邮政编码</td><td colspan="2"></td></tr>
<tr><td>动物名称</td><td></td><td>年　龄</td><td></td><td>采样日期</td><td colspan="2"></td></tr>
<tr><td>采样方式</td><td colspan="6">□总体随机　□分层随机　□系统随机　□整群　□分散　□其他</td></tr>
<tr><td>样品名称</td><td></td><td>采样数量</td><td></td><td>样品编号</td><td colspan="2"></td></tr>
<tr><td>样品保存条件</td><td colspan="6"></td></tr>
<tr><td>动物来源</td><td colspan="6">□自繁自养　□本县（市）　□外县（市）　□外省　□进口　□其他</td></tr>
<tr><td>养殖模式</td><td colspan="6">□散养　□规模场</td></tr>
<tr><td>临诊症状</td><td colspan="6"></td></tr>
<tr><td>病理变化</td><td colspan="6"></td></tr>
<tr><td>疑似疫病</td><td colspan="6"></td></tr>
<tr><td>动物免疫状况</td><td colspan="6"></td></tr>
<tr><td>送样要求</td><td colspan="2"></td><td>送样方式</td><td colspan="3">□航空　□邮寄　□其他</td></tr>
<tr><td>采样单位</td><td colspan="2"></td><td>采样人</td><td colspan="3"></td></tr>
</table>

任务四　实验室检查

实验室检查的方法有病原学检测、免疫学检测、分子生物学检测和病理组织学检查等。在实际应用过程中，这些方法常常交叉使用，互相取长补短。

一、病原学检测

（一）形态学检查

1. 细菌性疫病 在细菌病的实验室诊断中，形态检查的应用有两个时机：一是将病料涂片染色镜检，它有助于对细菌的初步认识，也是决定是否进行细菌分离培养的重要依据，有时通过这一环节即可得到确诊。如禽霍乱和炭疽有时可通过病料组织触片、染色、镜检得到确诊。另一个时机是在细菌的分离培养之后，将细菌培养物涂片染色，观察细菌的形态、排列及染色特性，这是鉴定分离细菌的基本方法之一，也是进行生化鉴定、血清学鉴定的前提。

2. 病毒性疫病

（1）包含体检查。有些病毒（如狂犬病病毒、犬瘟热病毒）在细胞内增殖后，细胞内出现一种异常的斑块，这就是包含体。包含体用塞勒染色法染色（也可用吉姆萨染色），在普通光学显微镜下即可看到。包含体的形态、大小、位置等因病毒的种类不同而异，因此有助于病毒的鉴定。狂犬病病毒的包含体即尼氏小体，位于神经细胞的胞质内，用大脑的海马角、小脑或延脑触片，塞勒染色镜检，呈圆形、卵圆形，樱桃红色；而伪狂犬病病毒的包含体位于细胞核内，犬瘟热病毒的包含体可在细胞核和细胞质内同时存在。

（2）病毒形态学观察。将被检材料经处理浓缩和纯化，用2%～4%磷钨酸钠染色，在电子显微镜下直接观察散在的病毒颗粒，依据病毒形态作出初步诊断。

3. 寄生虫性疫病

（1）虫卵检查法。虫卵检查主要诊断动物蠕虫病，尤其是寄生在动物消化道及其附属腺体中的寄生虫，被检材料多是动物粪便。

直接涂片镜检法检查虫卵

①直接涂片镜检。先在载玻片中央滴加1～2滴50%甘油生理盐水或蒸馏水，再取少许粪便与之混匀，均匀涂布成适当大小的薄层，盖上盖玻片镜检。此法最为简便，但粪便中虫卵较少时，检出率不高。

②集卵法检查。集卵法是利用不同密度的液体对粪便进行处理，使粪中的虫卵下沉或上浮而被集中起来，再进行镜检，提高检出率。其方法有水洗沉淀法和饱和盐水漂浮法。

水洗沉淀法检查虫卵

a. 水洗沉淀法。取5～10g被检粪便放入烧杯或其他容器，捣碎，加常水150mL搅拌，过滤，滤液静置沉淀30min，弃去上清液，保留沉渣。再加水，再沉淀，如此反复直到上清液透明，弃去上清液，取沉渣涂片镜检。此方法适合相对密度较大的吸虫卵和棘头虫卵的检查。

b. 饱和盐水漂浮法。取5～10g被检粪便捣碎，加饱和食盐水（1 000mL沸水中加入食盐400g，充分搅拌溶解，待冷却，过滤备用）100mL混合过滤，滤液静置30～60min，取滤液表面的液膜镜检。此法适用于线虫卵和绦虫卵的检查。

（2）虫体检查法

①蠕虫虫体检查法。

a. 成虫检查法。大多数蠕虫的成虫较大，通过肉眼观察其形态特征可作诊断。

b. 幼虫检查法。主要用于非消化道寄生虫和通过虫卵不易鉴定的寄生虫的检查。

肺线虫的幼虫用贝尔曼氏幼虫分离法（漏斗幼虫分离法）和平皿法。平皿法特别适合检查球形畜粪，取3～5个粪球放入小平皿，加少量40℃温水，静置15min，取出粪球，低倍镜下观察液体中活动的幼虫。另外，丝状线虫的幼虫采取血液制成压滴标本或涂片标本，显微镜检查；日本分体吸虫的幼虫需用毛蚴孵化法来检查；住肉孢子虫需进行肌肉压片镜检；旋毛虫可采用肌肉压片镜检或消化法检查。

②蜱螨类虫体检查法。

a. 蜱等昆虫的检查。采用肉眼检查法。

b. 螨虫的检查。将皮屑病料置于载玻片上，滴加50%甘油溶液，上覆另一载玻片，用手搓压玻片使皮屑散开，镜检。

③原虫虫体检查法。原虫大多为单细胞寄生虫，肉眼不可见，须借助于显微镜检查。

a. 血液原虫检查法。有血液涂片检查法（梨形虫的检查）、血液压滴标本检查法（伊氏锥虫的检查）、淋巴结穿刺涂片检查法（牛环形泰勒虫的检查）等。

b. 泌尿生殖器官原虫检查法。一是压滴标本检查，采集的病料立即放于载玻片，并防止材料干燥，高倍镜、暗视野镜检，能发现活动的虫体。二是染色标本检查，病料涂片，甲醇固定，吉姆萨染色，镜检。

c. 球虫卵囊检查法。动物粪便中球虫卵囊的检查，同蠕虫虫卵检查的方法，可直接涂片，亦可用饱和盐水漂浮。若尸体剖检，家兔可取肝坏死病灶涂片，鸡可用盲肠黏膜涂片，染色后镜检。

d. 弓形虫虫体检查法。活体检疫，可取腹水、血液或淋巴结穿刺液涂片，吉姆萨染液染色，镜检，观察细胞内外有无滋养体、包囊。尸体剖检，可取脑、肺、淋巴结等组织作触片，染色镜检，检查其中的包囊、滋养体。亦常取死亡动物的肺、肝、淋巴结或急性病例的腹水、血液作为病料，于小鼠腹腔接种，观察其临诊表现并分离虫体。

（二）分离培养

通过适宜的人工培养基或培养技术，将细菌、支原体、真菌、螺旋体等病原体，从病料中分离出来后，根据其不同的形态特征、培养特性、生化特性及动物接种和免疫学检测结果作出鉴定，而病毒、衣原体和立克次体等可通过组织培养或禽胚培养进行分离，然后根据其形态学特征及动物接种和免疫学试验结果进行鉴定。

1. 细菌培养特性观察　根据所分离病原菌的特性，选择适当的培养基和培养条件进行培养。各类细菌都有其各自的培养生长特性，可作为鉴别细菌种属的重要依据。

（1）固体培养基上菌落性状的检查。细菌在固体培养基上经过培养，长出肉眼可见的细菌集团即菌落。不同细菌形成的菌落，其大小、形状、色泽等都有所差异。因此，菌落特征是鉴别细菌的重要依据。

（2）液体培养基上液体性状的观察。细菌在液体培养基中生长可使液体出现混浊、沉淀，液面形成菌膜以及液体变色、产气等现象。如在普通肉汤中，大肠杆菌生长旺盛使培养基均匀混浊，培养基表面形成菌膜，管底有黏液性沉淀，并常有特殊粪臭气味；而巴氏杆菌则使肉汤轻度混浊，管底有黏稠沉淀，形成菌环；铜绿假单胞菌肉汤呈草绿色混浊，液面形成很厚的菌膜。

2. 病毒培养特性观察 病毒分离培养常用的方法有鸡胚接种、动物组织培养和动物接种。病毒在活的细胞内培养增殖后，使易感动物、鸡胚、细胞发生病变或变化，能用肉眼或在普通光学显微镜下观察到，可供鉴别。像鸡新城疫病毒在鸡胚绒毛尿囊腔生长后，鸡胚全身皮肤有出血点，脑后尤其严重；鸡胚绒毛尿囊膜接种鸡痘病毒产生痘斑病变。细胞病变需在光学显微镜下观察，常见病变有：细胞变形皱缩，胞质内出现颗粒，核浓缩，核裂解或细胞裂解，出现空泡。根据培养性状，结合被检动物临诊表现可作出诊断。

（三）生化试验

生化试验是利用生物化学的方法，检测细菌在人工培养繁殖过程中所产生的某种新陈代谢产物是否存在，是一种定性检测。不同的细菌，新陈代谢产物各异，表现出不同的生化性状，这些性状对细菌种属鉴别有重要价值。生化试验的项目很多，可据检疫目的适当选择。常用的生化反应有糖发酵试验、靛基质试验、V-P试验、甲基红试验、硫化氢试验等。

（四）动物接种试验

动物接种试验除使用同种动物外，还可以根据病原体的生物学特性，选择对待检病原体敏感的实验动物，如家兔、小鼠、仓鼠、家禽、鸽子等。动物接种试验主要用于病原体致病力检测，即将分离鉴定的病原体人工接种易感动物，然后根据对该动物的致病力、临诊症状和病理变化等现象判断其毒力。也可将病料适当处理后人工接种易感动物，并将其与自然病例进行比较、回收病原体或用血清学方法进行诊断。对于那些还不能在人工培养基、鸡胚或组织细胞中生长的病原体，则可用本种动物接种试验进行分离或继代，由于病料接种是在人工控制的条件下进行，感染的时间和病程比较清楚，病原体分离的成功率较高。

（五）分子生物学检测技术

利用分子生物学检测技术，不仅可检测动物疫病病原的核酸，建立动物疫病特异性快速诊断方法，而且可用于病原基因变异与遗传进化的分析，及时准确了解动物疫病分子流行病学动态，为疫病防控提供分子理论分析依据。分子生物学检测技术包括病原体的基因组检测、抗原检测及病原体的代谢产物检测等。这里仅简要介绍与病原体基因组检测有关的几种主要方法。

聚合酶链反应（PCR）

1. 聚合酶链反应（PCR） 是将从病原体中提取的模板DNA在体外高温（95℃左右）时变性而变成单链，低温（多为55℃左右）时引物与单链按碱基互补配对原则而结合，再调温度至DNA聚合酶最适反应温度（72℃左右），DNA聚合酶沿着磷酸端到C端（5′—3′）的方向合成互补链。当这些步骤循环重复多次后即可引起目的DNA序列的大量扩增。由于PCR扩增的DNA片段呈几何指数增加，故经过25～30次循环后便可通过电泳方法检测到病原体的特异性基因片段。

2. 核酸探针技术 该技术是利用DNA分子的变性、复性以及碱基互补配对的高度精确性，对某一特异性DNA序列进行探查的新技术。其基本原理是：将某病原体基因中一段已知保守序列分离后通过放射性或非放射性标记物标记制备成探针，当其与待检样品中存在的病原体基因组一起加热时，如果待检样品中存在该病原体，分成单链的探针便可识别并与具有互补核酸碱基的DNA链结合，再通过标记物的检查即可确定病原体的存在。DNA探针具有很高的特异性，但单独使用时检测的敏感性不

高，若将该方法与PCR结合，则可通过高度保守区的DNA序列为细菌病和病毒病检测提供有力的工具。

3. 限制性酶切片段长度多态性分析 那些血清型非常接近的病原微生物，用血清学方法进行鉴定时往往特异性较差，而限制性酶切片段长度多态性分析则可检出这类微生物之间基因组的微细差别。其原理是首先制备病原微生物的基因组DNA，用限制性核酸内切酶将其剪切成特异性片段，然后在琼脂糖凝胶中电泳并用溴化乙啶显色，再将分离开的片段与^{32}P标记的互补DNA（cDNA）杂交以检测基因组的差异或相似性。该方法可用于同一个血清型不同分离株之间差异或相似性的流行病学分析，为分离株的流行病学追踪提供了可能性。

二、免疫学检测

（一）血清学检测

血清学检测是检测动物疫病最常用和最重要的方法之一。由于抗原与抗体结合反应的高度特异性，可用已知抗原检测抗体，也可用已知抗体检测抗原。该方法特异性和敏感性都很高，且方法简易而快速，故在疫病的检测中被广泛应用。常用的有凝集试验、沉淀试验、标记抗体技术等方法。

1. 凝集试验 凝集试验用于测定血清中的抗体含量时，将血清倍比稀释后，加定量的抗原；测抗原含量时，将抗原倍比稀释后加定量的抗体。抗原抗体反应时，出现明显反应终点的抗血清或抗原制剂的最高稀释度称为效价或滴度。

凝集试验可根据抗原的性质、反应的方式分为直接凝集试验（简称凝集试验）、间接凝集试验、血凝抑制试验等。

2. 沉淀试验

（1）环状沉淀试验。试验在小试管中进行。当沉淀素与沉淀原发生特异性反应时，在两液面接触处出现致密、清晰、明显的白环，即环状沉淀试验阳性。兽医临诊常用于炭疽的诊断和皮张炭疽的检疫。

（2）琼脂免疫扩散试验。简称琼脂扩散试验。在半固体琼脂凝胶板上按备好的图形打孔，一般由一个中心孔和6个周边孔组成一组，孔径4～5mm，孔距3mm。中心孔滴加已知抗原悬液，周围孔滴加标准阳性血清和被检血清。当抗原抗体向外自由扩散而相遇并发生特异性反应时，在相遇处形成一条或数条白色沉淀线，即琼脂扩散试验阳性。琼脂扩散试验是鸡马立克病、马传染性贫血等疫病常用的诊断方法。

此外，把琼脂扩散试验与电泳技术相结合建立的免疫电泳试验，使抗原抗体在琼脂凝胶中的扩散移动速度加快，并限制了扩散移动的方向，缩短了试验时间，增强了试验的敏感性。

3. 标记抗体技术 虽然抗原与抗体的结合反应是特异性的，但在抗原、抗体分子小，或抗原、抗体含量低的时候，抗原、抗体结合后所形成的复合物却不可见，给疫病诊断和检测带来困难。而有一些物质如酶、荧光素、放射性核素、化学发光剂等，即便在微量或超微量时也能用特殊的方法将其检测出来。因而，人们将这些物质标记到抗体分子上制成标记物，把标记物加入抗原抗体反应体系中，结合到抗原抗体复合物上。通过检测标记物的有无及含量，间接显示抗原抗体复合物的存在，使疫病获得诊断。

免疫学检测中的标记抗体技术主要包括酶标记抗体技术、荧光标记抗体技术、胶体金免疫检测技术、同位素标记技术以及葡萄球菌A蛋白（SPA）免疫检测技术等。

液相阻断 ELISA

间接 ELISA

（1）酶标记抗体技术。主要方法有免疫酶染色法和酶联免疫吸附试验（ELISA）。ELISA是目前生产中应用广、发展快的检测新技术之一，具有简便、快速、敏感、易于标准化、适合大批样品检测的优点，在动物检疫中被用于众多动物疫病的诊断检测。其基本原理是将抗原抗体反应的特异性和酶催化底物反应的高效性与专一性结合起来，以酶标记的抗体作为主要试剂，与吸附在固相载体上的抗原发生特异性结合。滴加底物溶液后，底物在酶的催化下发生化学反应，呈现颜色变化。用肉眼或酶标仪根据颜色深浅判定结果。

（2）荧光标记抗体技术。荧光标记抗体技术简称荧光抗体技术（FAT），主要用于抗原的定位、定性。该技术的主要特点是特异性强、敏感性高及检测速度快。其基本原理是将不影响抗原抗体特异性反应的荧光色素标记在抗体分子上，当荧光标记的抗体与相应抗原结合后，在荧光显微镜下可观察到特异性荧光，以此得到诊断。

（二）变态反应诊断

变态反应诊断是重要的免疫学诊断方法之一，是将变应原接种动物后，通过观察动物明显的局部或全身性反应进行判断。该方法主要应用于一些慢性传染病的检疫与监测，尤其适合群体检疫和畜群净化，是牛结核病检疫的常规方法。

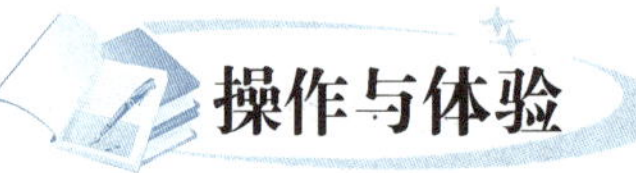

操作与体验

技能一　动物血液样品的采集

（一）技能目标

（1）会采集鸡、猪、牛、羊的血液样品。

（2）会处理血液样品。

（3）会保存血液样品。

（二）材料设备

采样动物（鸡、猪、牛、羊）、剪毛剪、采样箱、保温箱、5～10mL采血器、1.5mL塑料离心管、10mL离心管及易封口样品袋、0.1%肝素、乙二胺四乙酸（EDTA）、1%～2%碘酊棉球、75%酒精棉球、干棉球、载玻片、低速离心机、动物保定器或保定绳、记号笔、不干胶标签、采样登记表、口罩、一次性乳胶手套、防护服、防护帽、胶靴等。

（三）方法步骤

1. 采血部位　家禽从心脏或翅静脉采血，每只采血3～5mL；仔猪或中等大小的猪从前腔静脉采血，大猪可从耳静脉采血，每头采血5～10mL；牛从颈静脉或尾静脉采血，每头采血5～10mL；羊从颈静脉或前后肢皮下静脉采血，每只采血5～10mL。采血部位先用1%～2%碘酊消毒后，再用75%乙醇脱碘消毒。

2. 采血方法

（1）鸡的采血。

①翅静脉采血。侧卧保定，展开翅膀，拇指压迫翅静脉近心端，待血管怒张后，用采血器针头平行刺入静脉，放松对近心端的按压，缓缓抽取血液。

②心脏采血。

a. 雏鸡心脏采血。针头平行颈椎从胸腔前口插入，见有回血时，即把针芯向外拉使血液流入采血器。

b. 成年鸡心脏采血。取侧卧或仰卧保定。

Ⅰ. 侧卧保定采血。右侧卧保定，在触及心搏动明显处，或胸骨突前端至背部下凹处连线的1/2处，垂直或稍向前方刺入2～3cm，见有回血时，即把针芯向外拉使血液流入采血器。

Ⅱ. 仰卧保定采血。胸骨朝上，用手指压迫嗉囊，露出胸前口，将针头沿其锁骨俯角刺入，顺着体中线方向水平刺入心脏，见有回血时，即把针芯向外拉使血液流入采血器。

（2）猪的采血。

①耳缘静脉采血。猪站立或横卧保定，用力捏压耳静脉近心端，或用酒精棉球反复涂擦耳静脉使血管怒张。使采血针头斜面朝上，与猪耳水平面呈10°～15°角进针，如见回血再将针头顺血管向内送入约1cm，松开捏压，缓慢抽取血液或接入真空采血管。

②前腔静脉采血。

a. 站立保定采血。将猪头颈向斜上方拉至与水平面呈30°角以上，偏向一侧。采血针从颈部最低凹陷处，偏向气管约15°角刺入，见有回血，即把针芯向外拉使血液流入采血器或接入真空采血管。

b. 仰卧保定采血。拉直两前肢，使与体中线垂直或使两前肢向后与体中线平行。针头斜向后内方与地面呈60°角，向胸前窝（胸骨端旁2cm处的凹陷）刺入2～3cm，见有回血，即把针芯向外拉使血液流入采血器或接入真空采血管。

（3）牛、羊的采血。

①颈静脉采血。牛、羊站立保定，使其头部稍前伸并稍微偏向对侧，在颈静脉沟上1/3与中1/3交界处稍下方压迫静脉血管，待血管怒张后，将采血器针头与皮肤呈45°角刺入血管内，如见回血，将针头后端靠近皮肤，再伸入血管内1～2cm，采集血液。采血结束，用干棉球轻按止血。

②牛尾静脉采血。将牛尾上提，将采血器针头在离尾根10cm左右（第4、第5尾椎骨交界处）中点凹陷处垂直刺入约1cm，见有回血，即把针芯向外拉使血液流入采血器或接入真空采血管。采血结束，用干棉球轻按止血。

③乳房静脉采血。奶牛、奶山羊可选乳房静脉采血。奶牛腹部可看到明显隆起的乳房静脉，针头在静脉隆起处向后肢方向快速刺入，见有血液回流，即把针芯向外拉使血液流入采血器或接入真空采血管。

3. 血液样品的处理

（1）抗凝血。采血前，在采血管或其他容器内按每10mL血液加入0.1%肝素1mL或乙二胺四乙酸（EDTA）20mg。血液注入容器后，立即轻轻摇动试管，使血液和抗凝剂混匀，这样的抗凝血即为全血。抗凝血经过静置或1 500～2 000r/min离心10min使血细胞下沉，其上清液则为血浆。

(2) 血清。不加抗凝剂采血。血液在室温下倾斜放置 2～4h，待血液凝固自然析出血清；也可将血液室温静置半小时以上，1 000r/min 离心 10～15min，分离出血清。将血清移到另外的塑料离心管中，盖紧盖子，封口，贴标签。

(3) 血片。取一滴末梢血、静脉血或心血，滴在载玻片一端，再取一块边缘光滑的载片做推片；将推片一端置于血滴前方，向后移动接触血滴，使血液均匀分散在推片与载片的接触处，然后使推片与载片呈 30°～40°角，向另一端平稳地推出（图 2-1）。涂片推好后，迅速在空气中摇动，使之自然干燥。

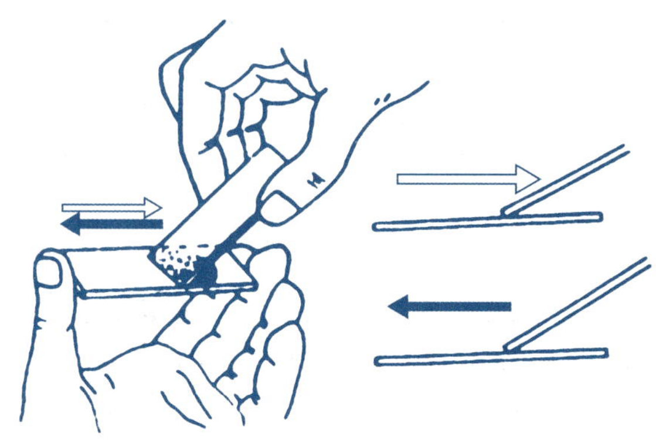

图 2-1 血片的制备方法

4. 血液样品的保存

(1) 抗凝血。用于病毒检测的，－20℃以下保存；用于细菌检测的，4℃保存，不宜冷冻。

(2) 血清。短时间检测，4℃冷藏。若需长时间保存，应－20℃以下冷冻，并避免反复冻融。

(3) 血片。常温保存。

注意：一般情况，20～25℃条件下，血液样品的保存时间不超过 8h；4℃条件下，全血或血浆的保存时间不超过 48h，血清的保存不超过 1 周。

(四) 考核标准

序号	考核内容	考核要点	分值	评分标准
1	采血 (65 分)	鸡翅静脉采血	10	采血规范，5min 内采血 3～5mL
		鸡心脏采血	10	采血规范，5min 内采血 3～5mL
		猪耳缘静脉采血	10	正确保定，采血规范，5min 内采血 3～5mL
		猪前腔静脉采血	10	正确保定，采血规范，5min 内采血 3～5mL
		牛颈静脉采血	15	正确保定，采血规范，5min 内采血 5～10mL
		羊颈静脉采血	10	正确保定，采血规范，5min 内采血 5～10mL
2	血液样品处理 (20 分)	抗凝血制备	5	正确制备抗凝血
		血清制备	10	正确制备血清
		血片制备	5	正确制备血片
3	血液样品保存 (5 分)	抗凝血、血清、血片的保存条件	5	正确口述抗凝血、血清、血片的保存条件

（续）

序号	考核内容	考核要点	分值	评分标准
4	职业素质评价（10分）	安全意识	5	注意个人防护，防止生物污染
		协作意识	5	听从安排，具备团队协作精神
总分			100	

技能二　口蹄疫样品的采集

（一）技能目标

（1）会采集口蹄疫样品。

（2）会保存口蹄疫样品。

（3）会运送口蹄疫样品。

（二）材料设备

采样箱、保温箱、手术剪刀、镊子、灭菌注射器、食道探杯、样品保存管、10mL离心管、冰袋、青霉素1 000 U/mL、链霉素1 000μg/mL、50%甘油-PBS液、0.04mol/L pH 7.4 PBS液、0.2%柠檬酸、O-P液保存液、不干胶标签、签字笔、记号笔、口罩、一次性乳胶手套、防护服、防护帽、胶靴等。

（三）方法步骤

1. 样品的选择　用于病毒分离、病原鉴定的组织样品以临诊发病动物（牛、羊、猪）未破裂的舌面或蹄部、鼻镜等部位的水疱皮和水疱液为最好。对临诊健康但怀疑带毒的动物可在屠宰过程中采集淋巴结、脊髓、扁桃体、心脏等内脏组织作为检测材料。反刍动物在无临诊症状的可疑情况下，可以用食道探杯采集O-P液样品进行病毒分离或者检测病毒核酸。

2. 组织样品的采集和保存

（1）发病病料的采集和保存。

①水疱液。对于典型临诊发病动物的水疱液，用灭菌注射器吸出至少1mL，然后装入样品保存管，并加青霉素1 000 U/mL、链霉素1 000μg/mL，不加保存液，加盖封口，冷冻保存。

②水疱皮。应采集成熟未破溃的水疱皮，2～5g为宜。采集前，可用0.04mol/L pH 7.4 PBS清洗水疱表面。采集到的水疱皮，置于50%甘油-PBS保存液中，加盖封口，冷冻保存。

③破溃组织。若采集不到典型的水疱皮病料，应足量采集病灶周围破溃组织，置于50%甘油-PBS保存液中，加盖封口，冷冻保存。

（2）临诊健康动物病原学样品采集。临诊表现健康，但需做口蹄疫病原学检测的动物，可在屠宰时采集淋巴结、脊髓、扁桃体、心脏等内脏组织作为检测材料。对肉品进行口蹄疫病原学检测时，可采集骨骼肌。组织样品不少于2g，装入样品保存管中，密封、低温保存。

（3）牛、羊食道-咽部分泌物（O-P液）样品采集。

①样品采集。被检动物在采样前禁食（可饮水）12h，以免胃内容物严重污染

O－P液。食道探杯在使用前经0.2%柠檬酸或2%氢氧化钠溶液浸泡5min，再用洁净水冲洗干净。每采完一头（只）动物，探杯要进行消毒和清洗。采样时动物站立保定，将探杯随吞咽动作送入食道上部10～15cm处，轻轻来回移动2～3次，然后将探杯拉出。如采集的O－P液被胃内容物严重污染，要用洁净水冲洗口腔后重新采样。

②样品保存。在10mL离心管中加3～5mL O－P液保存液，将采集到的O－P液倒入离心管中，密封后充分摇匀，冷冻保存。

（4）血清。采集动物血液，每头不少于5mL。无菌分离血清，装入样品保存管中，加盖密封后冷藏或冷冻保存。

3. 样品包装和运送 每份样品的包装瓶上均要贴上标签，写明采样地点、动物种类、编号、时间等。采集样品时要填写采样单。专用运输容器应隔热坚固，内装适当冷冻剂和防震材料。外包装上要加贴生物安全警示标志。

（四）考核标准

序号	考核内容	考核要点	分值	评分标准
1	样品的选择（10分）	选择采集样品	10	正确选择口蹄疫采集样品
2	发病病料的采集和保存（20分）	样品的采集	10	正确进行发病病料样品的采集
		样品的保存	10	正确保存发病病料样品
3	临诊健康动物病原学样品采集（20分）	样品的采集	10	正确采集内脏组织样品
		样品的保存	10	正确保存内脏组织样品
4	牛、羊O－P液采集（25分）	采集前准备	5	正确进行牛、羊O－P液采集前准备
		样品的采集	10	正确进行牛、羊O－P液的采集
		样品的保存	10	正确保存牛、羊O－P液
5	样品包装和运送（15分）	样品的包装	5	正确进行样品包装
		填写采样单	5	正确填写样品采样单
		样品运送	5	正确进行样品运送
6	职业素质评价（10分）	安全意识	5	防止病原污染，注意人身安全
		协作意识	5	听从安排，协作完成
总分			100	

技能三 反转录-聚合酶链式反应（RT－PCR）检测猪瘟病毒

（一）技能目标

（1）掌握病料组织中RNA提取的方法。

（2）掌握cDNA合成的方法。

（3）掌握PCR的操作方法。

（4）会RT－PCR结果判定。

（二）材料设备

1. 仪器设备 PCR仪、电泳仪、枪头、EP管、匀浆管、移液器、剪刀、镊子、

研钵器、恒温水浴锅、低温高速离心机、紫外分光光度计等。

2. 试剂 氯仿、异丙醇、75%乙醇（用DEPC-treated水配制）、焦碳酸二乙酯（DEPC）、dNTP混合物、*Taq*酶、琼脂糖、溴化乙啶、5×电泳缓冲液、反转录试剂盒、猪瘟特异性引物等。

（三）方法步骤

1. 材料与样品准备

（1）材料准备。

①剪刀、镊子和研钵器。洗净后干烤灭菌。

②RNase-Free水。配0.1%的DEPC溶液，室温过夜，高压灭菌，-20℃保存。

③去除RNase的耗材（枪头、EP管等）。用0.1% DEPC溶液完全浸泡过夜，高压灭菌后，烤干备用。

（2）样品制备。按1∶5（*m/V*）比例，取待检组织和PBS液于研钵中充分研磨，4℃条件下1 000r/min离心15min，取上清液转入无RNA酶污染的离心管中，备用。制备的样品在2～8℃保存不应超过24h，长期保存应分装后置-70℃以下，避免反复冻融。

2. 试验步骤

（1）RNA提取。

①取1.5mL离心管，每管加入800μL RNA提取液（通用Trizol）和被检样品200μL，充分混匀，静置5min。同时设阳性和阴性对照管，每份样品换一个吸头。

②加入200μL氯仿，充分混匀，静置5min，4℃、12 000r/min离心15min。

③取上清液约500μL（注意不要吸出中间层）移至新离心管中，加等量异丙醇，颠倒混匀，室温静置10min，4℃、12 000r/min离心10min。

④小心弃去上清液，倒置于吸水纸上，振干液体；加入1 000μL 75%乙醇，颠倒洗涤，4℃、12 000r/min离心10min。

⑤小心弃去上清液，倒置于吸水纸上，振干液体；4 000r/min离心10min，将管壁上残余液体甩到管底部，小心吸干上清液，吸头不要碰到有沉淀的一面，每份样品换一个吸头，室温干燥。

⑥加入10μL DEPC水和10U RNasin，轻轻混匀，溶解管壁上的RNA，4 000r/min离心10min，-20℃保存备用，长期保存应置于-70℃条件下。

（2）cDNA合成。取200μL PCR专用管，连同阳性对照管和阴性对照管，每管加10μL RNA和50 pM下游引物P_2 [5′-CACAG（CT）CC（AG）AA（TC）CC（AG）AAGTCATC-3′]，按反转录试剂盒说明书进行。

（3）PCR。

①取200μL PCR专用管，连同阳性对照管和阴性对照管，每管加上述cDNA 10μL和适量水，95℃预变性5min。

②每管加入10倍稀释缓冲液5μL，上游引物P_1 [5′-TC（GA）（AT）CAAC-CAA（TC）GAGATAGGG-3′] 和下游引物P2各50pM，10mol/L dNTP 2μL，*Taq*酶2.5U，补水至50μL。

③置于PCR仪，循环条件为95℃经50s，58℃经60s，72℃经35s，共40个循

环，72℃延伸 5min。

(4) PCR 产物电泳。取 RT－PCR 产物 5μL，于 1%琼脂糖凝胶中电泳，凝胶中含 0.5μL/mL 溴化乙啶，电泳缓冲液为 0.5×TBE，80V 经 30min，电泳完后于长波紫外灯下观察拍照。

3. 结果及判定

(1) 阳性。被检样品出现 251nt 目的条带，判为阳性。

(2) 阴性。被检样品未出现 251nt 目的条带，判为阴性。

(四) 考核标准

序号	考核内容	考核要点	分值	评分标准
1	材料与样品准备（10 分）	材料准备 材料与样品	10	正确准备材料、样品
2	操作过程（70 分）	RNA 提取	20	正确提取被检样品的 RNA
		cDNA 合成	15	正确按反转录试剂盒说明将提取的 RNA 合成 cDNA
		PCR	20	正确以合成的 cDNA 为模板进行 PCR 扩增
		PCR 产物电泳	15	正确将 PCR 产物进行凝胶电泳
3	结果判定（10 分）	结果判定	10	正确判定有无猪瘟病毒存在
4	实训要求（10 分）	实训态度	10	服从安排，实训认真，能够在实训中发现问题并提出解决方案
总分			100	

知识拓展

拓展知识　口蹄疫监测计划

(一) 监测目的

掌握口蹄疫病原感染与分布情况，了解高风险区域和重点环节动物感染情况，跟踪监测病毒变异特点与趋势，查找传播风险因素，证明免疫无疫区状态。评估畜群免疫效果，掌握群体免疫状况。同时，开展猪塞内卡病毒 A 型（SVA）监测，评估危害性。

(二) 监测对象

猪、牛、羊、鹿等偶蹄类动物。

(三) 监测范围

各级动物疫病预防控制机构对猪、牛、羊、鹿等偶蹄类动物的种畜场、规模饲养场、散养户、活畜交易市场、屠宰场、无害化处理厂等进行监测。国家口蹄疫参考实验室重点对发生过疫情地区、边境地区等高风险区域开展监测。散养户以自然村作为监测采样的流行病学单元。

(四) 监测时间

根据实际情况安排常规监测。

国家口蹄疫参考实验室具体采样时间，由其与相关省份或单位协商确定。

（五）监测方式

1. 被动监测 任何单位和个人发现猪、牛、羊、鹿等偶蹄动物或野生动物出现水疱、跛行、烂蹄等类似口蹄疫的症状，应及时向当地农业农村主管部门或动物疫病预防控制机构报告，动物疫病预防控制机构应及时采样进行监测。

2. 主动监测

（1）病原监测。采用先抽取场群，在场群内再抽取个体的抽样方式开展监测采样。选择场群时要考虑猪、牛、羊、鹿等偶蹄类动物的种畜场、规模饲养场、散养户、活畜交易市场、屠宰场的比例。

（2）抗体监测。选择场群要综合考虑猪、牛、羊、鹿等偶蹄类动物的种畜场、规模饲养场、散养户、活畜交易市场及屠宰场的比例，以及不同种群动物的年龄和免疫次数的差异。

（六）监测内容和数量

1. 监测数量 各省份和计划单列市根据疫病流行和养殖情况确定监测数量，在做好口蹄疫监测的同时，要以种畜场、规模场、屠宰场为重点，对猪 SVA 感染状况进行监测和调查。

2. 国家参考实验室

（1）重点省份生猪屠宰场口蹄疫监测。在河北、河南、湖北、湖南、江苏、福建、浙江、安徽、广东、贵州、四川、山西等 12 个省份开展。每个省选 2～3 个地区（市、县）猪屠宰场采样，其中省会城市为必选；每个采样点同步采集猪血清和颌下淋巴结各 30 份。

（2）大东北无疫区监测。在黑龙江、辽宁、内蒙古 3 个省份开展。每个省份选 3 个地区（市）开展监测，每个地市选 3 个采样点（牛、羊采样点各 1 个，猪屠宰场 1 个）。优先选择流通环节（如交易市场、交通干线城市、国界省界地区等），每个采样点采集 20 头动物，牛、羊同步采集血清和食道-咽部分泌液（O-P 液），屠宰场猪采集血清和颌下淋巴结。

（3）西部边境高风险区和动物检查站监测。在西南边境省份（云南、广西）和西北部分省区开展。在云南和广西，重点对边境地区和动物流向集中地区开展监测，每个省份采集 2～3 个地市样品，每个地市选 2 个县（市、区），每个县（市、区）采集牛（或羊）2 个点，猪屠宰场 1 个点。在甘肃和新疆，重点对甘肃省柳园动植物检疫检查站和新疆哈密公路动植物联合防疫检疫站报检动物进行随机抽检，具体抽检方案由国家口蹄疫参考实验室和地方动物防疫部门联合制定。在青海和宁夏，重点对动物流向集中地区、交易市场等开展监测，每个省份采集 1～2 个地市样品，每个地市选 2 个县（市、区），每个县（市、区）采集牛和羊各 1 个点，每个采样点采集 20 头动物，同步采集血清和 O-P 液。

（4）无疫区监测。对海南、吉林、胶东半岛无疫区和辽宁，结合年度监测和流行病学调查工作任务，开展抽样监测。

（5）SVA 监测。结合口蹄疫监测工作，在重点省份、高风险地区生猪屠宰环节开展猪 SVA 监测。

（七）检测方法

1. 病原检测　对牛羊O－P液、猪颌下淋巴结或扁桃体，采用RT－PCR方法或实时RT－PCR方法检测口蹄疫病原。

2. 非结构蛋白抗体检测　采用非结构蛋白（NSP）抗体ELISA方法进行检测。在免疫状况下，对NSP抗体检测阳性的，需进一步确认。可重复采样检测NSP抗体，根据抗体阳性率变化判断是否感染病毒。具体方法是，在NSP首次监测2～4周后（期间不能进行免疫）进行二次采样检测（两次采样检测的动物要保持一致）。对NSP抗体阳性率等于或低于首次检测结果的，可排除感染。

3. 免疫抗体检测　猪免疫28d后，其他畜种免疫21d后，采集血清样品进行免疫效果监测。

O型口蹄疫抗体：液相阻断ELISA或正向间接血凝试验，合成肽疫苗采用VP1结构蛋白ELISA进行检测。

A型口蹄疫抗体：液相阻断ELISA。

4. SVA检测

（1）血清检测。采用间接ELISA或竞争ELISA方法。

（2）病原检测。采用实时RT—PCR方法，结合病原分离及序列测定。

（八）判定标准

1. 免疫合格个体

（1）液相阻断ELISA：牛、羊抗体效价$\geqslant 2^7$，猪抗体效价$\geqslant 2^6$。

（2）正向间接血凝试验：抗体效价$\geqslant 2^6$。

（3）VP1结构蛋白抗体ELISA：抗体效价$\geqslant 2^5$。

2. 免疫合格群体　免疫合格个体数量占群体总数的70%（含）以上。

3. 可疑阳性个体

（1）免疫家畜非结构蛋白抗体ELISA检测阳性的。

（2）未免疫家畜血清抗体检测阳性的。

4. 可疑阳性群体　群体内至少检出1个可疑阳性个体的。

5. 监测阳性个体　牛羊的O－P液，猪的颌下淋巴结或扁桃体用RT－PCR或实时RT－PCR检测，结果为阳性。

6. 确诊阳性个体　监测阳性个体经省级动物疫病预防控制机构实验室确诊，结果为阳性。

7. 确诊阳性群体　群体内至少检出1个确诊阳性个体的。

8. 临床病例处置　按照口蹄疫防治技术规范处置。

思政园地

新冠肺炎疫情发生后，党和政府时刻将人民的身体健康和生命安全放在心上，放在所有工作的第一位，迅速完善了新冠肺炎疫情监测网络，公布了《关

于加快推进新冠病毒核酸检测的实施意见》，实施重点人群“应检尽检”，其他人群“愿检尽检”，及早发现新冠肺炎患者和无症状感染者，迅速采取有效措施，有效控制了疫情的蔓延。

思考：中国实施“应检尽检”“愿检尽检”，“底气”源自何方？

复习与思考

1. 根据所学知识，简述如何对新引进牛进行临诊检查。
2. 根据所学知识，简述如何对新引进猪进行临诊检查。
3. 某养鸡场发生疫情，怀疑是新城疫，需要进行实验室确诊，请你确定样品采集的种类和方法，以及实验室检测的方法。
4. 某养猪场发生疫情，怀疑是猪瘟，需要进行实验室确诊，请你确定样品采集的种类和方法，以及实验室检测的方法。
5. 动物春季强制免疫后，进行免疫效果监测，如何采集样品？

项目三

动物疫病防控

本项目的应用：养殖场动物疫病防控措施的制定和实施；兽医门诊、畜禽屠宰场、动物产品加工厂等场地卫生消毒措施的制定和实施；动物疫病可追溯管理体系的建立。

完成本项目所需知识点：消毒的对象和方法；消毒效果的检查；杀虫和灭鼠的方法；免疫接种的对象和方法；疫苗接种反应；免疫程序的制定；免疫失败的原因；畜禽标识和畜禽养殖档案的建立；预防用药的选择和使用；粪污的处理。

完成本项目所需技能点：针对消毒对象选择消毒方法并实施；在养殖场实施杀虫和灭鼠；合理保存和运输疫苗；为养殖场制定免疫程序并实施免疫；畜禽标识的加施；动物驱虫；处理粪污；为养殖场制定综合防疫措施。

任务一　消毒的实施

消毒是指运用物理、化学和生物的方法清除或杀灭环境中的各类病原体的措施，主要目的是消灭病原体，切断疫病的传播途径，阻止疫病的发生、流行，进而控制和消灭疫病。

一、消毒的种类

根据时机和目的不同，消毒分为预防消毒、随时消毒和终末消毒三类。

1. 预防消毒　也称平时消毒。为了预防疫病的发生，结合平时的饲养管理对圈舍、场地、用具和饮水等按计划进行的消毒。

2. 随时消毒　是指在发生疫病期间，为及时清除、杀灭患病动物排出的病原体而采取的消毒措施。如在隔离封锁期间，对患病动物的排泄物、分泌物污染的环境及一切用具、物品、设施等进行反复、多次的消毒。

3. 终末消毒 在疫情结束之后，解除疫区封锁前，为了消灭疫区内可能残留的病原体而采取的全面、彻底的消毒。

二、消毒的方法

动物防疫工作中常用的消毒方法主要有物理消毒法、化学消毒法和生物消毒法三类。

（一）物理消毒法

物理消毒法是指应用物理因素杀灭或清除病原体的方法，包括机械清除、辐射消毒、高温消毒等。

1. 机械清除 采用清扫、洗刷、通风、过滤而清除病原体，是最普通、最常用的方法。用这些方法在清除污物的同时，大量病原体也被清除，但是机械清除达不到彻底消毒的目的，必须配合其他消毒方法进行。清除的污物要进行发酵、掩埋、焚烧或用消毒剂处理。

通风虽然不能杀灭病原体，但可以通过短期内使舍内空气交换，达到减少舍内病原体的目的。

2. 辐射消毒 主要有紫外线消毒和电离辐射消毒两类。

（1）阳光、紫外线消毒。阳光光谱中的紫外线有较强的杀菌能力，紫外线对革兰氏阴性菌消毒效果好，对革兰阳性菌效果次之，对芽孢无效，许多病毒也对紫外线敏感。此外，阳光的灼热和蒸发水分引起的干燥也有杀菌作用。一般病毒和非芽孢细菌在阳光曝晒下几分钟至几小时就可杀死，阳光消毒能力的大小与季节、天气、时间、纬度等有关，要灵活掌握，并注意配合应用其他消毒方法。

紫外线杀菌作用最强的波段是250～270nm。紫外线的消毒作用受很多因素的影响，表面光滑的物体才有较好的消毒效果，空气中的尘埃吸收大部分紫外线，因此消毒时，舍内和物体表面必须干净。用紫外线灯管消毒时，灯管距离消毒物品表面不超过1m，灯管周围1.5～2m处为消毒有效范围，消毒时间一般为30min。

（2）电离辐射消毒。是指利用γ射线等电子辐射能穿透物品，杀死其中的微生物所进行的低温灭菌方法。由于不升高被照射物品的温度而达到消毒灭菌目的，非常适用于忌热物品的消毒灭菌，又称之为“冷灭菌”。由于电子辐射穿透力强，可以穿透到达被辐射物品的各个部位，不受物品包装、形态的限制，因此可以在密封包装下进行消毒。对医疗器材和生物医药制品进行电离辐射灭菌，在国际上已广泛应用。

3. 高温消毒 高温对微生物有明显的致死作用，是最彻底的消毒方法之一。

（1）火焰灭菌。

①烧灼法。金属笼具、地面及墙壁等可以用火焰喷灯直接烧灼灭菌，实验室的接种针、接种环、试管口、玻璃片等耐热器材可在酒精灯火焰上进行烧灼灭菌。

②焚烧法。发生烈性疫病或由抵抗力强的病原体引起的疫病时（如炭疽），用于染疫动物尸体、垫草、病料以及污染的垃圾、废弃物等物品的消毒，可直接焚烧或用焚烧炉焚烧。

（2）热空气灭菌。又称干热灭菌法，在电热干燥箱内进行。适用于烧杯、烧瓶、吸管、试管、离心管、培养皿、玻璃注射器等干燥的玻璃器皿及针头、滑石粉、凡士林、液状石蜡等的灭菌。灭菌时，将物品放入干燥箱内，温度上升至160℃维持2h，可达到完全灭菌的目的。

（3）煮沸消毒。常用于针头、金属器械、工作服和工作帽等物品的消毒。多数非芽孢病原微生物在100℃沸水中迅速死亡，多数芽孢在煮沸后15～30min内死亡，煮沸1～2h可以杀灭所有病原体。在水中加入1%～2%的小苏打，可增强消毒效果。煮沸消毒时，消毒时间应从水煮沸后开始计算。

（4）蒸汽消毒。相对湿度在80%～100%的热空气能携带许多热量，遇到物品凝结成水，释放出大量热能，从而达到消毒的目的。在一些交通检疫站，用蒸汽锅炉对运输的车皮、船舱等进行消毒。如果蒸汽和化学药品（如甲醛等）并用，可增强消毒效果。

（5）流通蒸气消毒。利用蒸笼或流通蒸汽灭菌器进行消毒灭菌。一般在100℃加热30min，可杀死细菌的繁殖体，但不能杀死芽孢和真菌孢子。若要杀死芽孢，常在100℃加热30min消毒后，将消毒物品置于室温下，待其芽孢萌发，连续用同样的方法进行3次消毒即可杀灭物品中全部细菌及芽孢。这种连续流通蒸汽灭菌的方法，称为间歇灭菌法。

（6）高压蒸汽灭菌。用高压蒸汽灭菌器进行灭菌的方法，是应用最广泛、最有效的灭菌方法。在1个大气压下，蒸汽的温度只能达到100℃，当在一个密闭的金属容器内，持续加热，由于蒸汽不断产生而加压，随压力的增高其沸点也会升至100℃以上，以此提高灭菌的效果。高压蒸汽灭菌器就是根据这原理设计的。通常用0.105MPa（旧称每平方英寸15磅）的压力，在121.3℃下维持15～30min，即可杀死包括细菌芽孢在内的所有微生物，达到完全灭菌的目的。凡耐高温、不怕潮湿的物品，如各种培养基、溶液、玻璃器皿、金属器械、敷料、橡皮手套、工作服和小动物尸体等均可用这种方法灭菌。

（7）巴氏消毒。由巴斯德首创，以较低温度杀灭液态食品中的病原菌或特定微生物，又不致严重损害其营养成分和风味的消毒方法。目前主要用于葡萄酒、啤酒、果酒及牛乳等食品的消毒。

具体方法可分为三类：第一类为低温维持巴氏消毒法（LTH），在63～65℃维持30min；第二类为高温瞬时巴氏消毒法（HTST），在71～72℃保持15s；第三类为超高温巴氏消毒法（UHT），在132℃保持1～2s，加热消毒后将食品迅速冷却至10℃以下，故此法亦称冷击法，这样可促使细菌死亡，也有利于鲜乳等食品马上转入冷藏保存。

（二）生物热消毒法

生物热消毒法是利用微生物在分解污物（垫草、粪便、尸体等）中的有机物时产生的大量热能来杀死病原体的方法。该法主要用于粪污及动物尸体的无害化处理，嗜热细菌生长繁殖可使堆积物的温度达到60～75℃，经过一段时间便可杀死病毒、细菌繁殖体、寄生虫卵等病原体，但不能消灭芽孢。

（三）化学消毒法

化学消毒法是指用化学消毒剂杀灭病原体的方法。在疫病防控过程中，经常利用各种消毒剂对病原体污染的场所、物品等进行清洗、浸泡、喷洒、熏蒸等，以杀灭其中的病原体。不同的消毒剂对微生物的影响不同，即使是同一种消毒剂，由

于其浓度、环境温度、作用时间及作用对象等的不同，也表现出不同的作用效果。因此，生产中要根据不同的消毒对象，选用不同的消毒剂。消毒剂除对病原体具有广泛的杀伤作用外，对动物、人的组织细胞也有损伤作用，使用过程中应加以注意。

三、常用的消毒剂

用于杀灭物品或环境中病原体的化学药物，称为消毒剂。常用的消毒剂品种很多，各类消毒剂的理化性质、作用机理不同，使用方法也不同。

（一）消毒剂的种类

根据结构的不同，消毒剂可分为以下几类。

1. 碱类消毒剂 碱类消毒剂的氢氧根离子可以水解蛋白质和核酸，使微生物结构和酶系统受到损害，同时可分解菌体中的糖类而杀灭细菌和病毒。

（1）氢氧化钠（苛性钠、火碱）。呈白色或微黄色的块状或棒状，易溶于水，易吸收空气中的二氧化碳和水而潮解，故需密闭保存。对细菌的繁殖体、芽孢、病毒及寄生虫虫卵等都有很强的杀灭作用。由于腐蚀性强，主要用于外部环境、圈舍地面的消毒。常用浓度为2%，杀灭芽孢所需浓度为5%～10%。

（2）石灰乳。石灰乳对一般病原体具有杀灭作用，但对芽孢和分枝杆菌无效。10%～20%的石灰乳主要用于圈舍墙壁、地面、粪渠、污水沟和外部环境消毒；也可用1kg生石灰加350mL水制成粉末，撒布在阴湿地面、粪池周围及污水沟等处进行消毒。由于石灰乳可吸收空气中的二氧化碳生成碳酸钙，在使用石灰乳时，应现用现配，以免失效浪费。

2. 酸类消毒剂 酸类消毒剂包括无机酸和有机酸。无机酸的杀菌作用取决于离解的氢离子。高浓度的氢离子可使菌体蛋白质变性、沉淀或水解，从而杀死繁殖型微生物与芽孢。有机酸的杀菌作用取决于不电离的分子透过细菌的细胞膜而对其起杀灭作用。

（1）硼酸。0.3%～0.5%的硼酸用于黏膜消毒。

（2）乳酸。20%的乳酸溶液在密闭室内加热蒸发30～90min，用于空气消毒。

（3）醋酸。醋酸与等量的水混合，按5～10mL/m³的用量加热蒸发，用于空气消毒；冲洗口腔时常用浓度是2%～3%。

3. 醇类消毒剂 能使菌体蛋白凝固和脱水，且能溶解细胞膜中的脂质。乙醇是应用最广泛的皮肤消毒剂，常用浓度为75%。乙醇可杀灭一般的病原体，但不能杀死芽孢，对病毒效果也差。

4. 酚类消毒剂 能损害菌体细胞膜，较高浓度时可使菌体蛋白变性。

（1）石炭酸（苯酚）。可杀灭细菌繁殖体，但对芽孢无效，对病毒效果差。主要用于环境地面、排泄物消毒，常用浓度为2%～5%。本品有特殊臭味，不适于肉、蛋的运输车辆及贮藏肉蛋的仓库消毒。

（2）来苏儿（煤酚皂液、甲酚皂液）。比苯酚抗菌作用强，能杀灭细菌的繁殖体，但对芽孢的作用差。主要用于外部环境、排泄物、物品消毒，常用浓度为3%～5%；若用于皮肤消毒，则浓度为2%～3%。由于本品有臭味，不能用于肉品、蛋品的消毒。

（3）复合酚（又名农乐，含酚41%～49%、醋酸22%～26%）。抗菌谱广，能杀灭细菌、真菌和病毒，对多种寄生虫卵亦有杀灭作用，稳定性好、安全性高。主要用于外部环境、排泄物、圈舍以及笼具等用品的消毒，常用浓度为0.5%～1%；若用于熏蒸消毒，则用量为2g/m³。

5. 氧化剂类消毒剂 遇到有机物释放出初生态氧，破坏菌体蛋白或细菌的酶系统，分解后产生的各种自由基能破坏微生物的通透性屏障，最终导致微生物的死亡。

（1）过氧乙酸（过醋酸）。对绝大多数病原体和芽孢均有杀灭作用。可用于环境、用品、空气及圈舍带动物消毒，但不能对金属和橡胶制品进行消毒。圈舍带动物喷雾消毒时的常用浓度为0.2%～0.3%，用量为20～30mL/m³；耐酸塑料、玻璃、搪瓷制品消毒时的常用浓度为0.2%；环境地面消毒时的常用浓度为0.5%；用品浸泡消毒时的常用浓度为0.2%；密闭的实验室、无菌室、仓库加热熏蒸消毒时的常用浓度为15%，用量为7mL/m³。

过氧乙酸性质不稳定，需低温避光保存，要求现用现配。

（2）高锰酸钾。用于物品消毒时，常用浓度为0.1%；用于皮肤消毒时，常用浓度为0.1%；用于黏膜消毒时，常用浓度为0.01%；杀灭芽孢所需浓度为2%～3%。

（3）过氧化氢（双氧水）。过氧化氢在接触伤口创面时，分解迅速，产生大量初生态氧，形成大量气泡，可将创腔中的脓块和坏死组织排出。主要用于清洗化脓创伤，常用浓度为1%～3%，有时也用0.3%～1%的过氧化氢冲洗口腔黏膜。

6. 卤素类消毒剂 容易渗入细胞内，对蛋白产生卤化和氧化作用。

（1）漂白粉。主要成分为次氯酸钙，有效氯含量一般为25%～32%，但有效氯易散失。本品应密闭保存，置于干燥、通风处。在妥善保存的条件下，有效氯每月损失1%～3%，当有效氯低于16%时失去消毒作用。漂白粉遇水产生次氯酸，其不稳定，易离解产生氧原子和氯原子，对各类病原体均有杀灭作用。可用于环境、地面、排泄物、物品的消毒，常用浓度为5%；将干粉剂与粪便以1∶5的比例均匀混合，可进行粪便消毒；杀灭芽孢所需浓度为10%～20%。

次氯酸钙在酸性环境中杀灭力强，在碱性环境中杀灭力弱。

（2）84消毒液。主要成分为次氯酸钠，有效氯含量5.5%～6.5%，可杀灭各类病原体。用于用具、白色衣物、污染物的消毒时，常用浓度为0.3%～0.5%；用于入孵种蛋消毒时，常用浓度为0.000 2%；圈舍带动物气雾消毒时的常用浓度为0.3%，用量为50mL/m³。

（3）氯胺。含有效氯24%～25%，性质较稳定，易溶于水且刺激性小。氯胺杀菌谱广，对各类病原体都有杀灭作用，用于饮水消毒时浓度为0.000 4%；用于物品消毒时浓度为0.5%～1%；用于环境地面、排泄物消毒时浓度为3%～5%。

（4）二氯异氰尿酸钠（优氯净、消毒灵）。本品为广谱高效安全消毒剂，遇水产生次氯酸，对各类病原体均有杀灭作用。用于饮水消毒时浓度为0.000 4%；用于物品浸泡消毒时浓度为0.5%～1%；用于圈舍带动物气雾消毒时的常用浓度为0.5%，用量为30mL/m³；用于环境、地面、排泄物消毒时浓度为3%～5%；杀灭芽孢所需浓度为5%～10%。

（5）二氧化氯（超氯、消毒王）。本品具有安全、高效、杀菌谱广、不易产生抗药性、无残留的特点，是新一代环保型消毒剂。适用于圈舍、空气、器具、饮水和带

动物消毒。用于饮水消毒时浓度为0.000 1%～0.000 2%；用于圈舍带动物气雾消毒时的浓度为0.005%，用量为30mL/m^3；用于环境、物品、圈舍地面消毒时浓度为0.025%～0.05%。

（6）碘酊。用于皮肤消毒，常用浓度为含碘2%～5%。

（7）碘甘油。用于黏膜消毒，常用浓度为含碘1%。

（8）碘附。是碘与表面活性剂的不定型络合物，主要剂型为聚乙烯吡咯烷酮碘和聚乙烯醇碘等，比碘杀菌作用强。用于皮肤消毒时，浓度为0.5%；用于饮水消毒时，浓度为0.001 2%～0.002 5%；用于物品浸泡消毒时，浓度为0.05%。

7. 表面活性剂 季铵盐类消毒剂为最常用的阳离子表面活性剂，它吸附于细胞表面，溶解脂质，改变细胞膜的通透性，使菌体内的酶和中间代谢产物流失，造成病原体代谢过程受阻而呈现杀菌作用。

（1）苯扎溴铵（新洁尔灭）。单链季铵盐类阳离子表面活性消毒剂，不能与阴离子表面活性剂（肥皂、合成类洗涤剂）合用。本品对化脓菌、肠道菌及部分病毒有较好的杀灭作用，对分枝杆菌及真菌的效果较弱，对芽孢作用差，对革兰阳性菌的杀灭能力比革兰氏阴性菌强。用于黏膜、创面消毒时，浓度为0.01%；用于手浸泡消毒时，浓度为0.05%～0.1%；用于种蛋的浸泡消毒时，浓度为0.1%。

（2）醋酸氯己定（洗必泰）。单链季铵盐类阳离子表面活性消毒剂，不能与阴离子表面活性剂（肥皂、合成类洗涤剂）合用。用于创面或黏膜消毒时，浓度为0.01%～0.02%；用于手消毒时，浓度为0.02%～0.05%。

（3）癸甲溴铵（百毒杀）。为双链季铵盐类表面活性剂。本品无臭、无刺激性，且性质稳定，不受环境因素及水质的影响，对细菌有强大杀灭作用，但对病毒的杀灭作用弱。0.002 5%～0.005%溶液用于饮水消毒和预防水塔、水管、饮水器污染；0.015%溶液可用于舍内、环境喷洒或设备器具浸泡消毒。

8. 挥发性烷化剂 本品能与菌体蛋白和核酸的氨基、羟基、巯基发生反应，使蛋白质变性、核酸功能改变，能杀死细菌及其芽孢、病毒和真菌。

（1）环氧乙烷。本品有毒、易爆炸，主要用于皮毛、皮革的熏蒸消毒，按0.4～0.8kg/m^{3}用量，维持12～48h，环境空气相对湿度需在30%以上。

（2）福尔马林。是36%～40%甲醛水溶液，具有很强的消毒作用，对一般病原体及芽孢均具有杀灭作用，广泛用于防腐消毒。用于喷洒地面、墙壁时，常用浓度为2%～4%；与高锰酸钾混合用作圈舍熏蒸消毒时，混合比例是14mL/m^{3}福尔马林加入7g/m^{3}高锰酸钾，如污染严重用量可加倍。本品对皮肤、黏膜刺激强烈，可引起支气管炎，甚至窒息，使用时要注意人和动物安全。

（3）聚甲醛。为甲醛的聚合物，具有甲醛特臭的白色松散粉末，常温下可缓慢解聚释放甲醛，加热至80～100℃时迅速产生大量的甲醛气体，呈现强大的杀菌作用。主要用于圈舍、孵化室、出雏室、出雏器等熏蒸消毒，用量为3～5g/m^3，消毒时室温应在18℃以上，空气相对湿度在80%～90%。

9. 染料类 本品刺激性小，一般消毒浓度对组织无损害，可分为碱性染料和酸性染料。碱性染料对革兰阳性菌有选择作用，在碱性环境中杀菌力强；酸性染料对革兰氏阴性菌有特殊亲和力，在酸性环境中杀菌效果好。一般来说碱性染料比酸性染料杀菌作用强。

(1) 甲紫（龙胆紫、结晶紫）。是碱性染料，对革兰阳性菌杀菌力较强。用于皮肤或黏膜创面消毒时，浓度为1%～2%；用于烧伤治疗时，浓度为0.1%～1%。

(2) 乳酸依沙吖啶（利凡诺、雷佛奴尔）。碱性染料，对革兰阳性菌及少数革兰氏阴性菌有较强的杀灭作用，对球菌尤其是链球菌的杀菌作用较强。用于各种创伤、渗出、糜烂的感染性皮肤病及伤口冲洗，浓度为0.1%～0.2%。

（二）影响消毒剂作用的因素

消毒剂的杀菌作用不仅取决于药物的理化性质，还受许多相关因素的影响。

1. 消毒剂的浓度 一般说来，消毒剂的浓度和消毒效果成正比。也有的当浓度达到一定程度后，消毒药的效力就不再增高，如75%的乙醇杀菌效果要比95%的乙醇好。因此，在使用中应选择有效和安全的杀菌浓度。

2. 消毒剂的作用时间 一般情况下，消毒剂的效力与作用时间成正比，与病原体接触并作用的时间越长，其消毒效果就越好。

3. 病原体对消毒剂的敏感性 不同的病原体和处于不同状态的同一种病原体，对同一种消毒剂的敏感性不同。如病毒对碱类消毒剂很敏感，对酚类消毒剂有抵抗力；适当浓度的酚类消毒剂对繁殖型细菌杀灭效力强，对芽孢杀灭效力弱。

4. 温度、湿度 消毒剂的杀菌力与环境温度成正相关，温度增高，杀菌力增强；空气湿度对甲醛熏蒸消毒作用有明显的影响。

5. 酸碱度 环境或组织的pH对有些消毒剂的作用影响较大。如新洁尔灭、洗必泰等阳离子消毒剂，在碱性环境中杀菌作用强；石炭酸、来苏儿等阴离子消毒剂在酸性环境中的杀菌效果好；含氯消毒剂在pH达5～6时，杀菌活性最强。

6. 消毒物品表面的有机物 消毒物品表面的有机物与消毒剂结合形成不溶性化合物，或者将其吸附、发生化学反应或对微生物起机械性保护作用。因此消毒药物使用前，消毒场所应先进行充分的机械性清扫，消毒物品应先清除表面的有机物，需要处理的创伤应先清除脓汁。

7. 水质硬度 硬水中的Ca^{2+}和Mg^{2+}能与季铵盐类消毒剂、碘附等结合成不溶性盐，从而降低消毒效力。

8. 消毒剂间的拮抗作用 有些消毒剂由于理化性质不同，二者合用时，可能产生拮抗作用，使药效降低。如阴离子表面活性剂肥皂与阳离子表面活性剂苯扎溴铵共用时，可发生化学反应而使消毒效果减弱，甚至完全消失。

（三）消毒剂的使用方法

在生产实践中，要获得良好的消毒效果，需要根据不同的消毒对象和消毒剂，选择不同的使用方法。

1. 浸洗法 选用杀菌谱广、腐蚀性弱、水溶性消毒剂，将器械、用具、衣物等物品完全浸没于消毒剂内，在标准的浓度和时间里达到消毒灭菌目的。物品浸泡前应洗涤干净，如器械、用具和衣物的浸泡消毒，养殖场通道口消毒池对靴鞋的消毒等。

2. 擦拭法 选用易溶于水、穿透性强、无显著刺激的消毒剂，擦拭物品表面或皮肤。如注射部位用酒精、碘酊棉球擦拭消毒。

3. 喷洒法 将消毒液全面均匀地喷洒到消毒物品表面。如用细眼喷壶喷洒对地面、墙壁和舍内固定设备等消毒，用喷雾器对地面消毒等。

4. 熏蒸法 消毒液通过挥发，散布于整个空间，达到消毒目的。常用福尔马林、过氧乙酸、复合酚等对密闭的圈舍和饲料仓库等进行消毒。此法简便、省力，消毒全面彻底。

5. 气雾法 消毒药倒入气雾发生器后，喷射出的雾状微粒飘移到圈舍的整个空间和所有空隙，是消灭空气中及动物体表面病原体的理想方法。如圈舍的带动物消毒可用0.3%的过氧乙酸喷雾消毒，用量为20～30mL/m^3。

6. 拌合法 将消毒剂与排泄物等拌和均匀，堆放一定时间，就能达到消毒目的。如将漂白粉与粪便按1∶5混匀，可用于粪便的消毒。

7. 撒布法 将消毒药粉剂均匀地撒布在消毒对象表面。如用生石灰撒布在潮湿地面、粪池周围进行消毒。

四、不同对象的消毒

1. 养殖场通道口消毒 外来车辆、物品、人员可能带入病原体，由场外进入场区或由生活区进入生产区，要进行消毒。

（1）车辆消毒。场区及生产区入口必须设置与门同宽，长4m、深0.3m以上的消毒池，其上方最好建有顶棚，防止雨淋日晒。池内放入2%～4%氢氧化钠溶液，每周定时更换，冬天可加8%～10%的食盐防止结冰。

有条件的在场区及生产区入口处设置喷雾装置，对车辆表面进行消毒。可用0.1%的百毒杀或0.1%的新洁尔灭。

（2）人员消毒。场区及生产区入口设置消毒室，室内安装紫外线灯，设置脚踏消毒池，内放2%～4%氢氧化钠溶液。入场人员要更换鞋靴、工作服等，如有条件安装淋浴设备，洗澡后再进入，效果更佳。每栋圈舍入口还需设脚踏消毒池，进舍工作人员的靴鞋需在消毒液中浸泡1min，并进行洗手消毒方可进入圈舍。

养殖场通道口人员消毒

2. 场区环境消毒 平时做好场区环境的卫生清扫工作，及时清除垃圾，定期使用高压水冲洗路面和其他硬化区域，每周用0.2%～0.5%过氧乙酸或2%～4%氢氧化钠溶液对场区进行1～3次环境消毒。

3. 污染地面、土壤的消毒 患病动物停留过的圈舍、运动场地面等被一般病原体污染时，用0.2%～0.5%过氧乙酸、2%～4%氢氧化钠溶液或3%～5%二氯异氰尿酸钠溶液喷洒消毒。被芽孢污染的土壤，需用5%～10%氢氧化钠溶液或5%～10%二氯异氰尿酸钠溶液喷洒地面。若为炭疽等芽孢杆菌污染时，铲除的表土与漂白粉按1∶1混合后深埋，地面以5kg/m^2漂白粉撒布；若水泥地面被炭疽等芽孢杆菌污染，则用10%氢氧化钠溶液喷洒。

4. 空圈舍消毒 动物出栏后，圈舍已经严重污染，再次饲养动物之前，必须空出一定时间（15d或更长时间），进行全面彻底的消毒。

（1）机械清除。对顶棚、墙壁、地面进行彻底打扫，将垃圾、粪便、垫草和其他各种污物全部清除，焚烧或生物热消毒处理。

（2）净水冲洗。饲槽、饮水器、围栏、笼具、网床等设施用水洗刷干净；最后用高压水冲洗地面、粪槽、过道等，待晾干后用化学法消毒。

（3）药物喷洒。常用0.2%～0.5%过氧乙酸、20%石灰乳、3%～5%二氯异氰尿酸钠溶液或2%～4%氢氧化钠溶液等喷洒消毒。地面消毒液用量800～1 000mL/m^2，舍内其他设施 200～400mL/m^2。为了提高消毒效果，应使用 2 种或以上不同类型的消毒药进行 2～3 次消毒。每次要等地面和物品干燥后进行下次消毒。必要时，对耐燃物品还可使用酒精或煤油喷灯进行火焰消毒。

（4）熏蒸消毒。常用福尔马林和高锰酸钾熏蒸。用量为每立方米空间 25mL 福尔马林、12.5mL 水和 12.5g 高锰酸钾，若污染严重用量可加倍。圈舍密闭 24h 后，通风换气，待无刺激性气味后，方可饲养动物。

5. 圈舍带动物消毒 圈舍带动物消毒除了对舍内环境的消毒，还包括动物体表的消毒。动物体表可携带多种病原体，尤其动物在换羽、脱毛期间，羽毛可成为一些疫病的传播媒介，定期对圈舍和动物体表进行消毒，对预防一般疫病的发生有一定作用，在疫病流行期间采取此项措施意义更大。消毒时应选用对皮肤、黏膜无刺激性或刺激性较小的消毒剂用喷雾法消毒，可杀灭动物体表和圈舍内多种病原体。常用消毒剂有 0.015%百毒杀、0.1%新洁尔灭、0.2%～0.3%过氧乙酸和 0.2%～0.3%次氯酸钠溶液等。

此外，每天要清除圈舍内的排泄物和其他污物，保持饲槽、水槽、用具清洁卫生，每天最少清洗消毒一次，可用 0.1%～0.2%过氧乙酸或 0.5%～1%二氯异氰尿酸钠溶液。

6. 动物产品外包装消毒 动物产品外包装物品和用具可将各种病原体带入场区，因此必须对其进行严格消毒。

（1）塑料包装制品消毒。先用自来水洗刷，除去表面污物，干燥后再放入 0.2%过氧乙酸或 1%～2%氢氧化钠溶液中浸泡 10～15min，取出用自来水冲洗，干燥后备用。也可在专用消毒房间用 5%过氧乙酸喷雾消毒，喷雾后密闭 1～2h。

（2）金属制品消毒。先用自来水刷洗干净，干燥后可用火焰消毒，或用 3%～5%二氯异氰尿酸钠溶液喷洒，对染疫制品要反复消毒 2～3 次。

（3）木箱、竹筐等的消毒。因其耐腐蚀性差，通常采用熏蒸消毒。用福尔马林 42mL/m^3 熏蒸 2～4h 或更长时间。染疫的此类制品，可焚烧处理。

7. 运载工具消毒 车、船、飞机等运载工具，活动范围广，接触病原体的机会多，受到污染的可能性大，是重要的传播媒介。运载工具装前和卸后必须进行消毒，先将污物清除，洗刷干净，然后用 0.5%～1%二氯异氰尿酸钠溶液、2%～4%氢氧化钠溶液、0.5%过氧乙酸等喷洒消毒，消毒后用清水洗刷一次，用清洁抹布擦干。

车辆密封车厢和集装箱，可用福尔马林熏蒸消毒，其方法和要求同圈舍消毒。

五、消毒效果检查

生产实践中，消毒效果受到多种因素的影响，因此消毒后应及时进行消毒效果检查。

1. 清洁程度的检查 检查地面、墙壁、设备及圈舍的清扫情况，要求干净、无死角。

2. 消毒剂正确性的检查 查看消毒工作记录，了解选用消毒剂的种类、浓度、用法及用量。要求选用消毒剂符合消毒对象的要求，方法正确，浓度和用量适宜。

3. 实验室检查　消毒效果可以通过杀菌率判定。通过计算消毒前后的菌落数，得出杀菌率。一般杀菌率达到99.9%为消毒合格，有的以消毒后无致病菌为合格标准。

任务二　动物粪污的处理

畜禽养殖业在为市场提供大量畜禽产品的同时，也产生了大量粪尿、污水、垫料等养殖生产废弃物，严重污染环境。粪污中含有多种病原体，染疫动物粪污中病原体的含量更高。若粪污不加处理任意排放，势必影响人们的生活和身体健康。因此，及时正确地做好粪污的处理，对切断疫病传播途径、维护公共卫生安全及资源化利用具有重要意义。

一、动物粪污的销毁

烈性动物疫病病原体或能生成芽孢的病原体污染的粪污，要做销毁处理，不能进行资源化利用。

1. 焚烧　粪便可直接与垃圾、垫草和柴草混合置入焚烧炉中进行焚烧。如没有焚烧炉，可在地上挖一宽75～100cm、深75cm的坑（长度视粪便多少而定），在距坑底40～50cm处加一层铁梁，梁下放燃料，梁上放欲焚烧的粪便。如粪便太湿，可混一些干草，以便烧毁。

2. 掩埋　选择远离生产区、生活区及水源的地方，用漂白粉或生石灰与粪便按1∶5混合，然后深埋于地下2m左右。

二、动物粪污的资源化利用

（一）自然发酵

厌氧发酵是传统的粪污处理方法。

1. 堆粪法　选择与人、畜居住地保持一定距离且避开水源处，在地面挖一深20～25cm的长形沟或圆形坑，沟的宽窄长短、坑的大小视粪便量的多少自行设定。先在底层铺25cm厚的麦草、谷草、稻草等，再在上面堆放粪便，高1～1.5m，最外层抹上10cm厚草泥或包塑料薄膜密封。应注意粪便的干湿度，含水量在50%～70%之间为宜。发酵时间冬季不短于3个月，夏季不短于3周，即可作肥料用。此方法主要适用于各类中小型畜禽养殖场和散养户固体粪便的处理。

自然发酵处理粪便

2. 发酵池法（氧化塘）　选择发酵池地点的要求与堆粪法相同。坑池的数量和大小视粪便的多少而定，内壁做防渗处理。粪污池内发酵1～3个月即可出池还田。主要适用于各类中小型畜禽养殖场和散养户固液体粪便的处理。

（二）垫料发酵床

垫料发酵床是将发酵菌种与秸秆、锯末、稻壳等混合后制成有机垫料，将有机垫料置于特殊设计的圈舍内，动物生活在有机垫料上，其粪便能够与有机垫料充分混合，有机垫料中的微生物对粪便进行分解形成有机肥。主要适用于中小型养猪场、肉鸭养殖场等。

垫料发酵床堆肥处理

（三）有机肥生产

有机肥生产主要是采用好氧堆肥发酵。好氧堆肥发酵是在有氧条件下，依靠好氧微生物的作用使粪便中有机物质稳定化的过程。好氧堆肥有条垛、静态通气、槽式、容器等 4 种堆肥形式。堆肥过程中可通过调节碳氮比、控制堆温、通风、添加沸石和采用生物过滤床等技术进行除臭。主要适用于各类大型养殖场、养殖密集区和区域性有机肥生产中心对固体粪便的处理。

1. 动态条垛式堆肥 是将粪便堆积成窄长条垛，垛的断面为梯形或三角形，采用机械或人工进行定期翻堆的方法，实现堆体中的有氧状态和控制温度。

条垛的高度一般在 1.2～1.5m；条垛的底部宽度在 3～5m；条垛的顶部宽度在 3～5m。条垛的长度由当天的粪便产量决定。一般在 30d 左右畜禽粪便可以充分发酵完毕，形成有机肥。

条垛式好氧堆肥

该方法生产工艺简单，成本较低；堆肥产品腐熟度较高，产品质量较为稳定；堆肥水分散发较快，易于干燥。但是也有一些缺点：堆肥条垛需要较大的场地空间；腐熟时间较长；翻堆需要机械和人力投入；翻堆会散发气味，造成环境污染。

2. 静态通气条垛式堆肥 在堆肥过程中不进行翻堆，通过鼓风机和埋在地下的通风管道向堆体内通风来保证堆体内的有氧状态。通风不仅为微生物分解有机物供氧，同时也排除堆体内的二氧化碳和氨气等气体，并蒸发水分使堆体散热，保持适宜的发酵温度。

与动态条垛堆肥相比，通气静态堆肥能够更好地控制温度和通气情况，因而也就能更有效地杀灭病原菌和控制臭味。而且由于发酵条件控制较好，通气静态垛系统堆腐时间相对较短，一般为 2～3 周，因此填充料的用量少，占地面积也相对较小。但由于通风静态垛系统大多是露天进行的，易受天气条件的影响。

3. 槽式堆肥 槽深在 1.2m 左右，槽宽度一般在 10～16m，槽长度由厂房和粪便量决定。槽的一端封闭，另一端敞开，将原料加菌种配制混合后，堆于槽内，每天翻拌 1～2 次，以解决透气和控温，20d 左右即成有机肥。

4. 发酵仓堆肥 是将粪便放入部分或全部封闭的容器（发酵仓系统）内，通过控制通风和水分条件，使粪便进行生物降解和转化。一般经过 10～12d，畜禽粪便可以充分发酵完毕，形成有机肥。发酵仓系统的分类方法很多，按物料的流向可划分为竖直流向反应器和水平流向反应器。竖直流向反应器包括搅动固定床式和包裹仓式，水平流向反应器包括旋转仓式和搅动仓式。

该方法堆肥周期相对较短，堆肥设备占地面积小，产品质量高，堆肥过程不会受天气条件的影响，能够对废气进行统一的收集处理，防止对环境的二次污染，而且可以对热量进行回收再利用。但设备投资高，运行费用及维护费用也很高。

（四）沼气工程

沼气工程

沼气工程是指在厌氧条件下通过微生物作用将畜禽粪污中的有机物转化为沼气的技术（图 3-1）。适用于大型畜禽养殖场、区域性专业化集中处理中心。

养殖场畜禽粪便、尿液及其冲洗污水经过预处理后进入厌氧反应器，经厌氧发酵产生沼气、沼渣和沼液。沼气经脱硫、脱水后可通过发电、直燃等方式实现利用，沼液、沼渣等可作为农用肥料回田。

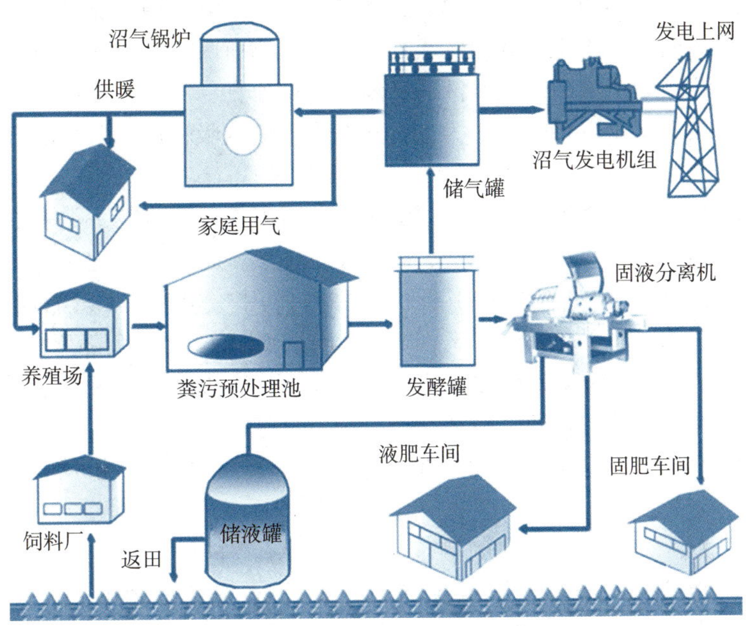

图 3-1 沼气工程流程

任务三 杀虫、灭鼠的实施

一、杀虫

虻、蠓、蚊、蝇、蜱、虱、螨等节肢动物通过生物性方式（如叮、咬、吸血）或机械性方式传播多种疫病，是重要的传播媒介。杀灭这些媒介昆虫和防止它们的出现，在消灭传染源、切断传播途径、保障人和动物健康等方面具有十分重要的意义。杀虫包括物理法、生物法、药物法等。

1. 物理杀虫法

（1）机械地拍打、捕捉。能消灭部分昆虫，不适合畜禽养殖场应用。

（2）火焰烧灼。昆虫常聚居的墙壁、用具的缝隙以及垃圾等废物可用喷灯火焰烧灼。

（3）沸水烫煮。用沸水可杀灭畜禽用具、工作人员衣物、宠物玩具以及服饰品上的昆虫。

2. 生物杀虫法 是利用昆虫的天敌或病菌以及雄虫绝育技术来控制昆虫繁殖等办法消灭昆虫。如用辐射使雄虫绝育；用过量激素抑制昆虫的变态或蜕皮；利用微生物感染昆虫，影响其生殖或使其死亡。这些方法不造成公害，不产生抗药性，行之有效，已日益受到重视。

3. 药物杀虫法 主要是应用化学杀虫剂来杀虫，根据杀虫剂对节肢动物的毒杀作用可分为胃毒作用药剂（敌百虫）、触杀作用药剂（除虫菊）、熏蒸作用药剂（敌敌畏）和内吸作用药剂（倍硫磷）。

胃毒作用药剂是通过节肢动物摄食，在其肠道内显出毒性作用，使其中毒而死。触杀作用药剂可通过直接和虫体接触，经昆虫体表进入体内使其中毒，或将其气门闭塞使之窒息而死。熏蒸作用药剂可通过虫体的气门、气管、微气管被吸入其体内而死亡。内吸作用药剂可喷于土壤或植物表面，能被植物所吸收并分布于整个植物体，昆虫在摄取含有药物的植物组织或汁液后，发生中毒死亡。

大多数杀虫剂主要以触杀作用为主，兼有胃毒或内吸作用。常用的杀虫剂有以下几种。

（1）拟除虫菊酯类杀虫剂。是模拟除虫菊花素由人工合成的一类杀虫剂，具有广谱、高效、击倒快、残效短、毒性低、用量小等优点，是当前使用最多的杀虫剂。

①胺菊酯。对昆虫的击倒作用极快，舍内使用0.3%的胺菊酯油剂喷雾，按0.1～0.2mL/m^3用量，蚊、蝇在15～20min全部被击倒，12h全部死亡。

②氯菊酯。对蚊、蝇、蟑螂以及多种农业害虫均有极好的杀灭作用，对人畜几乎无毒，无刺激性。产品有乳油、粉剂、喷射剂、气雾剂等。5g/m^3的空间喷雾，可杀灭蚊、蝇；0.25%的喷雾剂、0.5%的粉剂可灭蟑螂；0.5%的粉剂、2%的液剂可灭虱。

③溴氰菊酯。对昆虫有很强的触杀和胃毒作用，作用持续时间长。主要产品有2.5%的可湿性粉剂和2.5%的悬浮剂等。0.025g/m^2滞留喷洒可杀灭蚊、蝇、臭虫和螨；0.05%溶液喷雾可杀灭蟑螂。

（2）氨基甲酸酯类杀虫剂。主要的作用机制是抑制胆碱酯酶的活性，阻断神经传导，引起整个生理生化过程的失调，使害虫死亡。具有低毒、速效、击倒快、残留量低的特点。常用的有噁虫威、残杀威，剂型有气雾剂、粉剂、悬浮剂等，可防治蚊、蝇、蚤、臭虫、蟑螂、蜱、螨等害虫。

（3）昆虫生长调节剂。可阻碍或干扰昆虫正常生长发育而致其死亡，不污染环境，对人畜无害。目前应用的有保幼激素和发育抑制剂，前者主要具有抑制幼虫化蛹和蛹羽化的作用，后者抑制表皮基丁化，阻碍表皮形成，导致虫体死亡。

（4）驱避剂。常用的有邻苯二甲酸甲酯、避蚊胺等。制成液体、膏剂或冷霜，直接涂布皮肤；制成浸染剂，浸染衣服、纺织品、家畜耳标和项圈、防护网等；制成乳剂，喷涂门窗表面。

二、灭鼠

鼠类是很多人和动物疫病的传播媒介和传染源，它可以传播的疫病有炭疽、鼠疫、布鲁菌病、结核病、野兔热、李氏杆菌病、钩端螺旋体病、伪狂犬病、口蹄疫、猪瘟、猪丹毒、巴氏杆菌病、衣原体病和立克次体病等。因此，灭鼠在防控人和动物疫病方面具有很重要的意义。

灭鼠工作应从两个方面进行：一方面根据鼠类的生态特点防鼠、灭鼠，从圈舍建筑着手，使鼠无处觅食和无藏身之处。例如，保持圈舍及周围地区的整洁，及时清除饲料残渣；保证墙基、地面、门窗的坚固，及时堵塞鼠洞等。另一方面，则采取各种方法直接杀灭鼠类。常用的灭鼠方法有以下三种。

1. 器械灭鼠法 利用物理原理制成各种灭鼠工具杀灭鼠类，如关、笼、夹、压、箭、扣、套、粘、堵（洞）、挖（洞）、灌（洞）、翻（草堆）以及现代的多种电子、智能捕鼠器等。此类方法可就地取材，简便易行。使用鼠笼、鼠夹之类工具捕鼠，应注意诱饵的选择，布放的方法和时间。诱饵以鼠类喜吃的为佳。捕鼠工具应放在鼠类

经常活动的地方，如墙脚、鼠的走道及洞口附近。放鼠夹应离墙 6～9cm，与鼠道成“丁”字形，鼠夹后端可垫高 3～6cm。晚上放，早晨收，并应断绝鼠粮。

2. 药物灭鼠法 利用化学毒剂杀灭鼠类，灭鼠药物包括杀鼠剂、绝育剂和驱鼠剂等，以杀鼠剂（杀鼠灵、安妥、敌鼠钠盐）使用最多。应用此法灭鼠时一定注意不要使畜禽接触到灭鼠药物，防止误食而发生中毒。

3. 生态灭鼠法 利用鼠类天敌捕食鼠类，如利用猫捕鼠，但应该注意猫也会传播一些疫病，不适合进入圈舍。

任务四 免疫接种的实施

免疫接种是通过给动物接种疫苗、类毒素或免疫血清等生物制品，激发动物机体产生特异性抵抗力，使易感动物转化为非易感动物的一种手段。在防控疫病的诸多措施中，免疫接种是一种经济、方便、有效的手段，是贯彻“预防为主，预防与控制、净化、消灭相结合”方针的重要措施。

一、免疫接种的分类

根据免疫接种的时机和目的不同，其可分为预防免疫接种、紧急免疫接种和临时免疫接种。

1. 预防免疫接种 为预防疫病的发生和流行，平时有计划地给健康动物进行的免疫接种，称为预防接种。

预防接种要有针对性，除国家强制免疫的疫病，养殖场要根据本地区及本场的实际情况拟定合理的预防接种计划。

2. 紧急免疫接种 在发生疫病时，为了迅速控制和扑灭疫情，而对疫区和受威胁区内尚未发病的动物进行应急性免疫接种，称为紧急免疫接种。其目的是建立“免疫带”以包围疫区，阻止疫病向外传播扩散。

紧急接种常使用高免血清（或卵黄），具有安全、产生免疫快的特点，但免疫期短、用量大、价格高，不能满足实际使用需求。有些疫病（如口蹄疫、猪瘟、鸡新城疫、鸭瘟、猪繁殖与呼吸综合征等）使用疫苗紧急接种，也可取得较好的效果。紧急接种必须与疫区的隔离、封锁、消毒等防疫措施配合实施。

用疫苗紧急接种时仅用于尚未发病的动物，对发病动物及可能感染的处于潜伏期的动物，应该在严格消毒的情况下隔离，不能接种疫苗。由于外表无症状的动物群中可能混有处于潜伏期的动物，这部分动物接种疫苗后不能获得保护，反而促使它更快发病，因此在紧急接种后的一段时间内可能出现发病动物增多的现象，但疫苗接种后很快产生抵抗力，发病率不久即可下降，最终平息疫病流行。

3. 临时免疫接种 临时为避免某些疫病发生而进行的免疫接种，称临时免疫接种。如引进、外调、运输动物时，为避免途中或到达目的地后发生某些疫病而临时进行的免疫接种。又如动物手术前、受伤后，为防止发生破伤风，而进行的临时免疫接种。

二、疫苗的类型

疫苗是利用病原微生物、寄生虫及其组分或代谢产物制成的，用于人工主动免疫的生物制品。已有的疫苗概括起来分为活疫苗、灭活疫苗、代谢产物和亚单位疫苗以及生物技术疫苗。其中生物技术疫苗又分为基因工程亚单位疫苗、合成肽疫苗、抗独特型疫苗、DNA 疫苗以及基因工程活疫苗。

(一)活疫苗

活疫苗简称活苗，有强毒苗、弱毒苗和异源苗三种。

1. 强毒苗 是应用最早的疫苗种类，如我国古代民间预防天花所使用的痂皮粉末就含有强毒。使用强毒进行免疫有较大的危险，免疫的过程就是散毒的过程，所以现在严禁在生产中应用。

2. 弱毒苗 是指通过人工诱变使病原微生物毒力减弱，但仍保持良好的免疫原性而制成的疫苗，或筛选自然弱毒株，扩大培养后制成的疫苗。是目前使用最广泛的疫苗，如鸡新城疫Ⅱ系、Ⅳ系弱毒苗。

弱毒苗的优点：能在动物体内有一定程度的增殖，免疫剂量小，接种途径多样化；可刺激机体产生一定的全身免疫和局部免疫应答，免疫保护期长；不需要使用佐剂，应用成本低；有些弱毒苗可刺激机体细胞产生干扰素，对抵抗其他强毒的感染有一定意义。

弱毒苗的缺点：可能出现毒力增强、返祖现象，有散毒的可能；不易制成联苗；运输保存条件要求高，现多制成冻干苗。

3. 异源苗 是用具有共同保护性抗原的不同种病毒制成的疫苗。例如用火鸡疱疹病毒（HVT）疫苗预防鸡马立克病，用鸽痘病毒疫苗预防鸡痘等。

(二)灭活疫苗

灭活疫苗简称灭活苗，是选用免疫原性强的病原微生物经人工培养后，用理化方法将其灭活而保留免疫原性所制成的疫苗。

灭活苗的优点：研制周期短，使用安全，容易制成联苗或多价苗。

灭活苗的缺点：不能在动物体内增殖，使用剂量大；不产生局部免疫，引起细胞介导免疫的能力弱；免疫力产生较迟，不适于紧急免疫接种；需加佐剂以增强免疫效果，只能注射免疫。

(三)代谢产物疫苗

代谢产物疫苗是利用细菌的代谢产物如毒素、酶等制成的疫苗。破伤风毒素、白喉毒素、肉毒毒素经甲醛灭活后制成的类毒素有良好的免疫原性，可作为主动免疫制剂。另外，致病性大肠杆菌肠毒素、多杀性巴氏杆菌的攻击素和链球菌的扩散因子等都可用作代谢产物疫苗。

(四)亚单位疫苗

亚单位疫苗是微生物经物理和化学方法处理后，提取其保护性抗原成分制备的疫苗。微生物保护性抗原包括大多数细菌的荚膜多糖、菌毛黏附素、多数病毒的囊膜、衣壳蛋白等，以上成分经提取后即可制备不同的亚单位疫苗。此类疫苗由于去除了病原体中与激发保护性免疫无关的成分，没有微生物的遗传物质，因而无不良反应，使用安全，效果较好。口蹄疫、伪狂犬病、狂犬病等病毒亚单位疫苗及大肠杆菌菌毛疫苗、沙门菌共同抗原疫苗已有成功的应用报道。亚单位疫苗的不足之处是制备困难，价格昂贵。

（五）生物技术疫苗

生物技术疫苗是利用生物技术制备的分子水平的疫苗，包括基因工程亚单位疫苗、合成肽疫苗、抗独特型疫苗、DNA 疫苗以及基因工程活疫苗。

1. 基因工程亚单位疫苗 是用 DNA 重组技术，将编码病原微生物保护性抗原的基因导入受体菌（如大肠杆菌）或真核细胞，使其在受体细胞中高效表达，分泌保护性抗原肽链。然后提取保护性抗原肽链，加入佐剂即制成基因工程亚单位疫苗。现已研制出预防肠毒素性大肠杆菌病、炭疽、链球菌病和牛布鲁菌病的基因工程亚单位疫苗。

此类疫苗安全性、稳定性好，便于保存和运输，产生的免疫应答可以与感染产生的免疫应答相区别。但因该类疫苗的免疫原性较弱，往往达不到常规疫苗的免疫水平。

2. 合成肽疫苗 是用化学合成法人工合成病原微生物的保护性多肽，并将其连接到大分子载体上，再加入佐剂制成的疫苗。合成肽疫苗的优点是可在同载体上连接多种保护性多肽或多个血清型的保护性多肽，这样只要一次免疫就可预防几种疫病或几个血清型。但合成肽免疫原性一般较弱，成本昂贵。

3. 抗独特型疫苗 是根据免疫调节网络学说设计的疫苗。如抗猪带绦虫六钩蚴独特型抗体疫苗、兔源抗 IBDV 独特型抗体疫苗等。

抗独特型抗体可以模拟抗原物质，可刺激机体产生与抗原特异性抗体具有同等免疫效应的抗体，由此制成的疫苗称抗独特型疫苗或内影像疫苗。抗独特型疫苗不仅能诱导体液免疫，亦能诱导细胞免疫，并不受主要组织相容性复合物（MHC）的限制，而且具有广谱性，即对发生抗原性变异的病原能提供良好的保护力。但制备不易，成本较高。

4. DNA 疫苗 这是一种最新的分子水平的生物技术疫苗，是将编码保护性抗原的基因与能在真核细胞中表达的载体 DNA 重组，重组的 DNA 可直接注射（接种）到动物（如小鼠）体内，刺激机体产生体液免疫和细胞免疫。目前研制中的有禽流感 H7 亚型 DNA 疫苗、鸡传染性支气管炎 DNA 疫苗、猪瘟病毒 E2 基因 DNA 疫苗等。

5. 基因工程活疫苗 是以某种非致病性病毒（株）或细菌为载体来携带并表达其他致病性病毒或细菌的保护性免疫抗原基因，即用基因工程方法，将一种病毒或细菌免疫相关基因整合到另一种载体病毒或细菌基因组 DNA 的片段中，构成重组病毒或细菌而制成的疫苗。常用的病毒载体有鸡痘病毒、疱疹病毒和腺病毒。细菌活载体疫苗主要有沙门菌活载体疫苗、大肠杆菌活载体疫苗、卡介苗活载体疫苗等。此类疫苗具有应用剂量小、生产成本低、使用方便、安全的优点，并能同时激发体液免疫和细胞免疫，是目前生物工程疫苗研究的主要方向之一，已有多种产品成功地用于生产实践。基因工程活疫苗包括基因缺失苗、重组活载体疫苗及非复制性疫苗三类。

（1）基因缺失疫苗。是用基因工程技术将毒株毒力相关基因切除构建的疫苗。该疫苗安全性好，不易返祖，其免疫接种与强毒感染相似，机体可对病毒的多种抗原产生免疫应答，免疫力坚实，尤其是适于局部接种，诱导产生黏膜免疫力，因而是较理想的疫苗。目前已有多种基因缺失疫苗问世，如霍乱弧菌 A 亚基基因中切除 94%的 A1 基因缺失变异株，获得无毒的活菌苗。另外，将某些疱疹病毒的 TK 基因切除，其毒力下降，而且不影响病毒复制及其免疫原性，成为良好的基因缺失苗。猪伪狂犬病基因缺失疫苗已商品化并普遍使用。

（2）重组活载体疫苗。是用基因工程技术将保护性抗原基因（目的基因）转移到载体中，使之表达。痘病毒、腺病毒和疱疹病毒等都可用作载体，痘病毒的 TK 基因可插入大量的外源基因，大约能容纳 25kb，而多数目的基因都在 2kb 左右。因此可在 TK 基因中插入多种病原的保护性抗原基因，制成多价苗或联苗，国外已研制出以腺病毒为载体的乙肝疫苗、以疱疹病毒为载体的新城疫疫苗。

（3）非复制性疫苗。又称活-死苗，与重组活载体疫苗类似，但载体病毒接种后只产生顿挫感染，不能完成复制过程，无排毒的隐患，同时又可表达目的抗原，产生有效的免疫保护。如用金丝猴痘病毒为载体，表达新城疫病毒 HF 基因，用于预防新城疫。

（六）多价苗和联苗

多价疫苗简称多价苗，是指将细菌（或病毒）的不同血清型混合制成的疫苗，如巴氏杆菌多价苗、大肠杆菌多价苗。联合疫苗简称联苗，是指由两种或两种以上的细菌或病毒联合制成的疫苗，一次免疫可达到预防几种疾病的目的。如犬瘟热-犬传染性肝炎-犬细小病毒感染三联苗、猪瘟-猪丹毒-猪肺疫三联苗、鸡新城疫-产蛋下降综合征-传染性支气管炎三联苗等。

给机体接种联苗可分别刺激机体产生多种抗体，它们可能彼此无关，也可能彼此影响。影响的结果，可能彼此促进，有利于抗体产生，也可能彼此抑制，阻碍抗体产生。同时，还要注意给机体接种联苗可能引起严重的接种反应，影响机体产生抗体。因此，究竟哪些疫苗可以同时接种，哪些不能，要通过试验来证明。

联苗或多价苗的应用，可减少接种次数和接种动物的应激反应，因而利于动物生产管理。

三、疫苗的运输和保存

疫苗必须按规定的条件保存和运输，否则会使其质量明显下降而影响免疫效果，甚至会造成免疫失败。一般来说，灭活苗要保存于 2～15℃的阴暗环境中，非经冻干的活菌苗（湿苗）要保存于 4～8℃的冰箱中，这两种疫苗都不应冻结保存。冻干的弱毒苗，一般都要求低温冷冻−15℃以下保存，并且保存温度越低，疫苗病毒（或细菌）死亡越少。如猪瘟兔化弱毒冻干苗在−15℃可保存 1 年，0～8℃保存 6 个月，25℃约保存 10d。有些国家的冻干苗因使用耐热保护剂而保存于 4～6℃。所有疫苗的保存温度均应保持稳定，温度高低波动大，尤其是反复冻融，疫苗病毒（或细菌）会迅速大量死亡。马立克病疫苗有一种细胞结合型疫苗，必须于液氮罐中保存和运输。

疫苗运输的理想温度应与保存的温度一致，在运输疫苗时通常都达不到理想的低温要求，因此运输时间越长，疫苗中病毒（或细菌）的死亡率越高，如果中途转运多次，影响就更大，生产中要注意此环节。

四、免疫接种的方法

动物免疫接种的方法很多，有皮下注射、皮内注射、肌内注射、皮肤刺种、口服、气雾、点眼、滴鼻、涂肛等多种。在临诊实践中，应根据疫苗的类型、疫病特点及免疫程序来选择适合的接种途径。

1. 皮下注射 选择皮薄、被毛少、皮肤松弛、皮下血管少的部位。马、牛等大家畜宜在颈侧中 1/3 部位，猪宜在耳后或股外侧，羊、犬宜在颈侧中 1/3 部位或股内侧，家禽在颈背部下 1/3 处。

此法的优点是操作简单，接种剂量准确，免疫效果确实，灭活苗和弱毒苗均可采用本法；缺点是逐只进行，费工费力，应激大。

2. 皮内注射 目前主要用于羊痘弱毒疫苗的免疫，注射部位多在尾根腹侧。

3. 肌内注射 应选择肌肉丰满、血管少、远离神经干的部位，牛、马、羊在颈侧中部上 1/3 处或臀部注射；猪通常在耳根后或股部注射；犬、兔宜在颈部；禽类在胸部、大腿外侧或翅膀基部注射，一般多在胸部接种。

此法的优点是免疫剂量准确，效果确实，免疫迅速，灭活苗和弱毒苗均可采用本法；缺点是局部刺激大，费工费力。

4. 胸腔注射 目前主要用于猪气喘病弱毒苗的免疫，注射部位在右侧胸腔倒数第 6 肋骨至肩胛骨后缘 3～6cm 处进针，注进胸腔内。此法能很快产生局部免疫，但是免疫刺激大，技术要求高。

5. 饮水免疫 是将可供口服的疫苗混于水中，动物通过饮水而获得免疫。此法的优点是操作方便、省时省力，能使动物群体在同一时间内进行接种，对群体的应激反应小。缺点是动物的饮水量不一，进入每一动物体内的疫苗量也不同，免疫后动物的抗体水平不均匀，免疫效果不确实，且饮水免疫必须是弱毒苗。

6. 皮肤刺种 主要用于禽痘疫苗的接种，刺种部位在翅膀内侧翼膜下的无血管处。

7. 滴鼻、点眼 用乳头滴管吸取疫苗滴于鼻孔内或眼内。多用于雏鸡新城疫Ⅳ系疫苗和传染性支气管炎疫苗的接种。

点眼免疫

此法的优点是可避免疫苗被母源抗体中和，并能保证每只鸡得到免疫，且剂量一致；缺点是费时费力，对呼吸道应激大。

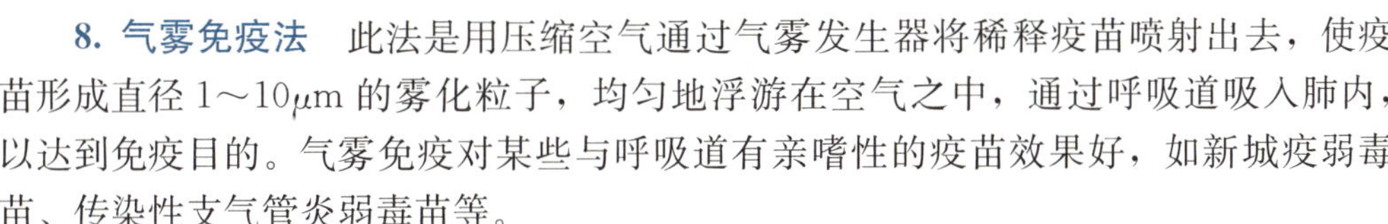

8. 气雾免疫法 此法是用压缩空气通过气雾发生器将稀释疫苗喷射出去，使疫苗形成直径 1～10μm 的雾化粒子，均匀地浮游在空气之中，通过呼吸道吸入肺内，以达到免疫目的。气雾免疫对某些与呼吸道有亲嗜性的疫苗效果好，如新城疫弱毒苗、传染性支气管炎弱毒苗等。

此法的优点是省时省力，全群动物可在同一短暂时间内获得同步免疫，尤其适于大群动物的免疫，免疫效果确实；缺点是需要的疫苗数量较多，呼吸道应激较大。

通过黏膜免疫接种的方法

9. 涂肛免疫 主要用于传染性喉气管炎强毒型疫苗的接种。将鸡倒提使肛门黏膜翻出，用接种刷蘸取疫苗涂刷肛门黏膜。

五、免疫接种反应

（一）免疫接种反应的类型

对动物机体来说，疫苗是外源性物质，接种后会出现一些不良反应，其性质和强度因疫苗及动物机体的不同也有所不同。对生产实践有影响的是不应有的不良反应或剧烈反应，按照免疫接种反应的强度和性质可将其分为三个类型。

1. 正常反应 是由疫苗本身的特性引起的反应。某些疫苗本身有一定毒性，接种后引起机体一定反应；某些活疫苗，接种实际是一次轻度感染，也引起机体一定反应。这些疫苗接种后，常常出现一过性的精神沉郁、食欲下降、注射部位的短时轻度炎症等局部性或全身性异常表现。如果这种反应的动物数量少、反应程度轻、维持时间短暂，属于正常反应，一般不用处理。

2. 严重反应 是指反应性质与正常反应相似，但反应程度严重或出现反应的动物数量多。出现严重反应的原因通常是由于疫苗质量低劣或毒（菌）株的毒力偏强、使用剂量过大、接种方法错误或接种对象不正确等引起。通过提高疫苗质量，按说明正确操作，常可避免或减少严重反应的发生。

3. 过敏反应 动物接种后出现黏膜发绀、缺氧、呼吸困难、呕吐、腹泻、虚脱或惊厥等全身性反应和过敏性休克症状。过敏反应主要与疫苗本身性质和培养液中的过敏原有关，也与动物本身体质有关。

（二）免疫接种反应的预防措施

（1）保持圈舍温度、湿度，光照适宜，通风良好，做好日常消毒工作。

（2）制定科学的免疫程序，选用适宜的疫苗。

（3）严格按照疫苗的使用说明进行免疫接种，注射部位要准确，接种操作方法要正确，接种剂量要适当。

（4）免疫接种前对动物进行健康检查。凡精神、食欲、体温不正常，体质瘦弱的均不予接种或暂缓接种。

（5）对疫苗的质量、保存条件、保存期均要认真检查，必要时先做小群动物接种，然后再大群免疫。

（6）免疫接种前，避免动物受到寒冷、转群、运输、脱水、突然换料、噪声、惊吓等产生应激反应。

（7）免疫前后给动物提供营养丰富、全面的饲料，提高机体免疫功能。

（三）免疫接种反应的急救措施

1. 全身反应 轻度全身反应，一般不需做任何处理，可让接种动物适当休息，饲喂营养丰富、易消化的饲料，供给清洁、充足的饮水，保持圈舍内温度、湿度、光照适宜和通风良好等，避免继发其他疾病。全身反应严重者，采用抗休克、抗炎、抗感染、强心补液、镇静解痉等急救措施。

2. 局部反应 轻度的局部反应，一般不需做任何处理；较重的局部反应，可用干净毛巾热敷或对症治疗。

3. 过敏反应 接种动物发生过敏反应时，必须立即进行急救，采取肌内注射0.1%盐酸肾上腺素或地塞米松磷酸钠、盐酸异丙嗪等抗过敏药和其他对症治疗措施。

（四）免疫接种反应的报告和处理

使用政府统一采购的强免疫苗免疫时，一旦发生免疫接种反应，除了立即进行紧急救治外，对免疫接种反应严重或因免疫接种反应造成死亡的还应该做到以下几点。

1. 保留好现场 按要求（发生免疫接种反应24h内）逐级及时上报至省动物卫生监督所，报告要详细说明免疫接种反应的时间、地点、畜禽种类、日龄、畜主姓名、免疫人员名称、免疫时间、免疫用苗的生产企业、批号、有效期、反应的数量或死亡、流产等数量，参加救治人员及救治情况等，专家组评估情况等内容。

2. 协调供苗企业处理 免疫接种反应严重的或因免疫接种反应造成死亡的，省动物卫生监督所协调企业尽快派专家现场处理；零星死亡的，按供苗企业要求整理好

保险公司需要提供的材料（附有时间的照片、死亡情况确认表等），集中免疫结束后统一送有关供苗企业并协调索赔事宜。

3. 专家现场确认 免疫接种反应严重的或因免疫接种反应造成死亡的动物，要有县级或县级以上专家现场确认、评估、取证等，按保险公司或供苗企业的要求，认真逐项填写上报材料，不要漏项。

六、免疫程序的制定

免疫程序就是根据一定地区或养殖场内不同疫病的流行情况及疫苗特性为特定动物制定的免疫接种计划，主要包括疫苗名称、类型，接种次序、次数、途径及间隔时间。

免疫接种必须按合理的免疫程序进行，制定免疫程序时，要统筹考虑下列因素。

1. 当地疫病的流行情况及严重程度 免疫程序的制定首先要考虑当地疫病的流行情况及严重程度，据此才能决定需要接种什么种类的疫苗，达到什么样的免疫水平。

2. 疫苗特性 疫苗的种类、接种途径、产生免疫力所需的时间、免疫有效期等因素均会影响免疫效果，因此在制定免疫程序时，应进行充分的调查、分析和研究。

3. 动物免疫状况 畜禽体内的抗体水平与免疫效果有直接关系，抗体水平低的要早接种，抗体水平高的推迟接种，免疫效果才会好。畜禽体内的抗体有两大类，一是母源抗体，二是通过后天免疫产生的抗体。制定免疫程序时必须考虑抗体水平的变化规律，免疫应选在抗体水平到达临界线前进行较合理。有条件的养殖场通过抗体监测确定抗体水平，没有条件的可通过疫苗的使用情况及该疫苗产生抗体的规律经验进行估计。

4. 生产需要 畜禽的用途、饲养时期不同，免疫程序也不同。例如肉用家禽与蛋用家禽免疫程序就不同。蛋用家禽的生产周期长，需要进行多次免疫，且还应考虑到接种对产蛋率、孵化率及母源抗体的影响；而肉用禽生产周期短，免疫疫苗种类及次数就大大减少。

5. 养殖场综合防疫能力 免疫接种是养殖场众多防疫措施之一，养殖场其他防疫措施严密得力，就可减少免疫疫苗种类及次数。

6. 动物机体的免疫应答能力 动物日龄不同，动物免疫器官的发育程度不同，动物机体的免疫应答能力也不同；饲养管理水平不同，动物机体的免疫应答能力就不同。制定免疫程序时，要充分考虑动物机体的免疫应答能力。

不同地区、不同养殖场可能发生的疫病不同，用来预防这些疫病的疫苗的性质也不尽相同，不同养殖场的综合防疫能力相差较大。因此，不同养殖场没有可供统一使用的免疫程序，应根据本地和本场的实际情况制定合理的免疫程序。

七、免疫效果的评价

免疫接种的目的是降低动物的易感性，将易感动物群转变为非易感动物群，从而预防疫病的发生与流行。因此，判定动物群是否达到了预期的免疫效果，需要定期对免疫动物群的发病率和抗体水平进行监测和分析，评价免疫方案是否合理，找出可能存在的问题，以期取得好的免疫效果。

（一）免疫效果评价的方法

1. 流行病学评价方法 通过免疫动物群和非免疫动物群的发病率、死亡率等流行病学指标，来比较和评价不同疫苗或免疫方案的保护效果。常用的指标有效果指数和保护率。

$$效果指数=\frac{对照组发病率}{免疫组发病率}$$

$$保护率=\frac{对照组发病率-免疫组发病率}{免疫组发病率}\times 100\%$$

当效果指数<2或保护率<50%时，可判定该疫苗或免疫程序无效。

2. 血清学评价 血清学评价是以测定抗体的转化率和几何滴度为依据的，但多用血清抗体的几何滴度来进行评价，通过比较接种前后滴度升高的幅度及其持续时间来评价疫苗的免疫效果。如果接种后的平均抗体滴度比接种前升高4倍以上，即认为免疫效果良好；如果小于4倍，则认为免疫效果不佳或需要重新进行免疫接种。

3. 人工攻毒试验 通过对免疫动物的人工攻毒试验，可确定疫苗的免疫保护率、安全性、开始产生免疫力的时间、免疫持续期和保护性抗体临界值等指标。

（二）影响免疫效果的因素

动物免疫接种后，在免疫有效期内不能抵抗相应病原体的侵袭，仍发生了该种疫病，或效力检查不合格，均可认为是免疫接种失败。出现免疫接种失败的原因很多，大体可归纳为疫苗因素、动物因素和人为因素三大方面。

1. 疫苗因素 主要有疫苗本身的保护性差；疫苗毒（菌）株与流行毒（菌）株血清型或亚型不一致；疫苗运输、保存不当；疫苗稀释后未在规定时间内使用；不同疫苗之间的干扰作用等。

母源抗体对免疫效果的影响

2. 动物因素 主要有动物母源抗体的水平或上一次免疫接种引起的残余抗体水平过高；动物接种时已处于潜伏期感染；动物患免疫抑制性疾病等。

3. 人为因素 主要有免疫程序不合理；疫苗稀释错误；疫苗用量不足；接种有遗漏；接种途径错误；免疫接种前后使用了影响疫苗活性或免疫抑制性药物等。

任务五　药物预防的实施

在平时正常的饲养管理状态下，给动物投服药物以预防疫病的发生，称为药物预防。

动物疫病种类繁多，除部分疫病可用疫苗预防外，有相当多的疫病没有疫苗，或虽有疫苗但应用效果不佳。因此，通过在饲料或饮水中加入抗微生物药、抗寄生虫药及微生态制剂，来预防疫病的发生有十分重要的意义。

一、预防用药的选择

临诊应用的抗微生物药、抗寄生虫药种类繁多，选择预防用药时应遵循以下原则。

1. 病原体对药物的敏感性 进行药物预防时，应先确定某种或某几种疫病作为预防的对象。针对不同的病原体选择敏感、广谱的药物。为防止产生耐药性，应适时更换药物。为达到最好的预防效果，在使用药物前，应进行药物敏感性试验，选择高度敏感的药物用于预防。

2. 动物对药物的敏感性 不同种属的动物对药物的敏感性不同，同种动物但年龄、性别不同对药物的敏感性也有差异，因此在做药物预防时应区别对待。例如：可按每千克饲料 3mg 的剂量用速丹拌料来预防鸡的球虫病，但对鸭、鹅均有毒性，甚至会引起死亡。

3. 药物安全性 使用药物预防应以不影响动物产品的品质和消费者的健康为前提，具体使用时应符合《饲料药物添加剂使用规范》和《食品动物中禁止使用的药品及其他化合物清单》《禁止在饲料和动物饮水中使用的物质》及《在食品动物中停止使用洛美沙星、培氟沙星、氧氟沙星、诺氟沙星 4 种兽药的决定》等法律法规要求，不用禁用药物。给待出售的动物进行药物预防时，应注意休药期，以免药物残留。

4. 有效剂量 药物必须达到最低有效剂量，才能收到应有的预防效果。因此，要按规定的剂量，均匀地拌入饲料或完全溶解于饮水中。有些药物的有效剂量与中毒剂量之间差别不大（如马杜拉霉素），掌握不好就会引起中毒。

5. 注意配伍禁忌 两种或两种以上药物配合使用时，有的会产生理化性质改变，使药物产生沉淀或分解、失效甚至产生毒性。如硫酸新霉素、庆大霉素与替米考星、罗红霉素、盐酸多西环素、氟苯尼考配伍时疗效会降低；维生素 C 与磺胺类配伍时会沉淀，分解失效等。在进行药物预防时，一定要注意配伍禁忌。

6. 药物广谱性 最好是广谱抗微生物、抗寄生虫药，可用一种药物预防多种疫病。

7. 药物成本 在集约化养殖场中，预防药物用量大，若药物价格较高，则增加了生产成本。因此，应尽可能地使用价廉而又确有预防作用的药物。

二、预防用药的方法

不同的给药方法可以影响药物的吸收速度、利用程度、药效出现时间及维持时间。药物预防一般采用群体给药法，将药物添加在饲料中，或溶解到饮水中，让动物服用，有时也采用气雾给药法。

1. 拌料给药 就是将药物均匀地拌入饲料中，让动物在采食时摄入药物。该法简便易行，节省人力，应激小，适合长期预防性给药。

拌料给药时应注意：根据动物体重及采食量，准确掌握用药量；采用分级混合法，保证药物混合均匀；注意不良反应。

2. 饮水给药 就是将药物溶解到饮水中，通过饮水进入动物体内，是给家禽进行药物预防最常用、最方便的途径，适用于短期投药。

饮水给药所用的药物应是水溶性的。为保证动物在较短的时间内饮入足够剂量的药物，应停饮一段时间，以增加饮欲。例如，在夏季停饮 1～2h，然后供给加有药物的饮用水，使动物在较短的时间内充分喝到药水。另外，还应根据动物的品种、季节、圈舍内温湿度、饲养方法等因素，掌握动物群一次饮水量，然后按照药物浓度，准确计算用药剂量，以保证预防效果。

3. 气雾给药 是指利用喷雾器械，将药物雾化成一定直径的微粒，弥散到空间中，让畜禽通过呼吸作用吸入体内或作用于畜禽皮肤及黏膜的一种给药方法。这种方法，药物吸收快、作用迅速、节省人力，尤其适用于现代化大型养殖场。

能通过气雾途径给药的药物应该无刺激性，易溶于水。计算用药量时应按照圈舍空间和气雾设备准确计算。

4. 外用给药 主要是为杀死动物体外寄生虫或体外致病微生物所采用的给药方法，包括喷洒、熏蒸和药浴等。应注意掌握药物浓度和使用时间。

任务六 动物疫病可追溯管理体系的建立

动物疫病可追溯管理体系是以畜禽标识（动物耳标、电子标签、脚环以及其他承载畜禽信息的标识物）、养殖档案和防疫档案为基础，在动物生命周期过程中，通过移动智能识读设备（计算机、手机等），在强制免疫、产地检疫、运输监督、屠宰检疫四大环节进行信息采集、网络传输、计算机分析处理和移动智能识读设备查询、输出等一系列功能操作，从而实现动物疫病可追溯监管的动物防疫信息系统。

自 2006 年 7 月 1 日起施行的《畜禽标识和养殖档案管理办法》，启动了动物标识及疫病可追溯体系建设工作；《动物防疫法》规定："国家对严重危害养殖业生产和人体健康的动物疫病实施强制免疫。""饲养动物的单位和个人应当履行动物疫病强制免疫义务，按照强制免疫计划和技术规范，对动物实施免疫接种，并按照国家有关规定建立免疫档案，加施畜禽标识，保证可追溯。"加速了追溯体系建设在全国范围内的全面展开。动物疫病可追溯管理体系必将在动物源性食品安全管理工作和重大动物疫病防控工作中发挥重大作用。

一、强制免疫

1. 强制免疫制度 强制免疫制度是指国家对严重危害养殖业生产和人体健康的动物疫病，采取制定强制免疫计划，确定免疫用生物制品和免疫程序，以及对免疫效果进行监测等一系列预防控制动物疫病的强制性措施，以达到有计划按步骤地预防、控制、净化和消灭动物疫病的目标的制度。这项制度是动物防疫法制化管理的重要标志，充分体现了《动物防疫法》第五条"国家对动物疫病实行预防为主，预防与控制、净化、消灭相结合的方针"。

2. 强制免疫的病种 实施强制免疫的病种是严重危害养殖业生产和人体健康的动物疫病。《动物防疫法》第十六条规定，由国务院农业农村主管部门确定强制免疫的动物疫病病种和区域，省、自治区、直辖市人民政府农业农村主管部门也可根据本行政区域内动物疫病流行情况增加实施强制免疫的动物疫病病种和区域，报本级人民政府批准后执行，并报国务院农业农村主管部门备案。

目前每年各地强制免疫病种不尽相同，2016 年国家动物疫病强制免疫病种有高致病性禽流感、口蹄疫、高致病性猪蓝耳病、猪瘟、小反刍兽疫、布鲁菌病和棘球蚴病，2017 年国家动物疫病强制免疫病种就没有了猪瘟，高致病性禽流感明确为 H5 亚型高致病性禽流感。

3. 免疫费用 实行强制免疫的疫苗经费由中央财政和地方财政共同按比例分担，饲养户不承担此项费用。

4. 强制免疫计划 省、自治区、直辖市人民政府农业农村主管部门制订本行政区域的强制免疫计划；县级以上地方人民政府农业农村主管部门组织实施动物疫病强制免疫计划。乡级人民政府、城市街道办事处应当组织本管辖区域内饲养动物的单位和个人做好强制免疫工作。

二、畜禽标识的建立

畜禽标识是指经农业农村部批准使用的耳标、电子标签、脚环以及其他承载畜禽信息的标识物。畜禽标识既是实行对强制免疫动物及动物产品全过程监管，建立强制免疫动物可追溯管理的基础，也是建立畜禽档案的基础。

新型畜禽标识采用二维码技术，采用移动智能识读器作为信息采集终端，实时地把饲养、产地检疫、运输、屠宰检疫四个环节的防疫、检疫和监督信息通过无线网络传送到中央数据中心，实现在发生重大动物疫病和动物产品安全事件时，利用畜禽唯一编码标识追溯原产地和同群畜禽，以实现快速、准确控制动物疫病的目的。为动物疫病的控制和消灭，提供了技术上的保障。

（一）畜禽标识的识别

畜禽标识

1. 畜禽标识的编码 畜禽标识实行一畜一标，它的核心部分是二维码和数字编码，具有唯一性。编码由1位畜禽种类代码（猪、牛、羊的种类代码分别为1、2、3），6位县级行政区域代码，8位标识顺序号共15位数字及专用条码组成（图3-2）。

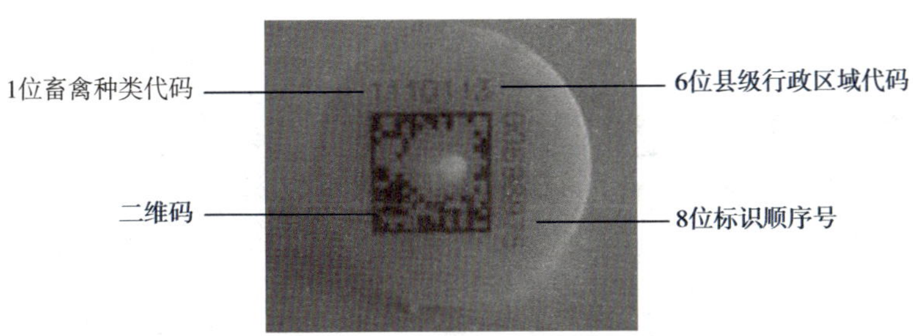

图3-2 畜禽标识的编码

2. 家畜耳标样式 畜禽标识最常见的是农业农村部规定全国统一使用的二维码家畜耳标。家畜耳标由主标和辅标两部分组成，主标由主标耳标面、耳标颈、耳标头组成，辅标由辅标耳标面和耳标锁扣组成。

（1）猪耳标。主标耳标面和辅标耳标面为圆形，颜色为肉色。耳标编码刻制在主标耳标面正面，排布为相邻直角两排，上排为主编码，右排为副编码（图3-3、图3-4）。

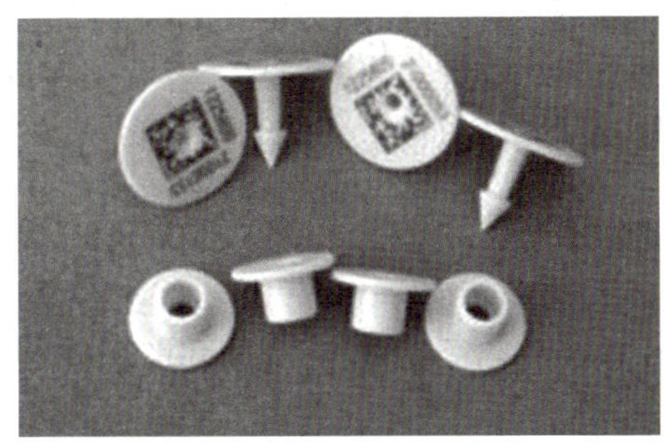

图3-3 猪耳标

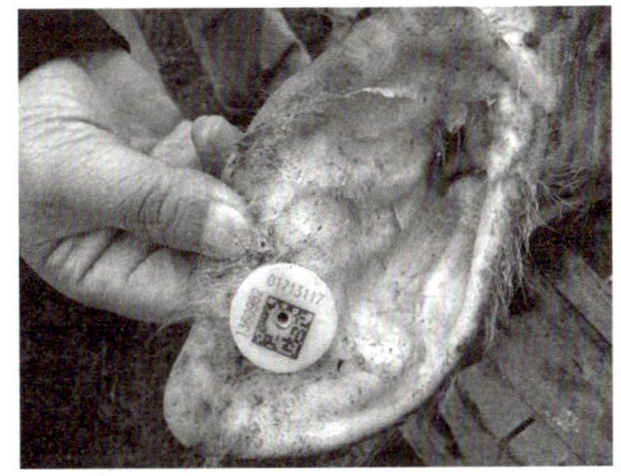

图3-4 佩戴耳标的猪

（2）牛耳标。主标耳标面为圆形，辅标耳标面为铲形，颜色为浅黄色。耳标编码刻制在辅标耳标面正面，编码分上、下两排，上排为主编码，下排为副编码（图3-5、图3-6）。

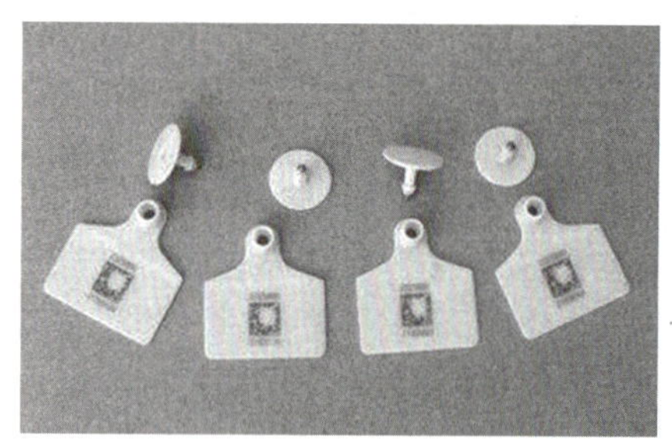
图 3-5 牛耳标

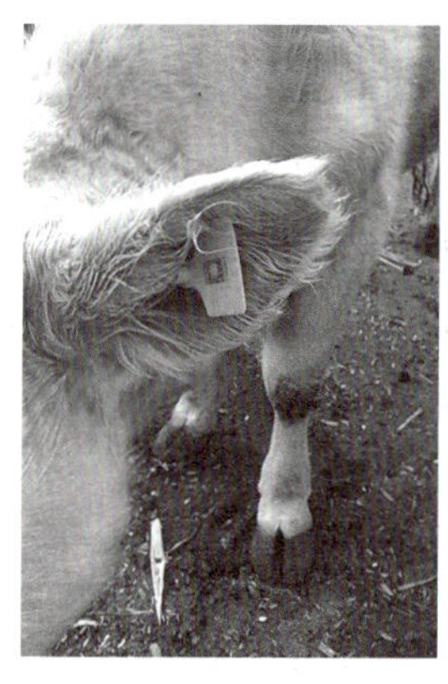
图 3-6 佩戴耳标的牛

（3）羊耳标。主标耳标面为圆形，辅标耳标面为带半圆弧的长方形，颜色为橘黄色。耳标编码刻制在辅标耳标面正面，编码分上、下两排，上排为主编码，下排为副编码（图 3-7、图 3-8）。

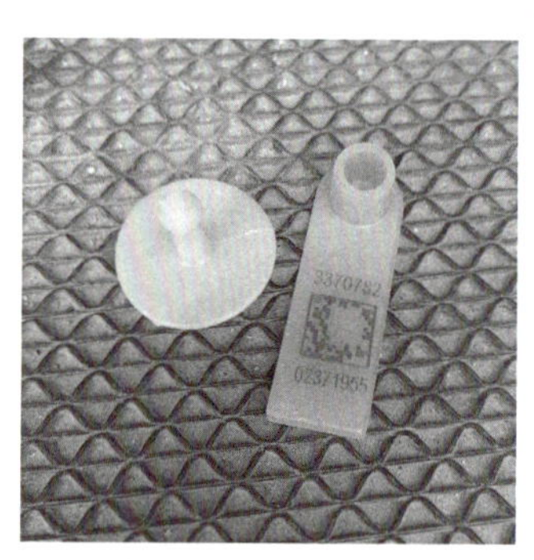
图 3-7 羊耳标

图 3-8 佩戴耳标的羊

（二）畜禽标识的管理

1. 畜禽标识的申购与发放 畜禽标识的申购与发放管理分为申请耳标、审核耳标、审批耳标、生成耳标、下载耳标、生产和签收耳标、发放耳标。

（1）耳标申请。县级管理机构根据本辖区耳标需求数量，通过网上申请该数量的耳标，申请以任务作为单位，申请任务的畜种和数量通过用户指定。

（2）耳标审核。市级耳标管理机构查看并对县级机构的耳标申请任务进行审核，审核意见作为上级耳标管理机构审批耳标的参考意见。

（3）耳标审批。省级（自治区、直辖市）耳标管理机构对提交的耳标申请任务进行审批，审批时指定耳标生产厂商。如果审批通过，由中央管理机构生成耳标的序列号码。如果审批未通过，则不能生成耳标的序列号码。

（4）耳标发放。乡镇或县耳标管理机构耳标管理员向防疫员发放耳标，并通过网上或移动设备将领用信息传至中央服务器。防疫员领用耳标后，可以完成为家畜佩戴耳标和其他的防疫工作。

2. 家畜耳标的佩戴、登记、回收与销毁

（1）耳标的佩戴。

①佩戴时间。新出生家畜，在出生后30d内佩戴；30d内离开饲养地的，在离开饲养地前佩戴；从国外引进家畜，在到达目的地10d内佩戴。家畜耳标严重磨损、破损、脱落后，应当及时佩戴新的耳标，并在养殖档案中记录新标识编码。

②佩戴位置。首次在左耳中部加施，需要再次加施的，在右耳中部加施。

(2) 登记。防疫人员对家畜所佩戴的耳标信息进行登记。

(3) 耳标的回收与销毁。猪、牛、羊加施的耳标在屠宰环节由屠宰企业剪断收回，交当地动物卫生监督机构。回收的耳标不得重复使用，由县级动物卫生监督机构统一组织销毁，并做好销毁记录。

三、养殖档案的建立

《畜禽标识和养殖档案管理办法》规定畜禽养殖场应当建立养殖档案，养殖档案是追究责任的重要依据。

1. 养殖档案的内容

(1) 畜禽的品种、数量、繁殖记录、标识情况、来源和进出场日期。

(2) 饲料、饲料添加剂等投入品和兽药的来源、名称、使用对象、时间和用量等有关情况。

(3) 检疫、免疫、监测、消毒情况。

(4) 畜禽发病、诊疗、死亡和无害化处理情况。

(5) 畜禽养殖代码。

(6) 农业农村部规定的其他内容。

2. 畜禽防疫档案的内容 县级动物疫病预防控制机构应当建立畜禽防疫档案，载明以下内容。

(1) 畜禽养殖场。名称、地址、畜禽种类、数量、免疫日期、疫苗名称、畜禽养殖代码、畜禽标识顺序号、免疫人员以及用药记录等。

(2) 畜禽散养户。户主姓名、地址、畜禽种类、数量、免疫日期、疫苗名称、畜禽标识顺序号、免疫人员以及用药记录等。

3. 养殖档案的监督管理

(1) 养殖档案的审批建立。畜禽养殖场、养殖小区依法向所在地县级人民政府农业农村主管部门备案，取得畜禽养殖代码。畜禽养殖代码由县级人民政府农业农村主管部门按照备案顺序统一编号，每个畜禽养殖场、养殖小区只有一个畜禽养殖代码。畜禽养殖代码由6位县级行政区域代码和4位顺序号组成，作为养殖档案编号。

饲养种畜要建立个体养殖档案，注明标识编码、性别、出生日期、父系和母系品种类型、母本的标识编码等信息。种畜调运时要在个体养殖档案上注明调出和调入地，个体养殖档案应当随同调运。

畜禽养殖场养殖档案及种畜个体养殖档案格式由农业农村部统一制定。

(2) 养殖档案的保存。不同动物养殖档案保存时间不同，商品猪、禽养殖档案保存期为2年，牛为20年，羊为10年，种畜禽长期保存。

(3) 养殖档案的更新。从事畜禽经营的销售者和购买者应当向所在地县级动物疫病预防控制机构报告更新养殖档案相关内容。销售者或购买者属于养殖场的，应及时在畜禽养殖档案中登记畜禽标识编码及相关信息变化情况。

技能一　养殖场进场人员及车辆的消毒

（一）技能目标

（1）掌握常用药物的配制方法。

（2）会设置车辆消毒池和消毒室。

（3）能对养殖场进场人员及车辆进行消毒。

（二）材料设备

新洁尔灭、氢氧化钠、二氯异氰尿酸钠、量筒、玻璃棒、烧杯、天平或台秤、盆、桶、隔离服、口罩、胶靴、橡胶手套、车辆等。

（三）方法步骤

1. 预习　学生提前查阅资料，学习养殖场的车辆消毒池和消毒室设计图。熟悉人员及车辆进场消毒的设施。

2. 消毒液的配制　根据需要配制的消毒液浓度及用量，正确计算所需溶质、溶剂的用量。用天平或台秤称量固态消毒剂，用量筒量取液态消毒剂。称量后，先将消毒剂溶解在少量水中，使其充分溶解后再与足量的水混匀。

配制消毒液时，常需根据不同浓度计算用量。可按下式计算：

$$N_1V_1=N_2V_2$$

式中，N_1 为原药液浓度；V_1 为原药液容量；N_2 为需配制药液的浓度；V_2 为需配制药液的容量。

实际消毒工作中常用百分浓度，即每单位质量（100g）或单位体积（100mL）药液中含某药品的质量（克数）或体积（毫升数）。

3. 进场车辆消毒　首先对进入车辆登记，内容包括姓名、单位、所运物品及是否来自疫区等；符合进场规定的车辆开进消毒通道，前后轮胎全部进入消毒池后，车辆停止；启动喷雾消毒装置，用3%二氯异氰尿酸钠溶液喷射成粒径 30～100μm 的超微粒子，对车辆前、后、左、右、上、下六面喷射，喷射范围广，消毒均匀且彻底；喷雾消毒装置关闭，消毒完毕，车辆进入养殖场。

4. 进场人员消毒　首先对外来入场人员登记，内容包括姓名、单位、职业及来场原因等；符合进场规定的人员进入消毒室，在紫外线消毒区，脚踏盛有 4%氢氧化钠溶液的消毒盘，闭眼消毒 15～20min；然后洗澡、更换工作服及鞋靴；消毒完毕，进入养殖场。

（四）考核标准

序号	考核内容	考核要点	分值	评分标准
1	消毒液的配制（20分）	消毒液的用量	10	正确计算溶质溶剂的用量
		量取所需溶质、溶剂	10	正确量取所需溶质溶剂
2	进场人员和车辆的登记（10分）	登记信息	10	登记信息全面

（续）

序号	考核内容	考核要点	分值	评分标准
3	进场车辆消毒（30分）	轮胎消毒	10	正确进行轮胎消毒
		车体消毒	10	正确进行车体消毒
		消毒池管理	10	及时更换消毒液
4	进场人员消毒（20分）	消毒次序	10	进场人员消毒次序正确
		紫外线消毒	10	正确使用紫外线消毒
5	职业素质（20分）	安全意识	10	服从安排，积极认真
		实训态度	10	注重生物安全和人身安全
总分			100	

技能二　圈舍带动物消毒

（一）技能目标

（1）会配制常用消毒剂。

（2）会选择合适的消毒剂。

（3）会气雾消毒。

（二）材料设备

过氧乙酸、次氯酸钠、二氯异氰尿酸钠、百毒杀、药匙、喷雾消毒机、细眼喷壶、量筒、天平或台秤、盆、桶、清扫用具、隔离服、胶靴、口罩、手套、护目镜等。

（三）方法步骤

1. 师生入场消毒　师生登记后进入消毒室，更换工作服和胶靴，消毒后方可进入圈舍。

2. 清洗饲槽、水槽、用具及地面　分组清除圈舍内排泄物和其他污物，保证饲槽、水槽、用具和地面的清洁卫生。

3. 选配消毒药　气雾消毒选用对皮肤、黏膜无刺激性或刺激性较小的消毒剂，如0.015%百毒杀、0.1%新洁尔灭、0.2%～0.3%过氧乙酸和0.2%～0.3%次氯酸钠等；圈舍地面喷洒消毒用0.3%～0.5%过氧乙酸、2%～4%氢氧化钠溶液或3%～5%二氯异氰尿酸钠；用具等的消毒用0.1%～0.2%过氧乙酸或1%二氯异氰尿酸钠等。根据需要量分组配制。

4. 饲槽、水槽、用具及地面的消毒　把3%～5%的二氯异氰尿酸钠溶液装入细眼喷壶，对饲槽、水槽、舍内用具及地面喷洒消毒，一定要均匀喷洒，用药量为400～800mL/m^2。

5. 带动物喷雾消毒　把0.2%～0.3%次氯酸钠溶液装入喷雾消毒机，充气后开始喷洒，将喷头高举空中，喷嘴向上以画圆圈方式先内后外逐步喷洒，使药液如雾一样缓慢下落，喷雾粒径控制在80～120μm，喷雾距离在1～2m。药液用量为40～

$60mL/m^3$，以地面、墙壁、天花板均匀湿润和动物体表略湿为宜。

消毒完毕后30～60min，用清水冲刷饲槽和水槽。

（四）考核标准

序号	考核内容	考核要点	分值	评分标准
1	师生入场消毒（10分）	人员登记	5	与人沟通自然顺畅，登记全面、准确
		消毒室消毒	5	消毒彻底
2	清洗饲槽、水槽、用具及地面（20分）	实训态度	10	服从老师和养殖场防疫员安排，不怕脏，不怕累
		饲槽、水槽、用具和地面的清洗	10	饲槽、水槽、用具和地面清洁卫生
3	选配消毒药（20分）	选择消毒药	10	消毒药选择正确
		消毒药计算	5	正确计算
		消毒药量取配制	5	正确量取配制
4	饲槽、水槽、用具及地面的消毒（25分）	消毒机的使用	10	正确使用
		消毒过程	10	均匀喷洒，用量准确，没有死角
		协作意识	5	具备团队协作精神，积极与小组成员配合，共同完成任务
5	带动物喷雾消毒（25分）	喷雾消毒机的使用	10	正确使用
		消毒过程	10	喷雾均匀，雾滴适宜，剂量准确
		安全意识	5	注意人身安全，防止消毒损伤
总分			100	

技能三　养殖场空圈舍的消毒

（一）技能目标

（1）会配制常用的消毒剂。

（2）会熏蒸消毒法。

（3）会使用高压清洗机。

（4）掌握空圈舍消毒的程序。

（二）材料设备

二氯异氰尿酸钠、氢氧化钠、福尔马林、高锰酸钾、量筒、天平或台秤、盆、桶、药匙、高压冲洗机、喷洒消毒机、隔离服、胶靴、口罩、手套、护目镜等。

（三）方法步骤

1. 消毒液的配制　根据空圈舍消毒需要配制消毒液。

2. 机械清除　清扫前用清水或消毒剂喷洒圈舍，以免灰尘及微生物飞扬。然后对地面、饲槽等进行清扫，扫除粪便、垫草及残余的饲料等污物，扫除的污物投入化粪池处理。

3. 净水冲洗　饲槽、饮水器、围栏、笼具、网床等设施用水洗刷干净，最后用

高压清洗机冲洗天花板、墙壁、地面、粪槽、过道等。注意不能将高压清洗机喷枪对着自己或他人。

4. 药物喷洒　按照“先里后外，先上后下”的顺序使用喷洒消毒机喷洒消毒药，天花板、墙壁、舍内设施选用3%二氯异氰尿酸钠，地面、粪槽、过道等处选用4%氢氧化钠。地面用药量600～800mL/m^2，舍内其他设施200～400mL/m^2。为了提高消毒效果，应使用2种或以上不同类型的消毒药进行2～3次消毒。每次消毒后要等地面和物品干燥后进行下次消毒。

5. 熏蒸消毒　用福尔马林和高锰酸钾熏蒸，室温不低于15～18℃，用量按照圈舍空间计算，每立方米空间25mL福尔马林、12.5mL水和12.5g高锰酸钾，先将福尔马林和水混合，再放高锰酸钾。药物反应后，人员必须迅速离开圈舍，密闭24h后，通风换气，待无刺激气味后，方可再次饲养动物。

若急需使用圈舍，可用氨气中和甲醛，每立方米空间取氯化铵5g，生石灰2g，加入75℃的水7.5mL，混合液装于小桶内放入圈舍。也可用氨水代替，按每立方米空间用25%氨水12.5mL，中和20～30min，打开门窗通风20～30min，即可再饲养动物。

（四）考核标准

序号	考核内容	考核要点	分值	评分标准
1	机械清除（20分）	实训态度	10	服从老师和养殖场防疫员安排，不怕脏，不怕累
		扫除粪便、垫草及残余的饲料等污物	10	清除干净
2	净水冲洗（20分）	高压清洗机的使用	10	正确使用
		设施洗刷	10	设施用水洗刷干净
3	药物喷洒（30分）	选择消毒药	5	消毒药选择正确
		消毒药配制	5	消毒药配制准确
		喷洒消毒机的使用	10	正确使用
		喷洒消毒	10	均匀喷洒，用量准确，没有死角
4	熏蒸消毒（30分）	消毒药物量取	5	量取正确
		熏蒸过程	10	次序准确
		安全意识	10	注意人身安全，防止消毒损伤
		协作意识	5	具备团队协作精神，积极与小组成员配合，共同完成任务
总分			100	

技能四　养殖场消毒效果检验

（一）技能目标

（1）掌握5点采样法。

(2) 会梯度稀释细菌并培养。

(3) 会菌落计数。

(4) 会计算杀菌率并判定消毒效果。

(二) 材料设备

过氧乙酸、硫代硫酸钠、无菌生理盐水、刻度吸管、量筒、试管、灭菌棉拭子、普通营养琼脂粉、无菌平皿、水浴锅、恒温培养箱、高压清洗机、喷洒消毒机、隔离服、胶靴、口罩、手套、护目镜等。

(三) 方法步骤

1. 消毒液及中和剂的配制 配制0.5%过氧乙酸及0.5%硫代硫酸钠。

2. 养殖场取样

(1) 圈舍清刷。清除圈舍地面的粪便和污物,用高压水冲洗干净,然后干燥。

(2) 消毒前采样。用5点采样法,即在圈舍地面4个角和中央各选1个点,每点为5cm×5cm的正方形。用灭菌棉拭子蘸取0.5%的硫代硫酸钠溶液,在采样点滚动涂擦2次后,剪断棉拭子的手持端,使棉拭子落入含有中和剂(5mL 0.5%硫代硫酸钠溶液)的试管中。

(3) 喷洒消毒。用0.5%过氧乙酸按600mL/m^{2}的用量,对圈舍地面喷洒消毒。

(4) 消毒后采样。消毒后1h,用同样方法,在圈舍地面各点附近再次取样1次。

3. 实验室检查

(1) 洗菌。用提拉和吹打的方法,充分洗下棉拭子上的细菌。

(2) 稀释菌液。吸取菌悬液1mL,用无菌生理盐水以10倍稀释法稀释至1×10^{-3}。

(3) 细菌培养。从每个稀释后的样品中取3mL菌液,分别放入3个无菌平皿内,每个平皿内1mL。然后,每个平皿内倒入熔化并冷却至50℃的普通营养琼脂15~20mL,充分混匀,待凝固后,置37℃的温箱中培养18~24h。

(4) 菌落计数。观察细菌生长情况,进行菌落计数,根据样品的稀释度换算出每一采样区的细菌数。

(5) 计算杀菌率。

$$\text{杀菌率}=\frac{\text{消毒前细菌数}-\text{消毒后细菌数}}{\text{消毒前细菌数}}\times100\%$$

4. 结果判定 把菌落数和杀菌率填入表3-1。一般杀菌率达到99.9%为合格。

表3-1 过氧乙酸对圈舍的消毒效果

结果	采样点				
	1	2	3	4	5
消毒前细菌数					
消毒后细菌数					
杀菌率(%)					

（四）考核标准

序号	考核内容	考核要点	分值	评分标准
1	消毒液及中和剂的配制（10分）	计算所需溶质、溶剂的用量	5	正确计算
		量取溶质、溶剂	5	正确量取
2	圈舍清刷（5分）	高压清洗机的使用	2	正确使用
		地面洗刷	3	地面洗刷干净
3	消毒前采样（15分）	选点	5	选点正确
		采样	10	采样正确
4	喷洒消毒（5分）	喷洒消毒机的使用	2	正确使用
		喷洒消毒	3	均匀喷洒，用量准确，没有死角
5	消毒后采样（15分）	选点	5	选点正确
		采样	10	采样正确
6	洗菌（5分）	洗菌	5	洗菌充分
7	稀释菌液（10分）	无菌操作	5	严格无菌操作
		稀释	5	稀释准确
8	细菌培养（10分）	吸取样品	2	吸取样品准确
		水浴锅的使用	5	正确使用水浴锅
		温箱培养	3	正确使用温箱培养
9	菌落计数（10分）	菌落计数	10	准确算出采样区的细菌数
10	计算杀菌率（10分）	计算杀菌率	10	杀菌率计算正确
11	结果判定（5分）	判定结果	5	结果判定正确
总分			100	

技能五　家禽的免疫接种

（一）技能目标

（1）掌握免疫接种器械的准备及人员防护的方法。

（2）会进行疫苗检查和家禽免疫接种前检查。

（3）掌握疫苗的稀释方法。

（4）掌握鸡的免疫接种方法。

（二）材料设备

待免鸡、疫苗（新城疫弱毒苗、鸡痘疫苗、禽流感油剂灭活苗、稀释液）、5%碘酊、75%乙醇、3%来苏儿、高压蒸汽灭菌器、兽用连续注射器、针头（7号）、刺种针、疫苗滴瓶、量筒、气雾免疫器、隔离服、胶靴、口罩、手套、护目镜等。

（三）方法步骤

1. 免疫接种前的准备

（1）器械清洗消毒。气雾发生器、饮水器认真清洗；注射器、针头、刺种针等接种用具用清水冲洗干净，放入高压蒸汽灭菌锅灭菌。

（2）疫苗检查。免疫接种前，对所使用的疫苗进行仔细检查，有下列情况之一者不得使用：①没有瓶签或瓶签模糊不清；②过期失效；③疫苗的质量与说明书不符；④瓶塞松动或瓶壁破裂；⑤没有按规定方法保存。

（3）人员消毒和防护。免疫接种人员剪短手指甲，用肥皂、3%来苏儿洗手，再用75%乙醇消毒手指；穿工作服、胶靴，戴橡胶手套、口罩、帽等。

（4）待免动物检查。接种前对待免鸡群进行健康检查，疑似患病鸡不应接种疫苗。

2. 疫苗的稀释 各种疫苗使用的稀释液及用量都有明确规定，必须严格按生产厂家的使用说明书进行。

（1）注射用疫苗的稀释。疫苗必须用专用稀释液稀释，若没有专用稀释液，可用注射用水或生理盐水稀释。用镊子取下疫苗瓶及稀释液瓶的塑料瓶盖，用75%乙醇棉球消毒瓶塞。待乙醇完全挥发后，用灭菌注射器抽取少量稀释液注入疫苗瓶中，振荡，使其完全溶解，抽取溶解的疫苗注入稀释液瓶中，再用稀释液将疫苗瓶冲洗2～3次，将疫苗全部冲洗下来转入稀释液瓶中。

（2）饮水用疫苗的稀释。饮水免疫时，疫苗可用洁净的深井水稀释，不能用自来水，因为自来水中的消毒剂会把疫苗中活的微生物杀死。

（3）气雾用疫苗的稀释。气雾免疫时，疫苗最好用蒸馏水或无离子水稀释。

（4）滴鼻、点眼用疫苗的稀释。先计算稀释液的用量，每只鸡用两滴，根据总鸡只数算出稀释液的量。疫苗必须用专用稀释液稀释，若没有专用稀释液，可用蒸馏水或无离子水稀释。

3. 免疫接种的方法

（1）颈部皮下注射。左手握住幼禽，在颈背部下1/3处，用大拇指和食指捏住颈中线的皮肤并向上提起，使其形成一皱褶，针头从头部方向向后沿皱褶基部刺入皮下，推动注射器活塞，缓缓注入疫苗。

（2）肌内注射。部位在胸部、大腿部或翅膀基部，一般多用胸部。

胸肌注射时，一人保定鸡，胸部朝上；一人持注射器，针头与胸肌成30°～45°角，在胸部中1/3处向背部方向刺入胸部肌肉。腿部肌内注射时，助手一手抓住翅膀，另一手抓住一腿保定；操作者抓住另一侧腿，针头朝躯体方向刺入大腿外侧肌肉。翅膀基部肌内注射时，助手一手握住鸡的双腿，另一手握住一翅，同时托住背部，使其仰卧；操作者一手抓住另一翅，针头垂直刺入翅膀基部肌肉。

（3）饮水免疫法。将新城疫弱毒苗混于水中，鸡群通过饮水而获得免疫。

饮水免疫必须注意以下几个问题：①准确计算饮水量（参考表3－2）；②免疫前应限制饮水，夏季一般2h，冬季一般为4h；③稀释疫苗的饮水必须不含有任何灭活疫苗病毒或细菌的物质；④疫苗必须是高效价的，适当加大用量；⑤饮水器具要干净，数量要充足。

表3－2 饮水免疫时每只雏鸡的饮水量

日龄	饮水量（mL）
<5	3～5
5～14	6～10
14～30	8～12

（续）

日龄	饮水量（mL）
30～60	15～20
>60	20～40

（4）刺种。适用于鸡痘疫苗的接种。助手一手握住鸡的双腿，另一手握住一翅，同时托住背部，使其仰卧。操作者左手抓住鸡另一翅膀，右手持刺种针插入疫苗溶液中，针槽充满疫苗液后，在翅膀翼膜内侧无血管处刺针。拔出刺种针，稍停片刻，待疫苗被吸收后，将鸡轻轻放开。

（5）滴鼻、点眼。操作者左手握住雏鸡，食指和拇指固定住雏鸡头部，雏鸡眼和一侧鼻孔向上。右手持滴瓶并倒置，滴头朝下，滴头与眼保持 1cm 左右距离，轻捏滴瓶，垂直滴入一滴疫苗。滴鼻时用食指堵住对侧的鼻孔，垂直滴入一滴疫苗。待疫苗完全吸入，缓慢将鸡放下。

（6）气雾免疫。免疫时，疫苗用量主要根据圈舍大小而定，可按下式计算：疫苗用量$=DA/TV$，其中：疫苗用量为室内气雾免疫法用的疫苗的量，单位为头（只、羽）份；D 为计划免疫剂量，单位为头（只、羽）份/头（只、羽）；A 为免疫空间容积，单位为 L；T 为免疫时间，单位为 min；V 为呼吸常数，即动物每分钟吸入的空气量（L），单位为 L/［min·头（只、羽）］。

疫苗用量计算好以后，关闭门窗，使气雾免疫器喷头保持与动物头部同高，向舍内四面均匀喷射。喷射完毕，30min 后方可通风。

4. 免疫废弃物的处理 对免疫废弃物要进行无害化销毁处理。

（1）灭活疫苗。倾于小口坑内，注入消毒液，加土掩埋。

（2）活疫苗。先高压蒸汽灭菌或煮沸消毒，然后掩埋。

（3）用过的疫苗瓶。高压蒸汽灭菌或煮沸消毒后，方可废弃。

（四）考核标准

序号	考核内容	考核要点	分值	评分标准
1	免疫接种前的准备（15 分）	免疫接种器械的准备及人员防护	5	器械清洗干净、消毒彻底，注意人身安全、生物安全
		疫苗检查	5	检查仔细、全面
		待免动物检查	5	检查仔细、全面
2	注射用疫苗的稀释（5 分）	吸取稀释液	3	吸取稀释液量准确
		无菌操作	2	操作规范
3	饮水用疫苗的稀释（10 分）	计算饮水量	5	饮水量计算准确
		量取饮水量	5	饮水量量取准确
4	气雾用疫苗的稀释（5 分）	计算稀释液	3	稀释液计算准确
		量取稀释液	2	稀释液量取准确
5	滴鼻、点眼用疫苗的稀释（5 分）	吸取稀释液	3	吸取稀释液量准确
		无菌操作	2	操作规范

（续）

序号	考核内容	考核要点	分值	评分标准
6	颈部皮下注射（10分）	连续注射器使用	4	使用正确
		注射操作	6	操作规范
7	胸部肌内注射（10分）	注射部位	4	部位准确
		注射操作	6	操作规范
8	腿部肌内注射（5分）	注射部位	2	部位准确
		注射操作	3	操作规范
9	翅根部肌内注射（5分）	注射部位	2	部位准确
		注射操作	3	操作规范
10	刺种（10分）	刺种部位	5	部位准确
		免疫操作	5	操作规范
11	滴鼻点眼（5分）	滴鼻点眼操作	5	操作规范
12	气雾免疫（10分）	气雾免疫机使用	5	正确使用
		免疫操作	5	操作规范
13	免疫废弃物的处理（5分）	剩余疫苗、疫苗瓶等废弃物的处理	5	处理正确
总分			100	

技能六　家畜的免疫接种

（一）技能目标

（1）掌握免疫接种器械的消毒和人员防护的方法。

（2）会进行疫苗检查和家畜免疫接种前检查。

（3）会稀释疫苗。

（4）掌握猪、牛、羊的免疫接种方法。

（二）材料设备

待免动物（猪、牛、羊）、疫苗（猪瘟弱毒苗、牛羊口蹄疫灭活苗、羊痘弱毒苗）及稀释液、0.1%盐酸肾上腺素、地塞米松磷酸钠、5%碘酊、75%乙醇、高压蒸汽灭菌器、注射器（1mL、10mL）、针头（兽用12、16、18号）、剪毛剪、镊子、体温计、隔离服、胶靴、口罩、手套、护目镜、动物保定用具等。

（三）方法步骤

1. 免疫接种前的准备

（1）器械清洗消毒。气雾发生器、饮水器认真清洗；注射器、针头、刺种针等接种用具用清水冲洗干净，放入高压蒸汽灭菌器灭菌。

（2）疫苗检查。免疫接种前，对所使用的疫苗进行仔细检查，有下列情况之一者不得使用：①没有瓶签或瓶签模糊不清；②过期失效；③疫苗的质量与说明书不符；④瓶塞松动或瓶壁破裂；⑤没有按规定方法保存。

（3）人员消毒和防护。免疫接种人员剪短手指甲，用肥皂、3%来苏儿洗手，再用75%乙醇消毒手指；穿工作服、胶靴，戴橡胶手套、口罩、帽等。

（4）待免动物检查。接种前对待免动物进行了解及临诊观察，必要时进行体温检查。凡体质过于瘦弱、体温升高或疑似患病的动物均不应接种疫苗。

2. 疫苗的稀释 各种疫苗使用的稀释液和稀释方法都有明确规定，必须严格按生产厂家的使用说明书进行。用75%乙醇棉球擦拭消毒疫苗瓶和稀释液瓶的瓶盖，然后用带有针头的无菌注射器吸取少量稀释液注入疫苗瓶中，充分振荡溶解后，再加入全量的稀释液。

3. 免疫接种的方法

（1）皮内注射。羊痘弱毒苗采用皮内注射，免疫部位多在尾根腹侧。

助手两手握耳，两膝夹住胸背部保定。接种部位常规消毒后，接种者以左手绷紧固定皮肤，右手持注射器，使针头几乎与皮面平行，轻轻刺入皮内约0.5cm，放松左手；左手在针头和针筒交接处固定针头，右手持注射器，徐徐注入疫苗，注射处形成一个圆丘，突起于皮肤表面。

（2）肌内注射。牛在臀部或颈部中侧上1/3处；猪在耳后2指左右，仔猪可在股内侧；羊在颈部或股部。

牛的肌内注射：接种部位常规消毒后，接种者把注射针头取下，标定刺入深度，对准注射部位用腕力将针头垂直刺入肌肉，然后接上注射器，回抽针芯，如无回血，随即注入疫苗。注射完毕，拔出注射针头，用无菌干棉球按压接种部位。

猪、羊的肌内注射：接种部位常规消毒后，接种者持注射器垂直刺入肌肉后，回抽一下针芯，如无回血，即可缓慢注入疫苗。注射完毕，拔出注射针头，用无菌干棉球按压接种部位。

4. 免疫废弃物的处理 对免疫废弃物要进行无害化销毁处理。

（1）灭活疫苗。倾于小口坑内，注入消毒液，加土掩埋。

（2）活疫苗。先高压蒸汽灭菌或煮沸消毒，然后掩埋。

（3）用过的疫苗瓶。高压蒸汽灭菌或煮沸消毒后，方可废弃。

5. 免疫接种后的护理与观察 免疫接种后，注意观察接种动物的饮食、精神、呼吸等情况，对严重反应或过敏反应者及时救治。

（四）考核标准

序号	考核内容	考核要点	分值	评分标准
1	免疫接种前的准备（20分）	器械消毒	5	器械清洗干净、消毒彻底
		疫苗检查	5	检查仔细、全面
		人员消毒和防护	5	注意人身安全，生物安全
		待免动物检查	5	检查仔细、全面
2	注射用疫苗的稀释（10分）	吸取稀释液	5	吸取量准确
		无菌操作	5	操作规范
3	皮内注射（15分）	保定	5	保定规范
		注射部位	4	部位准确
		注射操作	6	操作规范

（续）

序号	考核内容	考核要点	分值	评分标准
4	猪肌内注射 （15分）	保定	5	保定规范
		注射部位	4	部位准确
		注射操作	6	操作规范
5	羊肌内注射 （15分）	保定	5	保定规范
		注射部位	4	部位准确
		注射操作	6	操作规范
6	牛肌内注射 （15分）	保定	5	保定规范
		注射部位	4	部位准确
		注射操作	6	操作规范
7	免疫废弃物的处理 （10分）	疫苗处理	5	正确处理废弃疫苗
		疫苗瓶处理	5	正确处理疫苗空瓶
总分			100	

技能七　畜禽标识的加施

（一）技能目标

（1）能够识别猪、牛、羊耳标。

（2）会给猪、牛、羊佩戴耳标。

（3）会登记牲畜耳标信息。

（二）材料设备

需加施耳标动物（猪、牛、羊）、耳标（猪、牛、羊）、耳标钳、养殖档案、工作服、手套、5%碘酊、75%乙醇、镊子、动物保定用具等。

（三）方法步骤

1. 识别　识别猪、牛、羊的耳标。

2. 耳标佩戴

（1）动物保定。为安全操作，对家畜进行适宜保定。

（2）装耳标。在耳标钳的夹片下水平安装已编号的耳标辅标，再将耳标主标插入耳标钳的钳针上（图3-9）。

图3-9　耳标钳

（3）消毒。将耳标钳连同耳标浸泡在消毒液中进行消毒，再对牲畜耳标加施部位（首次在左耳中部加施，再次加施在右耳中部）进行严格的消毒。

（4）打耳标。一手固定耳朵，另一手执耳标钳，在无大血管的耳部中心用耳标钳将主耳标头穿透动物耳部，插入辅标锁扣内，固定牢靠。主耳标佩戴于家畜耳朵的外侧，辅耳标佩戴于家畜耳朵的内侧。

3. 信息登记 对牲畜所加施的耳标信息进行登记，填写养殖档案。

（四）考核标准

序号	考核内容	考核要点	分值	评分标准
1	畜禽标识的识别（40分）	畜禽标识编码的识别	10	正确识别代码
		不同家畜耳标的识别	10	正确区别耳标
		猪耳标编码的识别	10	正确识别主副编码
		牛、羊耳标编码的识别	10	正确识别主副编码
2	家畜耳标的佩戴（50分）	佩戴时间	10	确定标识佩戴时间
		动物保定	5	正确保定动物
		装耳标	15	正确安装主标、辅标
		消毒	5	耳标及安装部位消毒
		打耳标	15	正确佩戴耳标
3	登记（10分）	填写记录	10	正确填写记录
总分			100	

技能八 畜禽驱虫

（一）技能目标

（1）会选择驱虫药并计算其用量。

（2）会通过口服、注射、涂擦、药浴等方法驱虫。

（二）材料设备

动物（猪、鸡、牛）、驱虫药（阿苯达唑、伊维菌素、胺菊酯乳油）、给药用具、称重用具、粪便检查用具、工作服、手套、胶靴、各种记录表格等。

（三）方法步骤

1. 驱虫前动物感染状态的检查 检查并记录动物的临诊症状，感染情况。根据动物种类和寄生虫种类的不同，选择并确定驱虫药的种类及用量。

2. 给药驱虫

（1）口服阿苯达唑驱蛔虫。猪禁饲一段时间后，将一定量的驱虫药，拌入饲料中投服；或者禁饮一段时间后，将面粉加入少量水中溶解，再加药粉搅拌溶解，最后加足水，将驱虫药制成混悬液让猪自由饮用。投药后3～5d内，粪便集中消毒处理。

（2）注射伊维菌素驱蛔虫。伊维菌素经皮下注射可以达到驱线虫、外寄生虫的作用。在猪、羊颈侧剪毛消毒后，按剂量皮下注入。

（3）涂擦胺菊酯乳油驱除螨。用胺菊酯乳油涂擦羊的体表，适用于畜禽体表寄生虫的驱除。

（4）胺菊酯药浴驱除体表寄生虫。主要适用于羊体表寄生虫的驱治。羊群剪毛后，选择晴朗无风的中午，羊群充足饮水后，配制好0.05%的胺菊酯药液，利用药浴池浸泡2～3min或喷淋4～6min，注意全身都要浸泡。

3. 驱虫效果评价

（1）通过对比驱虫前后的发病率与死亡率、营养状况、临诊表现、生产能力等进行效果评价。

（2）通过计算虫卵减少率、虫卵转阴率及驱虫率进行评价。

①虫卵减少率。为动物服药后粪便内某种虫卵数与服药前的虫卵数相比所下降的百分率。

$$\text{虫卵减少率}=\frac{\text{投药前 1g 粪便中某种虫卵数}-\text{投药后虫卵数}}{\text{投药前 1g 粪便中某种虫卵数}}\times 100\%$$

②虫卵转阴率。为投药后动物的某种虫感染率与比投药前感染率下降的百分率。

$$\text{虫卵转阴率}=\frac{\text{投药前某种虫感染率}-\text{投药后该虫感染率}}{\text{投药前某种虫感染率}}\times 100\%$$

为获得准确驱虫效果，粪便检查时所有器具、粪便数量以及操作方法要完全一致；根据药物作用时效，在驱虫10～15d后进行粪便检查；驱虫前后粪便检查各进行3次，取其平均数。

③粗计驱虫率（驱净率）。是投药后驱净某种虫的头数与驱虫前感染头数相比的百分率。

$$\text{粗计驱虫率}=\frac{\text{投药前动物感染数}-\text{投药后动物感染数}}{\text{投药前动物感染数}}\times 100\%$$

④精计驱虫率（驱虫率）。是试验动物投药后驱除某种虫平均数与对照动物体内平均虫数相比的百分率。

$$\text{精计驱虫率}=\frac{\text{对照动物体内平均虫数}-\text{试验动物体内平均虫数}}{\text{对照动物体内平均虫数}}\times 100\%$$

（四）考核标准

序号	考核内容	考核要点	分值	评分标准
1	驱虫前准备（20分）	驱虫前粪便检查	10	正确检查粪便中虫卵
		驱虫药物选择	5	根据寄生虫种类选择药物
		驱虫药物的配制	5	正确计算用量并配制
2	动物驱虫的实施（40分）	口服驱虫	10	实施正确
		注射驱虫	10	实施正确
		涂擦驱虫	10	实施正确
		药浴驱虫	10	实施正确
3	驱虫效果评定（30分）	临诊症状评定	10	通过临诊症状判定效果
		粪便中虫体检查	10	正确检查粪便中虫体
		虫卵减少率计算	10	正确计算虫卵减少率

（续）

序号	考核内容	考核要点	分值	评分标准
4	驱虫后的处理（10分）	驱虫后动物观察	5	观察动物驱虫后反应
		驱虫后粪便处理	5	合理处理驱虫后粪便
总分			100	

知识拓展

拓展知识一　国家动物疫病强制免疫指导意见（2022—2025年）

（一）总体要求

1. 指导思想　按照保供固安全、振兴畅循环的工作定位，立足维护养殖业发展安全、公共卫生安全和生物安全大局，坚持防疫优先，扎实开展动物疫病强制免疫，切实筑牢动物防疫屏障。

2. 基本原则　坚持人病兽防、关口前移，预防为主、应免尽免，落实完善免疫效果评价制度，强化疫苗质量管理和使用效果跟踪监测，保证“真苗、真打、真有效”。

3. 目标要求　强制免疫动物疫病的群体免疫密度应常年保持在90%以上，应免畜禽免疫密度应达到100%，高致病性禽流感、口蹄疫和小反刍兽疫免疫抗体合格率常年保持在70%以上。

（二）病种和范围

1. 高致病性禽流感　对全国所有鸡、鸭、鹅、鹌鹑等人工饲养的禽类，根据当地实际情况，在科学评估的基础上选择适宜疫苗，进行H5亚型和（或）H7亚型高致病性禽流感免疫。对供研究和疫苗生产用的家禽、进口国（地区）明确要求不得实施高致病性禽流感免疫的出口家禽，以及因其他特殊原因不免疫的，有关养殖场（户）逐级报省级农业农村部门同意后，可不实施免疫。

2. 口蹄疫　对全国有关畜种，根据当地实际情况，在科学评估的基础上选择适宜疫苗，进行O型和（或）A型口蹄疫免疫：对全国所有牛、羊、骆驼、鹿进行O型和A型口蹄疫免疫；对全国所有猪进行O型口蹄疫免疫，各地根据评估结果确定是否对猪实施A型口蹄疫免疫。

3. 小反刍兽疫　对全国所有羊进行小反刍兽疫免疫。开展非免疫无疫区建设的区域，经省级农业农村部门同意后，可不实施免疫。

4. 布鲁菌病　对种畜以外的牛羊进行布鲁菌病免疫，种畜禁止免疫。各省份根据评估情况，原则上以县为单位确定本省份的免疫区和非免疫区。免疫区内不实施免疫的、非免疫区实施免疫的，养殖场（户）应逐级报省级农业农村部门同意后实施。各省份根据评估结果，自行确定是否对奶畜免疫；确需免疫的，养殖场（户）应逐级报省级农业农村部门同意后实施。免疫区域划分和奶畜免疫等标准由省级农业农村部门确定。

5. 包虫病　内蒙古、四川、西藏、甘肃、青海、宁夏、新疆和新疆生产建设兵团等重点疫区对羊进行免疫；四川、西藏、青海等省份可使用5倍剂量的羊棘球蚴病基因工程亚单位疫苗开展牦牛免疫，免疫范围由各省份自行确定。

省级农业农村部门可根据辖区内动物疫病流行情况，对猪瘟、新城疫、猪繁殖与呼吸综合征、牛结节性皮肤病、羊痘、狂犬病、炭疽等疫病实施强制免疫。

（三）主要任务

1. 制订免疫计划　各省份按照本意见要求，结合防控实际（含计划单列市工作需求），制定本辖区的强制免疫计划，报农业农村部畜牧兽医局备案，抄送中国动物疫病预防控制中心，并在省级农业农村部门门户网站公开。对散养动物，采取春、秋两季集中免疫与定期补免相结合的方式进行，对规模养殖场（户）及有条件的地方实施程序化免疫。

2. 实行"先打后补"　各省份可采用养殖场（户）自行免疫、第三方服务主体免疫、政府购买服务等多种形式，全面推进"先打后补"工作，在2022年年底前实现规模养殖场（户）全覆盖，在2025年年底前逐步全面停止政府招标采购强制免疫疫苗。

3. 加强技术指导　中国动物疫病预防控制中心要制定国家动物疫病强制免疫技术指南，组织开展省级免疫技术师资培训。国家兽医参考实验室、专业实验室、区域实验室和各省份动物疫病预防控制中心要持续跟踪病原变化和流行趋势，为各地免疫方案的制定、疫苗的选择和更新提供技术支撑。各省份要组织做好乡镇动物防疫机构、村级防疫员及社会化服务组织的免疫技术培训。疫苗及诊断试剂供应企业要做好培训、技术服务等工作。

4. 做好免疫记录　养殖场（户）要详细记录畜禽存栏、出栏、免疫等情况，特别是疫苗种类、生产厂家、生产批号等信息。乡镇动物防疫机构、村级防疫员要做好免疫记录、按时报告，确保免疫记录与畜禽标识相符。

5. 落实报告制度　各省份按月报告疫苗采购及免疫情况。在每年3～5月、9～11月春、秋两季集中免疫期间，对免疫进展实行周报告制度。各省份要明确专人负责汇总、统计免疫信息，按时报中国动物疫病预防控制中心。

6. 评估免疫效果　各省份要加强免疫效果监测评价，坚持常规监测与随机抽检相结合，对畜禽群体抗体合格率未达到规定要求的，及时组织开展补免。对开展强制免疫"先打后补"的养殖场（户），要组织开展抽查，确保免疫效果。农业农村部将组织开展定期检查，视情况随机暗访和抽检，通报检查结果。

（四）保障措施

1. 加强组织领导　地方各级人民政府对辖区内动物防疫工作负总责，组织有关部门按照职责分工，落实强制免疫工作任务。省级农业农村部门具体组织实施强制免疫，各级动物疫病预防控制机构负责开展养殖环节强制免疫效果评价，各级承担动物卫生监督职责的机构负责监督检查养殖场（户）履行强制免疫义务情况。

2. 落实主体责任　《中华人民共和国动物防疫法》规定，饲养动物的单位和个人是免疫主体，承担免疫责任。有关单位和个人应自行开展免疫或向第三方服务主体购买免疫服务，对饲养动物实施免疫接种，并按有关规定建立免疫档案、加施畜禽标识，确保可追溯。

3. 做好经费支持　按照《财政部、农业农村部关于修订印发农业相关转移支付资金管理办法的通知》（财农〔2020〕10号）要求，对国家确定的强制免疫病种，中央财政切块下达补助资金，统筹支持各省份开展强制免疫、免疫效果监测评价、疫病监测和净化、人员防护，以及实施强制免疫计划、购买防疫服务等。

4. 开展宣传培训　各省份要充分利用各类媒体，加大国家动物疫病强制免疫政策的宣传力度，提升养殖者自主免疫意识，提高科学养殖和防疫水平。要制定动物免疫病种的免疫培训方案，定期开展技术培训，指导相关人员科学开展免疫，加强个人防护。

5. 强化监督检查　中国兽医药品监察所要加强疫苗质量监管工作，开展监督抽检，对生产企业实行督导检查。各级农业农村部门要加强对辖区内强制免疫疫苗生产企业的监督检查，督促生产企业严格执行兽药生产质量管理规范（GMP）。全面实施兽药“二维码”管理制度，加强疫苗追踪和全程质量监管，严厉打击制售假劣疫苗行为。对拒不履行强制免疫义务、因免疫不到位引发动物疫情的单位和个人，要依法处理并追究责任。

各地要密切关注动物疫病强制免疫工作进展，及时报告新问题、新变化。农业农村部将根据防控工作需要，结合各地实际，适时调整优化强制免疫有关要求并另行通知。

拓展知识二　畜禽禁用的兽药目录

（一）食品动物中禁止使用的药品及其他化合物清单（中华人民共和国农业农村部第250号公告）（表3-3）

表3-3　食品动物中禁止使用的药品及其他化合物清单

序号	药品及其他化合物名称
1	酒石酸锑钾
2	β-兴奋剂类及其盐、酯
3	汞制剂：氯化亚汞（甘汞）、醋酸汞、硝酸亚汞、吡啶基醋酸汞
4	毒杀芬（氯化烯）
5	卡巴氧及其盐、酯
6	呋喃丹（克百威）
7	氯霉素及其盐、酯
8	杀虫脒（克死螨）
9	氨苯砜
10	硝基呋喃类：呋喃西林、呋喃妥因、呋喃它酮、呋喃唑酮、呋喃苯烯酸钠
11	林丹
12	孔雀石绿
13	类固醇激素：醋酸美仑孕酮、甲基睾丸酮、群勃龙（去甲雄三烯醇酮）、玉米赤霉醇
14	安眠酮

（续）

序号	药品及其他化合物名称
15	硝呋烯腙
16	五氯酚酸钠
17	硝基咪唑类：洛硝达唑、替硝唑
18	硝基酚钠
19	己二烯雌酚、己烯雌酚、己烷雌酚及其盐、酯
20	锥虫砷胺
21	万古霉素及其盐、酯

（二）在食品动物中停止使用洛美沙星、培氟沙星、氧氟沙星、诺氟沙星4种兽药的决定（中华人民共和国农业部第2292号公告）

自2016年12月31日起，停止经营、使用用于食品动物的洛美沙星、培氟沙星、氧氟沙星、诺氟沙星4种原料药的各种盐、酯及其各种制剂。

（三）禁止在饲料和动物饮水中使用的物质（中华人民共和国农业部第1519号公告）

（1）苯乙醇胺A：β-肾上腺素受体激动剂。

（2）班布特罗：β-肾上腺素受体激动剂。

（3）盐酸齐帕特罗：β-肾上腺素受体激动剂。

（4）盐酸氯丙那林：β-肾上腺素受体激动剂。

（5）马布特罗：β-肾上腺素受体激动剂。

（6）西布特罗：β-肾上腺素受体激动剂。

（7）溴布特罗：β-肾上腺素受体激动剂。

（8）酒石酸阿福特罗：长效型β-肾上腺素受体激动剂。

（9）富马酸福莫特罗：长效型β-肾上腺素受体激动剂。

（10）盐酸可乐定：抗高血压药。

（11）盐酸赛庚啶：抗组胺药。

拓展知识三　饲养场动物防疫条件

（一）选址要求

应与生活饮用水水源地、动物诊疗场所、居民生活区、学校、医院等公共场所，道路、铁路等主要交通干线保持一定距离。

需经县级人民政府农业农村主管部门评估确认。

（二）布局要求

场区周围建有围墙；场区出入口处设置与门同宽，长4m、深0.3m以上的消毒池，或者设置消毒通道；场区出入口处单独设置人员消毒通道；生产区与生活办公区分开，并有隔离设施；生产区入口处设置更衣消毒室，各养殖栋舍出入口设置消毒池或者消毒垫；生产区内清洁道、污染道分设；生产区内各养殖栋舍之间距离在5m以上或者有隔离设施；禽类饲养场内的孵化间与养殖区之间应当设置隔离设施，并配备种蛋熏蒸消毒设施，孵化间的流程应当单向，不得交叉或者回流。

（三）设施设备要求

场区入口处配置消毒设备；生产区有良好的采光、通风设施设备；圈舍地面和墙壁选用适宜材料，以便清洗消毒；设置配备疫苗冷藏冷冻设备、消毒和诊疗等防疫设备的兽医室；配备与生产规模相适应的污水污物处理设施；配备符合国家规定的病死动物和病害动物产品无害化处理设施设备或者冷藏冷冻设施设备，以及清洗消毒设施设备；具有相对独立的引入动物隔离舍和患病动物隔离舍；具有必要的防鼠、防鸟、防虫设施。

（四）人员要求

动物饲养场应当有与其规模相适应的执业兽医或者动物防疫技术人员。患有相关人畜共患传染病的人员不得在饲养场直接从事动物疫病检测、检验、协助检疫、诊疗以及易感染动物的饲养、隔离等活动。

（五）制度要求

动物饲养场应当按规定建立免疫、用药、检疫申报、疫情报告、隔离消毒、购销台账、日常巡查、无害化处理、畜禽标识及养殖档案管理等制度。

思政园地

党的二十大报告提出，推动绿色发展，促进人与自然和谐共生。大自然是人类赖以生存发展的基本条件。尊重自然、顺应自然、保护自然，是全面建设社会主义现代化国家的内在要求。必须牢固树立和践行绿水青山就是金山银山的理念，站在人与自然和谐共生的高度谋划发展。2021年下半年，为改善农业生态环境，农业农村部、国家发展改革委联合制定了《“十四五”全国畜禽粪肥利用种养结合建设规划》，规划要求积极践行“绿水青山就是金山银山”的理念，以畜牧业绿色循环发展、耕地质量提升和农业面源污染防治为主要目标，以畜禽粪肥就地就近科学还田利用为主攻方向，支持250个畜禽养殖量较大、耕地面积较大的县，实施畜禽粪污资源化利用整县推进项目，重点改造提升粪污处理设施，建设粪肥还田利用示范基地，总结推广种养循环技术模式，逐步降低处理成本，完善利用机制，减少环境影响，带动县域粪肥就近就地利用，促进种养结合、农牧循环发展。

思考：结合家乡畜禽粪污综合利用情况，谈谈家乡环境的变化。

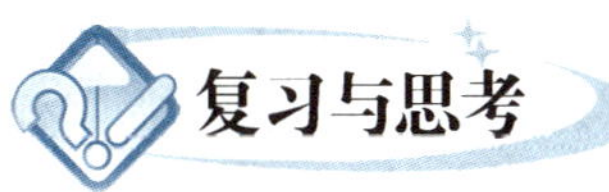

1. 根据所学知识，为肉鸡养殖场制定一个饲养周期的消毒计划。
2. 根据所学知识，为商品蛋鸡场制定新城疫的免疫程序。
3. 试分析养殖场免疫失败的原因。
4. 根据所学知识，为养猪场制定卫生管理制度。
5. 分析养猪场鼠害发生的原因，简述如何解决养猪场的鼠害。

项目四

重大动物疫情的处置

项目指南

本项目的应用：农业农村主管部门进行重大动物疫病应急预案的制定与实施；养殖场重大动物疫病防控措施的制定和实施；养殖场、兽医门诊、畜禽屠宰场、动物产品加工厂等对染疫动物及动物产品进行无害化处理。

完成本项目所需知识点：疫情报告的时限、形式和要求；隔离的实施；封锁的对象、封锁区的划分、封锁的措施及解除封锁的条件；染疫动物的扑杀；染疫动物尸体的无害化处理。

完成本项目所需技能点：根据不同的对象实施隔离；无害化处理染疫动物尸体；制定重大动物疫病应急预案。

认知与解读

动物疫情是指动物疫病发生和发展的情况，而重大动物疫情则是指一、二、三类动物疫病发生突然，迅速传播，对养殖业生产安全造成严重威胁、危害，以及可能对公众身体健康与生命安全造成危害的情形。

我国根据动物疫病对养殖业生产和人体健康的危害程度，将动物疫病分为一类、二类和三类。具体病种名录由国务院农业农村主管部门制定并公布，最新版的是2008年12月11日发布的《一、二、三类动物疫病病种名录》，共含动物疫病157种。

1. 一类动物疫病 是指口蹄疫、非洲猪瘟、高致病性禽流感等，对人、动物构成特别严重危害，可能造成重大经济损失和社会影响，需要采取紧急、严厉的强制预防、控制等措施的动物疫病。

口蹄疫、猪水疱病、猪瘟、非洲猪瘟、高致病性猪蓝耳病、非洲马瘟、牛瘟、牛传染性胸膜肺炎、牛海绵状脑病、痒病、蓝舌病、小反刍兽疫、绵羊痘和山羊痘、高致病性禽流感、新城疫、鲤春病毒血症、白斑综合征。

2. 二类动物疫病 是指狂犬病、布鲁菌病、草鱼出血病等，对人、动物构成严重危害，可能造成较大经济损失和社会影响，需要采取严格预防、控制等措施的动物

疫病。

多种动物共患病（9种）：狂犬病、布鲁菌病、炭疽、伪狂犬病、产气荚膜梭菌病（魏氏梭菌病）、副结核病、弓形虫病、棘球蚴病、钩端螺旋体病。

牛病（8种）：牛结核病、牛传染性鼻气管炎、牛恶性卡他热、牛白血病、牛出血性败血病、牛梨形虫病（牛焦虫病）、牛锥虫病、日本血吸虫病。

绵羊和山羊病（2种）：山羊病毒性关节炎-脑炎、梅迪-维斯纳病。

猪病（12种）：猪繁殖与呼吸综合征（经典猪蓝耳病）、猪乙型脑炎、猪细小病毒病、猪丹毒、猪肺疫、猪链球菌病、猪传染性萎缩性鼻炎、猪支原体肺炎、旋毛虫病、猪囊尾蚴病、猪圆环病毒病、副猪嗜血杆菌病。

马病（5种）：马传染性贫血、马流行性淋巴管炎、马鼻疽、马巴贝斯虫病、伊氏锥虫病。

禽病（18种）：鸡传染性喉气管炎、鸡传染性支气管炎、传染性法氏囊病、马立克病、产蛋下降综合征、禽白血病、禽痘、鸭瘟、鸭病毒性肝炎、鸭浆膜炎菌病、小鹅瘟、禽霍乱、鸡白痢、禽伤寒、鸡败血支原体感染、鸡球虫病、低致病性禽流感、禽网状内皮组织增殖症。

兔病（4种）：兔病毒性出血病、兔黏液瘤病、野兔热、兔球虫病。

蜜蜂病（2种）：美洲幼虫腐臭病、欧洲幼虫腐臭病。

鱼类病（11种）：草鱼出血病、传染性脾肾坏死病、锦鲤疱疹病毒病、刺激隐核虫病、淡水鱼细菌性败血症、病毒性神经坏死病、流行性造血器官坏死病、斑点叉尾鮰病毒病、传染性造血器官坏死病、病毒性出血性败血症、流行性溃疡综合征。

甲壳类病（6种）：桃拉综合征、黄头病、罗氏沼虾白尾病、对虾杆状病毒病、传染性皮下和造血器官坏死病、传染性肌肉坏死病。

3. 三类动物疫病 是指大肠杆菌病、禽结核病、鳖腮腺炎病等常见多发，对人、动物构成危害，可能造成一定程度的经济损失和社会影响，需要及时预防、控制的动物疫病。

多种动物共患病（8种）：大肠杆菌病、李氏杆菌病、类鼻疽、放线菌病、肝片吸虫病、丝虫病、附红细胞体病、Q热。

牛病（5种）：牛流行热、牛病毒性腹泻/黏膜病、牛生殖器弯曲杆菌病、毛滴虫病、牛皮蝇蛆病。

绵羊和山羊病（6种）：肺腺瘤病、传染性脓疱、羊肠毒血症、干酪性淋巴结炎、绵羊疥癣、绵羊地方性流产。

马病（5种）：马流行性感冒、马腺疫、马鼻腔肺炎、溃疡性淋巴管炎、马媾疫。

猪病（4种）：猪传染性胃肠炎、猪流行性感冒、猪副伤寒、猪密螺旋体痢疾。

禽病（4种）：鸡病毒性关节炎、禽传染性脑脊髓炎、传染性鼻炎、禽结核病。

蚕、蜂病（7种）：蚕型多角体病、蚕白僵病、蜂螨病、瓦螨病、亮热厉螨病、蜜蜂孢子虫病、白垩病。

犬猫等动物病（7种）：水貂阿留申病、水貂病毒性肠炎、犬瘟热、犬细小病毒病、犬传染性肝炎、猫泛白细胞减少症、利什曼病。

鱼类病（7种）：鮰类肠败血症、迟缓爱德华菌病、小瓜虫病、黏孢子虫病、三代虫病、指环虫病、链球菌病。

甲壳类病（2 种）：河蟹颤抖病、斑节对虾杆状病毒病。

贝类病（6 种）：鲍脓疱病、鲍立克次体病、鲍病毒性死亡病、包纳米虫病、折光马尔太虫病、奥尔森派琴虫病。

两栖与爬行类病（2 种）：鳖腮腺炎病、蛙脑膜炎败血金黄杆菌病。

根据农业部第 1950 号公告，H7N9 禽流感按二类动物疫病管理，根据第 1663 号公告，猪甲型 H1N1 流感按三类动物疫病管理。

任务一　疫情的上报

一、疫情报告制度

1. 报告疫情　疫情报告是关于疫病发生及流行情况的报告。依照《动物防疫法》《重大动物疫情应急条例》等有关规定，凡从事动物疫情监测、检验检疫、疫病研究、诊疗以及动物饲养、屠宰、经营、隔离、运输等活动的单位和个人，发现动物染疫或者疑似染疫的，应当立即向所在地农业农村主管部门或动物疫病预防控制机构报告。其他单位和个人发现动物染疫或者疑似染疫的，应当及时报告。

农业农村主管部门接到动物疫情报告后，应当及时将有关疫情信息通知同级动物疫病预防控制机构。

国家兽医参考实验室或者农业农村部指定的其他实验室发现动物染疫或者疑似染疫的，应当向农业农村部报告，并同时抄报中国动物疫病预防控制中心和中国动物卫生与流行病学中心，以及样品来源省份的省级农业农村主管部门。

任何单位和个人不得瞒报、谎报、迟报、漏报动物疫情，不得授意他人瞒报、谎报、迟报动物疫情，不得阻碍他人报告动物疫情。

2. 疫情认定　动物疫情由县级以上人民政府农业农村主管部门认定，其中重大动物疫情由省级人民政府农业农村主管部门认定。新发动物疫病和外来动物疫病疫情，以及省级人民政府农业农村主管部门无法认定的动物疫情，应当由国务院农业农村主管部门认定。

疑似为口蹄疫、高致病性禽流感等重大动物疫病，以及新发动物疫病或外来动物疫病的，县级动物疫病预防控制机构按要求将病料样品送至省级动物疫病预防控制机构确诊。省级动物疫病预防控制机构确诊后，应当将病料同时送中国动物疫病预防控制中心、国家兽医参考实验室或农业农村部指定的其他实验室作进一步病原分析和研究；省级动物疫病预防控制机构无法确诊的，送中国动物疫病预防控制中心进行确诊，或者由中国动物疫病预防控制中心组织相关兽医实验室进行确诊。

3. 疫情通报和公布　国务院农业农村主管部门向社会及时公布全国动物疫情，也可以根据需要授权省、自治区、直辖市人民政府农业农村主管部门公布本行政区域的动物疫情。

发生重大动物疫病、新发动物疫病和外来动物疫病疫情的，国务院农业农村主管部门应当及时向国务院卫生健康等有关部门和军队有关部门以及省、自治区、直辖市人民政府农业农村主管部门通报疫情的发生和处置情况。

发生人畜共患传染病疫情时，县级以上人民政府农业农村主管部门与本级人民政

府卫生健康、野生动物保护等主管部门应当及时相互通报。

国务院农业农村主管部门应当依照我国缔结或者参加的条约、协定，及时向世界动物卫生组织、联合国粮农组织等国际组织或者贸易方通报重大动物疫情的发生和处置情况。

国务院农业农村主管部门以及省、自治区、直辖市人民政府农业农村主管部门应当根据重大动物疫病、新发动物疫病的发生特点和流行规律，及时向社会发布动物疫情的预警信息。

其他单位和个人不得通过信息网络、广播、电视、报刊、书籍、讲座、论坛、报告会等方式公开发布、发表未经认定的动物疫情信息。

二、疫情报告的时限

根据《农业农村部关于做好动物疫情报告等有关工作的通知》（农医发〔2018〕22号），动物疫情报告时限分为快报、月报和年报三种。

1. 快报 是指以最快的速度将出现的重大动物疫情或疑似重大动物疫情上报有关部门，以便及时采取有效防控疫病的措施，从而最大限度地减少疫病造成的经济损失，保障人畜健康。

（1）快报对象。发生口蹄疫、高致病性禽流感、小反刍兽疫等重大动物疫情的；发生新发动物疫病或新传入动物疫病的；无规定动物疫病区、无规定动物疫病小区发生规定动物疫病的；二、三类动物疫病呈暴发流行的；动物疫病的寄主范围、致病性以及病原学特征等发生重大变化的；动物发生不明原因急性发病、大量死亡的；农业农村部规定需要快报的其他情形。

（2）快报时限。县级动物疫病预防控制机构应当在2h内将情况逐级报至省级动物疫病预防控制机构，并同时报所在地人民政府农业农村主管部门。省级动物疫病预防控制机构应当在接到报告后1h内，报本级人民政府农业农村主管部门确认后报至中国动物疫病预防控制中心。中国动物疫病预防控制中心应当在接到报告后1h内报至农业农村部畜牧兽医局。

进行快报后，县级动物疫病预防控制机构应当每周进行后续报告；疫情被排除或解除封锁、撤销疫区，应当进行最终报告。后续报告和最终报告按快报程序上报。

（3）快报内容。快报应当包括基础信息、疫情概况、疫点情况、疫区及受威胁区情况、流行病学信息、控制措施、诊断方法及结果、疫点位置及经纬度、疫情处置进展以及其他需要说明的信息等内容。

2. 月报和年报 县级以上地方动物疫病预防控制机构应当每月对本行政区域内动物疫情进行汇总，经同级人民政府农业农村主管部门审核后，在次月5日前通过动物疫情信息管理系统将上月汇总的动物疫情逐级上报至中国动物疫病预防控制中心。中国动物疫病预防控制中心应当在每月15日前将上月汇总分析结果报农业农村部畜牧兽医局。中国动物疫病预防控制中心应当于2月15日前将上年度汇总分析结果报农业农村部畜牧兽医局。

月报、年报内容包括动物种类、疫病名称、疫情县数、疫点数、疫区内易感动物存栏数、发病数、病死数、扑杀与无害化处理数、急宰数、紧急免疫数、治疗数等。

快报、月报和年报的报告时限要求做到迅速、全面、准确地进行疫情报告，能使动物防疫部门及时掌握疫情，做出判断，及时制定控制、消灭疫情的对策和措施。

三、疫情报告网络化

疫情报告网络化是我国动物防疫工作实现从传统走向现代化的一个重要标志，是新形势下加强动物防疫管理的一项重要举措。利用计算机网络和动物防疫网络化系统软件逐级上报动物疫情应逐渐成为疫情报告的主要形式。

县级动物疫病预防控制机构人员认真收集、汇总乡（镇）畜牧兽医管理部门报告的动物疫情，按规定及时录入并进行传输，同时填写动物疫情报表，并存档。地（市）级动物卫生监督机构疫情管理人员每天检查核实本地（市）所辖县上传的动物疫情，填写动物疫情报表，并存档。

口蹄疫、高致病性禽流感等重大疫情报告不通过网络传输，而是用手工报送的方式，逐级快报至上级防控重大动物疫病指挥部。

任务二　隔离的实施

一、隔离的意义

隔离是指将传染源置于不能将疫病传染给其他易感动物的条件下，将疫情控制在最小范围内，便于管理消毒，中断流行过程，就地扑灭疫情，是控制扑灭疫情的重要措施之一。

在发生动物疫病时，首先对动物群进行疫病监测，查明动物群感染的程度，逐头（只）检查临诊症状，必要时进行血清学和免疫学诊断。根据疫病监测的结果，一般将全群动物分为染疫动物、可疑感染动物和假定健康动物三类，分别采取不同的隔离措施。

二、染疫动物的隔离

染疫动物的隔离

染疫动物包括有发病症状或其他方法检查呈阳性的动物。它们随时可将病原体排出体外，污染外界环境，包括地面、空气、饲料甚至水源等，是危险性最大的传染源，应选择不易散播病原体、消毒处理方便的场所进行隔离。

染疫动物需要专人饲养和管理，加强护理，严格对污染的环境和污染物消毒，搞好圈舍卫生，根据动物疫病情况和国家相关规定进行治疗或扑杀。同时在隔离场所内禁止闲杂人员出入，隔离场所内的用具、饲料、粪便等未经消毒的不能运出。隔离期依该病的传染期而定。

三、可疑感染动物的隔离

可疑感染动物指在检查中未发现任何临诊症状，但与染疫动物或其污染的环境有过明显的接触，如同群、同圈，使用共同的水源、用具等。这类动物有可能处于疫病的潜伏期，有向体外排出病原体的危险。

对可疑感染动物，应经消毒后另选地方隔离，限制活动，详细观察，及时再分类。若出现症状者立即转为染疫动物处理。经过该病一个最长潜伏期仍无症状者，可

取消隔离。隔离期间，在密切观察被检动物的同时，要做好防疫工作，对人员出入隔离场要严格控制，防止扩散疫情。

四、假定健康动物的隔离

除上述两类外，疫区内其他易感动物都属于假定健康动物。对假定健康动物应限制其活动范围并采取保护措施，严格与上述两类动物分开饲养管理，并进行紧急免疫接种或药物预防。同时注意加强防疫卫生消毒措施。经过该病一个最长潜伏期仍无症状者，可及时取消隔离。

采取隔离措施时应注意，仅靠隔离不能扑灭疫情，需要与其他防疫措施相配合。

任务三 封锁的实施

当发生某些重要疫病时，在隔离的基础上，针对疫源地采取封闭措施，防止疫病由疫区向安全区扩散，这就是封锁。封锁是消灭疫情的重要措施之一。

由于封锁区内各项活动基本处于与外界隔绝的状态，不可避免地要对当地的生产和生活产生很大影响，故该措施必须严格依照《动物防疫法》执行。

一、封锁的对象和原则

1. 封锁的对象 根据《动物防疫法》，封锁的对象是国家规定的一类动物疫病、呈暴发性流行时的二类和三类动物疫病。

2. 封锁的原则 执行封锁时应掌握“早、快、严”的原则。“早”是指加强疫情监测，做到“早发现、早诊断、早报告、早确认”，确保疫情的早期预警预报；“快”是指健全应急反应机制，及时处置突发疫情；“严”是指规范疫情处置，做到坚决果断，全面彻底，严格处置，确保疫情控制在最小范围，确保疫情损失减到最小。

二、封锁的程序

发生需要封锁的疫情时，所在地县级以上地方人民政府农业农村主管部门应当立即派人到现场，划定疫点、疫区、受威胁区，调查疫源，及时报请本级人民政府对疫区实行封锁。

县级或县级以上地方人民政府发布和解除封锁令，疫区范围涉及两个以上行政区域的，由有关行政区域共同的上一级人民政府对疫区实行封锁，或者由各有关行政区域的上一级人民政府共同对疫区实行封锁。必要时，上级人民政府可以责成下级人民政府对疫区实行封锁。

三、封锁区域的划分

封锁区域的划分

为扑灭疫病采取封锁措施而划出的一定区域，称为封锁区。农业农村主管部门根据规定及扑灭疫情的实际，结合该病流行规律、当时流行特点、动物分布、地理环境、居民点以及交通条件等具体情况划定疫点、疫区和受威胁区（图 4-1）。

1. 疫点 疫点指发病动物所在的地点，一般是指发病动物所在的养殖场（户）、养殖小区或其他有关的屠宰加工、经营单位。如为农村散养户，则应将发病动物所在

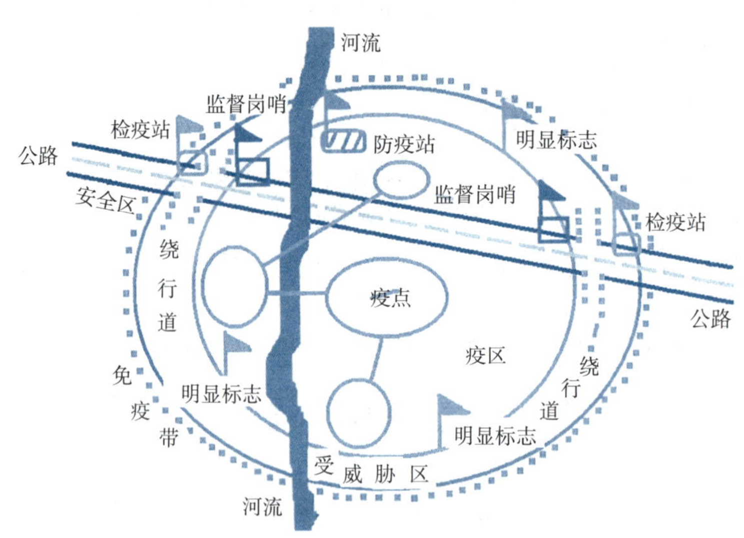

图 4-1 封锁区域的划分

的自然村划为疫点；放牧的动物以发病动物所在的牧场及其活动场所为疫点；动物在运输过程中发生疫情，以运载动物的车、船、飞行器等为疫点；在市场发生疫情，则以发病动物所在市场为疫点。

2. 疫区 疫区是疫病正在流行的地区，范围比疫点大，一般将由疫点边缘向外延伸 3km 的区域划为疫区。但不同的动物疫病，其划定的疫区范围也不尽相同，如猪链球菌病为 1km。疫区划分时注意考虑当地的饲养环境和天然屏障，如河流、山脉等。

3. 受威胁区 受威胁区指疫区周围疫病可能传播到的地区，一般指疫区外延 5km 范围内的区域。不同的动物疫病，其划定的受威胁区范围也不相同，如口蹄疫、小反刍兽疫等为 10km。

四、封锁措施

封锁措施

县级或县级以上地方人民政府发布封锁令后，应当启动相应的应急预案，立即组织有关部门和单位针对疫点、疫区和受威胁区采取强制性措施，迅速扑灭疫病，并通报毗邻地区。

1. 疫点内措施 扑杀并销毁疫点内所有的染疫动物和易感动物及其产品，对动物的排泄物及被污染的饲料、垫料、污水等进行无害化处理，对被污染的物品、交通工具、用具、饲养环境进行彻底消毒。

对发病期间及发病前一定时间内（高致病性禽流感为发病前 21d，口蹄疫为发病前 14d）售出的动物及易感动物进行追踪，并做扑杀和无害化处理。

2. 疫区边缘措施 在疫区周围设置警示标志，在出入疫区的交通路口设置动物检疫消防检查站，执行监督检查任务，对出入的人员和车辆进行消毒。

3. 疫区内措施 扑杀并销毁染疫动物和疑似染疫动物及其同群动物，销毁染疫动物和疑似染疫的动物产品，对其他易感动物实行圈养或者在指定地点放养，役用动物限制在疫区内使役；对圈舍、动物排泄物、垫料、污水和其他可能受污染的物品、

场地，进行消毒或者无害化处理。

对易感动物进行监测，并实施紧急免疫接种，必要时对易感动物进行扑杀。

关闭动物及动物产品交易市场，禁止动物进出疫区和动物产品运出疫区。

4. 受威胁区内措施 对所有易感动物进行紧急免疫接种，建立“免疫带”，防止疫情扩散。加强疫情监测和免疫效果检测，掌握疫情动态。

五、封锁的解除

自疫区内最后一头（只）发病动物及其同群动物处理完毕起，经过该病一个最长的潜伏期以上的监测，未出现新的病例的，终末消毒后，经上一级农业农村主管部门组织验收合格，由原发布封锁令的地方人民政府宣布解除封锁，撤销疫区。由原批准机关撤销在该疫区设立的临时动物检疫消毒站。

由于动物疫病的潜伏期不尽相同，农业部于2007年发布了《关于印发〈高致病性禽流感防治技术规范〉等14个动物疫病防治技术规范的通知》，对撤销疫点、疫区、受威胁区的条件和解除疫区封锁作出了具体规定。

疫区解除封锁后，要继续对该区域进行疫情监测，如高致病性禽流感疫区解除封锁后6个月内未发现新病例，即可宣布该次疫情被扑灭。

任务四 染疫动物的扑杀

扑杀就是将患有严重危害人畜健康疫病的染疫动物（有时包括疑似染疫动物及其同群动物）及缺乏有效的治疗办法或者无治疗价值的患病动物进行人为致死并无害化处理，以防止疫病扩散，把疫情控制在最小的范围内。扑杀是迅速、彻底消灭传染源的一种有效手段。

一、扑杀前的准备

扑杀前的准备工作包括扑杀文件的起草和公布，扑杀方法、扑杀地点、扑杀顺序的选择，准备需要的人力和设施、器具、资金等。

1. 人员培训 扑杀染疫动物应由经过专业培训的人员来进行，扑杀人员需要掌握动物防疫专业知识和动物扑杀技术，清楚扑杀染疫动物可能给有关人员带来的影响。

2. 扑杀场地选择 选择扑杀场地遵循因地制宜原则。需考虑下列因素：扑杀场地远离生活饮用水源地、动物饲养场、养殖小区和城镇居民区、文化教育科研等人口集中区域及公路、铁路等主要交通干线，保证公共卫生安全；靠近尸体处理场所；现场有可利用的设施；现场便于消毒；避免公众和媒体的注意。农村散养户发生疫情需要扑杀时，由于每户饲养数量少，可以就近扑杀销毁。

3. 扑杀顺序安排 一般首先扑杀染疫动物，再扑杀同群动物，最后扑杀其他易感动物。扑杀其他易感动物时，按其易感染性大小的顺序扑杀，即最易感的动物先扑杀。

二、扑杀的方法

按照《动物防疫法》和农业农村部相关重大动物疫病处置技术规范，必须采用不放血方法将染疫动物致死后才能进行无害化处理。实际工作中应选用简单易行、干净彻底、低成本的无血扑杀方法。

1. 电击法 利用电流对机体的破坏作用，达到扑杀染疫动物的目的。适合于猪、牛、羊、马属动物等大中型动物的扑杀。

电击法不需要将动物进行保定，提高了扑杀效率；所需工具简单，扑杀时间短，经济适用，适合于大规模的扑杀。但该方法具有危险性，需要专业人员操作。

2. 毒药灌服法 应用毒性药物灌服致死。适合于猪、牛、羊、马属动物等大中型动物的扑杀。该方法所用的药物毒性大，需专人保管。

静脉注射法扑杀染疫马

3. 静脉注射法 用静脉输液的办法将消毒药、安定药、毒药输入动物体内，从杀灭病原的角度看，静脉输入消毒药是很理想的方法。适合扑杀牛、羊、马属动物等染疫动物。该方法需要对动物进行可靠的保定，所需时间长，只适合于少量动物的扑杀。

4. 心脏注射法 心脏注射最好选用消毒药，也可选用毒药。目的是消毒药随血循环进入大动脉内和小动脉及组织中，杀灭体液及组织中的病原体，破坏肉质，与焚烧深埋相结合，可有效地防止人为再利用现象。牛、马属动物等大型动物先麻醉，再心脏注射；猪、羊等中小型动物直接保定进行心脏注射。该方法需要保定动物，所需时间长，适合于少量动物的扑杀。

5. 窒息法（二氧化碳法） 适合扑杀家禽类，是世界动物卫生组织推荐的人道扑杀方法。先将待扑杀禽只装入袋中，置入密封车或其他密封容器内，通入二氧化碳窒息致死；或将禽只装入密封袋中，通入二氧化碳窒息致死。该方法具有安全、无二次污染、劳动量小、成本低廉等特点。

6. 扭颈法 适用于扑杀少量禽类。根据禽只大小，一只手握住头部，另一只手握住体部，朝相反方向扭转拉伸，使颈部脱臼，阻断呼吸和大脑供血。

任务五　染疫动物尸体的处理

染疫动物尸体含有大量病原体，如果不及时合理处理，就会污染外界环境，引起其他动物甚至人发病。因此，及时合理处理染疫动物尸体，在动物疫病的防控和维护公共卫生方面都有重要意义。

处理染疫动物尸体要按照《动物防疫法》和《病死及病害动物无害化处理技术规范》（农医发〔2017〕25 号）进行无害化处理。

一、无害化处理场所选址要求

无害化处理场所的选址对于地区的生物安全极为重要。要求距离动物养殖场、养殖小区、种畜禽场、动物屠宰加工场所、动物隔离场所、动物诊疗场所、动物和动物产品集贸市场、生活饮用水源地 3 000m 以上，距离城镇居民区、文化教育科研等人口集中区域及公路、铁路等主要交通干线 500m 以上。

二、染疫动物尸体的收集运输

1. 尸体包装 染疫动物尸体要严密包装，包装材料应符合密闭、防水、防渗、防破

损、耐腐蚀等要求。使用后，一次性包装材料应作销毁处理，可循环使用的包装材料应进行清洗消毒。

2. 尸体暂存　采用冷冻或冷藏方式进行暂存。暂存场所设置明显警示标识，能防水、防渗、防鼠、防盗，易于清洗和消毒。

3. 尸体运输　选择符合《医疗废物转运车技术要求（试行）》（GB 19217—2003）的专用车辆或封闭厢式车辆作为染疫动物尸体的运输工具，车厢四壁及底部应使用耐腐蚀材料，采取防渗措施，车辆最好安装制冷设备，应加施明显标识，并加装车载定位系统，记录转运时间和路径等信息。车辆驶离暂存、养殖等场所前，应对车轮及车厢外部进行消毒。运载车辆应尽量避免进入人口密集区。若运输途中发生渗漏，应重新包装、消毒后运输。卸载后，应对运输车辆及相关工具等进行彻底清洗消毒。

三、工作人员的防护

染疫动物尸体的收集、暂存、装运、无害化处理操作的工作人员应经过专门培训，掌握相应的动物防疫知识。操作过程中应穿戴防护服、口罩、护目镜、胶鞋及手套等防护用具。工作完毕后，应对一次性防护用品作销毁处理，对循环使用的防护用品消毒处理。

四、染疫动物尸体的处理方法

染疫动物尸体无害化处理，是指用物理、化学等方法处理染疫动物尸体及相关动物产品，消灭其所携带的病原体，消除动物尸体危害的过程。常用的方法有焚烧法、化制法、高温法、掩埋法、硫酸分解法、发酵法等。

（一）焚烧法

焚烧法是指在焚烧容器内，使动物尸体及相关动物产品在富氧或无氧条件下进行氧化反应或热解反应的方法。

1. 适用对象

（1）国家规定的染疫动物及其产品、病死或者死因不明的动物尸体。

（2）屠宰前确认的病害动物、屠宰过程中经检疫或肉品品质检验确认为不可食用的动物产品。

（3）国家规定的其他应当进行无害化处理的动物及动物产品。

2. 焚烧方法

（1）生物焚尸炉法。生物焚尸炉是一种高效无害化处理系统，它安全、处理完全、污染小，但建造和运行成本高，缺乏可移动性。

染疫动物尸体焚烧法

①直接焚烧法。将动物尸体及相关动物产品或破碎产物，投至焚烧炉本体燃烧室，经充分氧化、热解，产生的高温烟气进入二燃室继续燃烧，产生的炉渣经出渣机排出。焚烧炉渣与除尘设备收集的焚烧飞灰应分别收集、贮存和运输。焚烧炉渣按一般固体废物处理；焚烧飞灰和其他尾气净化装置收集的固体废物如属于危险废物，则按危险废物处理。

②炭化焚烧法。将动物尸体及相关动物产品投至热解炭化室，在无氧情况下经充分热解，产生的热解烟气进入燃烧（二燃）室继续燃烧，产生的固体炭化物残渣经热解炭化室排出。烟气经过热解炭化室热能回收后，经过湿式冷却塔进行“急冷”和

“脱酸”后进入烟气净化系统处理，最后达标后排放。

（2）焚尸坑法。无生物焚尸炉或者大量动物尸体需要焚烧处理时，可采用焚尸坑法。此法缺点是易造成环境污染。

焚烧时，先在地面上挖“十”字形沟（如图 4－2，沟长约 2.6m，宽 0.6m，深 0.5m），在沟的底部放木柴和干草作引火用，于十字沟交叉处铺上横木，将尸体放在横木上，在尸体和木柴上浇上柴油或汽油点燃，直至将尸体烧成黑炭为止，最后就地埋在坑内。除十字坑外，也可用单坑焚烧（图 4－3）。

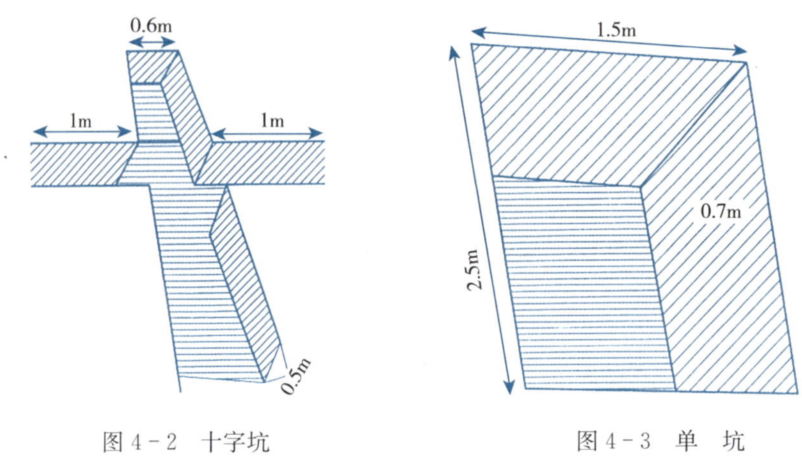

图 4－2　十字坑　　　　图 4－3　单　坑

（二）化制法

染疫动物尸体化制法

化制法是指在密闭的高压容器内，通过向容器夹层和容器内通入高温饱和蒸汽，在干热、压力或高温、压力的作用下，处理动物尸体及相关动物产品的方法。化制流程见图 4－4。

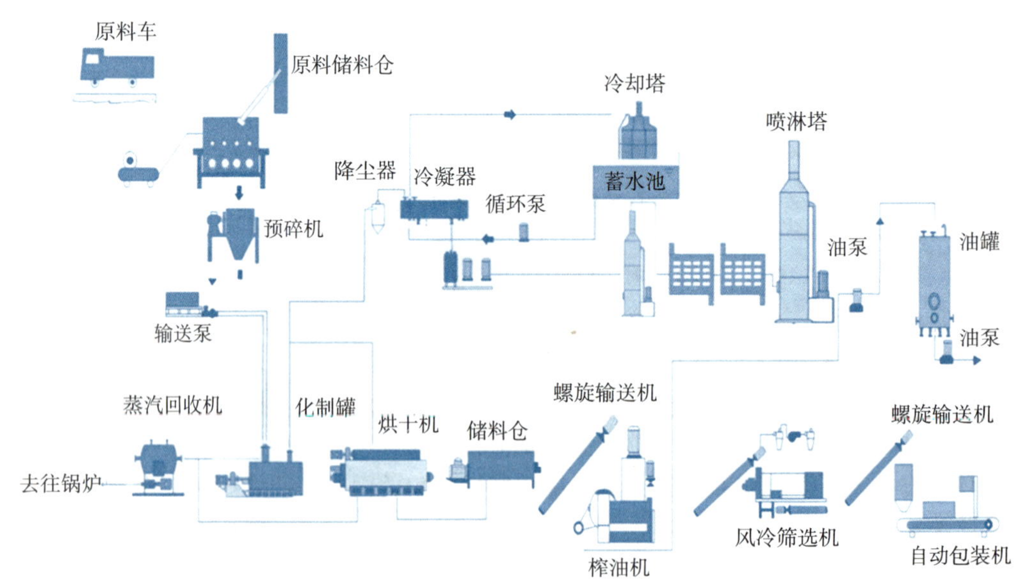

图 4－4　动物尸体化制流程

1. 适用对象 除患有炭疽等芽孢杆菌类疫病、牛海绵状脑病、痒病的染疫动物及产品的处理，其他适用对象同焚烧法。

2. 化制方法 分干化和湿化两种。利用干化机和湿化机，将原料分类，分别投入化制。

（1）干化法。是将病死动物尸体及相关动物产品碎化处理后输送至密闭容器内，在不断搅拌的同时，通过在夹层导入高温循环热源对尸体进行高温高压灭菌处理的工艺技术，处理过程中热源不直接接触病死动物尸体，利用动物体内水分加热汽化产生压力，化制完成后通过真空干燥、脱脂、冷却、粉碎等工序，最终得到肉骨粉干品和工业用油脂等。

干化法具有处理速度快、灭菌完全彻底、高度自动化、劳动强度低、处理过程环保、无有害废物排放、废弃物利用率高等特点。

（2）湿化法。是利用高压饱和蒸汽直接与尸体组织接触，当蒸汽遇到尸体而凝结为水时，放出大量热能，可使油脂熔化和蛋白质凝固，同时借助于高温与高压，将病原体完全杀灭。动物尸体经湿化后可熬成工业用油，同时产生的残渣可制成骨粉或肥料。

湿化法具有杀菌完全彻底，处理成本低，操作简单，废弃物利用率高等优点；缺点是产生废水较多。

（三）高温法

高温法是指常压状态下，在封闭系统内利用高温处理病死及病害动物和相关动物产品的方法。

1. 适用对象 同化制法适用对象。

2. 处理方法 将病死动物尸体及相关动物产品碎化处理后输送至密闭容器内，与容器内油脂混合，容器夹层经导热油或其他介质加热。常压状态下，维持容器内部温度≥180℃，持续时间≥2.5h（具体处理时间随处理物种类和体积大小而设定）。加热产生的热蒸汽经废气处理系统后排出，动物尸体残渣传输至压榨系统处理。

（四）掩埋法

掩埋法是指按照相关规定，将病死及病害动物和相关动物产品投入化尸窖或深埋坑中并覆盖、消毒，处理动物尸体及相关动物产品的方法。

1. 适用对象 除患有炭疽等芽孢杆菌类疫病、牛海绵状脑病以及痒病以外的染疫动物及动物产品。

2. 掩埋方法

（1）深埋法。掩埋坑容积以实际处理动物尸体数量确定，坑底应高出地下水位1.5m以上，坑底撒一层厚度为2～5cm的生石灰或氯制剂等消毒药。动物尸体最上层距离地表1.5m以上，再铺2～5cm生石灰或氯制剂等消毒药，覆土厚度不少于1～1.2m。掩埋后，立即用消毒药对掩埋场所进行1次彻底消毒，以后定期巡查消毒。

染疫动物尸体深埋法

该法适合发生动物疫情或自然灾害等突发事件时病死及病害动物的应急处理，以及边远和交通不便地区零星病死畜禽的处理。但由于其无害化过程缓慢，某些病原微生物能长期生存。

（2）化尸窖法。化尸窖应防渗防漏，投放动物尸体后，要及时对投置口及化尸窖周边环境进行消毒。当化尸窖内动物尸体达到容积的 3/4 时，应停止使用并密封。动物尸体完全分解后，对残留物进行清理，清理出的残留物进行焚烧或者掩埋处理，进行彻底消毒后，化尸窖方可重新启用。

该法具有投资少、建设速度快、投料使用方便、检修清理方便、运行费用低等优点。

（五）硫酸分解法

硫酸分解法是指在密闭的容器内，将病死及病害动物和相关动物产品用硫酸在一定条件下进行分解的方法。

1. 适用对象 同化制法适用对象。

2. 处理方法 将病死动物尸体及相关动物产品碎化处理后投至耐酸的水解罐中，按每吨处理物加入水 150～300kg、98%的浓硫酸 300～400kg（具体加入水和浓硫酸量随处理物的含水量而设定）。加热使水解罐内温度升至 100～108℃，维持压力≥0.15MPa，反应时间≥4h，至罐体内的病死及病害动物和相关动物产品完全分解为液态。

该法使用的强酸应按国家危险化学品安全管理、易制毒化学品管理有关规定执行，操作人员应做好个人防护。

（六）发酵法

发酵法是指将动物尸体及相关动物产品与稻糠、木屑等辅料按要求摆放，利用动物尸体及相关动物产品产生的生物热或加入特定生物制剂，发酵或分解动物尸体及相关动物产品的方法。主要分为条垛式和发酵池式两种方法。

因重大动物疫病及人畜共患病死亡的动物尸体和相关动物产品不得使用此种方式进行处理。

该法具有投资少、动物尸体处理速度快、运行管理方便等优点，但发酵过程产生恶臭气体，要有废气处理系统。

任务六 重大动物疫情应急预案的制定

重大动物疫情应急预案就是在突然发生重大动物疫情时，及时有效地预防、控制和扑灭突发重大动物疫情的综合性工作预案。

重大动物疫病可能突然发生，往往会造成畜牧业生产严重损失和社会公众健康严重损害。制定动物疫病应急预案，做好人员、技术、物资和设备的应急储备工作，一旦发生重大动物疫情，可以按照既定的方案，迅速动员一切资源，依照有关法律、法规，统一领导、分工协作，及时控制和扑灭疫情，最大限度地保障人民身体健康、减少经济损失。因此，制定动物疫病应急预案，是有备无患，对控制和扑灭动物疫情，具有重大意义。

制定重大动物疫情应急预案要依据《动物防疫法》《国家突发重大动物疫情应急预案》《进出境动植物检疫法》和《国家突发公共事件总体应急预案》等法律法规，并充分考虑动物疫病的多样性、复杂性。

一、应急组织体系及职责

农业农村部在国务院统一领导下，负责组织、协调全国突发重大动物疫情应急处

理工作。县级以上地方人民政府农业农村主管部门在本级人民政府统一领导下，负责组织、协调本行政区域内突发重大动物疫情应急处理工作。

一般设立应急指挥机构、日常管理机构、专家委员会和应急处理机构等。

二、动物疫情分级

根据动物疫情的性质、危害程度、涉及范围，将突发重大动物疫情划分为特别重大（Ⅰ级）、重大（Ⅱ级）、较大（Ⅲ级）和一般（Ⅳ级）四级。

1. 特别重大动物疫情（Ⅰ级） 高致病性禽流感在21d内，有10个以上区县连片发生疫情；口蹄疫在14d内，5个以上省份发生严重疫情，且疫区连片；动物暴发疯牛病等人畜共患病感染到人，并继续大面积扩散蔓延；农业农村部认定的其他特别重大动物疫情。

2. 重大动物疫情（Ⅱ级） 高致病性禽流感在21d内，有20个以上疫点或者5个以上、10个以下区县连片发生疫情；口蹄疫在14d内，有5个以上区县发生疫情，或有新亚型口蹄疫出现并发生疫情；在一个平均潜伏期内，猪瘟、新城疫疫点数达到30个以上；我国已消灭的牛瘟、牛肺疫等动物疫病又有发生，或我国尚未发生的疯牛病、非洲马瘟等疫病传入或者发生；在一个平均潜伏期内，布鲁菌病、结核病、猪链球菌病、狂犬病、炭疽等二类动物疫病呈暴发流行，或其中的人畜共患病发生感染人的病例，并有继续扩散的趋势；农业农村部或市级农业农村主管部门认定的其他重大动物疫情。

3. 较大动物疫情（Ⅲ级） 高致病性禽流感在21d内，2个以上区县发生疫情，或疫点数达到3个以上；口蹄疫在14d内，2个以上区县发生疫情，或疫点数达到5个以上；在一个平均潜伏期内，5个以上区县发生猪瘟、新城疫疫情，或疫点数达到10个以上；在一个平均潜伏期内，5个以上区县有布鲁菌病、结核病、狂犬病、猪链球菌病、炭疽等二类动物疫病暴发流行；高致病性禽流感、口蹄疫、炭疽等高致病性病原微生物菌种、毒种发生丢失；市级农业农村主管部门认定的其他较大动物疫情。

4. 一般动物疫情（Ⅳ级） 高致病性禽流感、口蹄疫、猪瘟、新城疫疫情在1个区县内发生；布鲁菌病、结核病、狂犬病、猪链球菌病、炭疽等以及其他二、三类动物疫病在1个区县内呈暴发流行；市或区、县农业农村主管部门认定的其他一般动物疫情。

三、重大动物疫情的监测、预警、报告

主要内容包括疫情报告，疫情调查和确认，疫点、疫区和受威胁区的划定，隔离封锁，消毒，免疫接种，发病及死亡动物的无害化处理，易感动物的处理，隔离封锁的解除，疫情信息的管理与发布等。

1. 监测 国家建立突发重大动物疫情监测、报告网络体系。农业农村部和地方各级人民政府农业农村主管部门要加强对监测工作的管理和监督，保证监测质量。

2. 预警 国务院农业农村主管部门和省、自治区、直辖市人民政府农业农村主管部门根据动物疫病预防控制机构提供的监测信息，按照重大动物疫情的发生、发展规律和特点，分析其危害程度、可能的发展趋势，及时做出相应级别的预警，依次用红色、橙色、黄色和蓝色表示特别严重、严重、较重和一般四个预警级别。

3. 报告 任何单位和个人有权向各级人民政府及其有关部门报告突发重大动物疫情及其隐患，有权向上级政府部门举报不履行或者不按照规定履行突发重大动物疫情应急处理职责的部门、单位及个人。

四、突发重大动物疫情的应急响应

突发重大动物疫情应急处理要采取边调查、边处理、边核实的方式，有效控制疫情发展。

1. 特别重大突发动物疫情（Ⅰ级）的应急响应 县级以上各级地方人民政府发布封锁令，对疫区实施封锁；在本行政区域内采取限制或者停止动物及动物产品交易、扑杀染疫或相关动物，临时征用房屋、场所、交通工具；封闭被动物疫病病原体污染的公共饮用水源等紧急措施；组织铁路、交通、民航、质检等部门依法在交通站点设置临时动物防疫监督检查站，对进出疫区、出入境的交通工具进行检查和消毒；按国家规定做好信息发布工作；组织乡镇、街道、社区以及居委会、村委会，开展群防群控；组织有关部门保障商品供应，平抑物价，严厉打击造谣传谣、制假售假等违法犯罪和扰乱社会治安的行为，维护社会稳定。

2. 重大突发动物疫情（Ⅱ级）的应急响应 省级人民政府根据省级人民政府农业农村主管部门的建议，启动应急预案，统一领导和指挥本行政区域内突发重大动物疫情应急处理工作。组织有关部门和人员扑灭疫情；紧急调集各种应急处理物资、交通工具和相关设施设备；发布或督导发布封锁令，对疫区实施封锁；依法设置临时动物防疫监督检查站查堵疫源；限制或停止动物及动物产品交易，扑杀染疫或相关动物；封锁被动物疫源污染的公共饮用水源等；按国家规定做好信息发布工作；组织乡镇、街道、社区及居委会、村委会，开展群防群控；组织有关部门保障商品供应，平抑物价，维护社会稳定。必要时，可请求中央予以支持，保证应急处理工作顺利进行。

3. 较大突发动物疫情（Ⅲ级）的应急响应 市（地）级人民政府根据本级人民政府农业农村主管部门的建议，启动应急预案，采取相应的综合应急措施。必要时，可向上级人民政府申请资金、物资和技术援助。

4. 一般突发动物疫情（Ⅳ级）的应急响应 县级地方人民政府根据本级人民政府农业农村主管部门的建议，启动应急预案，组织有关部门开展疫情应急处置工作。

五、突发重大动物疫情应急响应的终止

突发重大动物疫情应急响应终止的条件是，疫区内所有的动物及其产品按规定处理后，经过该疫病的至少一个最长潜伏期无新的病例出现。

特别重大突发动物疫情由农业农村部对疫情控制情况进行评估，提出终止应急措施的建议，按程序报批宣布。

重大突发动物疫情由省级人民政府农业农村主管部门对疫情控制情况进行评估，提出终止应急措施的建议，按程序报批宣布，并向农业农村部报告。

较大突发动物疫情由市（地）级人民政府农业农村主管部门对疫情控制情况进行评估，提出终止应急措施的建议，按程序报批宣布，并向省级人民政府农业农村主管部门报告。

一般突发动物疫情由县级人民政府农业农村主管部门对疫情控制情况进行评估，

提出终止应急措施的建议，按程序报批宣布，并向上一级和省级人民政府农业农村主管部门报告。

上级人民政府农业农村主管部门及时组织专家对突发重大动物疫情应急措施终止的评估提供技术指导和支持。

六、突发重大动物疫情应急处置的保障

突发重大动物疫情发生后，县级以上地方人民政府应积极协调有关部门，做好突发重大动物疫情处理的应急保障工作。

1. 通信与信息保障 县级以上指挥部应将车载电台、对讲机等通信工具纳入紧急防疫物资储备范畴，按照规定做好储备保养工作。

2. 应急资源与装备保障 县级以上各级人民政府要建立突发重大动物疫情应急处理预备队伍，具体实施扑杀、消毒、无害化处理等疫情处理工作；运输部门要优先安排紧急防疫物资的调运；卫生主管部门负责开展重大动物疫病（人畜共患病）的人间监测，做好有关预防保障工作；公安部门、武警部队要协助做好疫区封锁和强制扑杀工作，做好疫区安全保卫和社会治安管理；各级农业农村主管部门建立紧急防疫物资储备库，储备足够的药品、疫苗、诊断试剂、器械、防护用品、交通及通信工具，并及时通报疫情，积极配合卫生部门开展工作；各级财政部门为突发重大动物疫病防治工作提供合理而充足的资金保障。

3. 技术储备与保障 建立重大动物疫病防治专家委员会，负责疫病防控策略和方法的咨询，参与防控技术方案的策划、制定和执行。

设置重大动物疫病的国家参考实验室，开展动物疫病诊断技术、防治药物、疫苗等的研究，做好技术和相关储备工作。

4. 培训和演习 各级农业农村主管部门要对重大动物疫情处理预备队成员进行系统培训。在没有发生突发重大动物疫情状态下，农业农村部每年要有计划地选择部分地区举行演练，确保预备队扑灭疫情的应急能力。地方政府可根据资金和实际需要的情况，组织训练。

5. 社会公众的宣传教育 县级以上地方人民政府应组织有关部门利用广播、影视、报刊、互联网、手册等多种形式对社会公众广泛开展突发重大动物疫情应急知识的普及教育，宣传动物防疫科普知识，指导群众以科学的行为和方式对待突发重大动物疫情。要充分发挥有关社会团体在普及动物防疫应急知识、科普知识方面的作用。

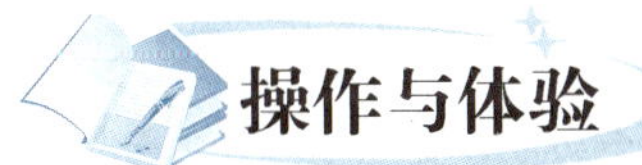

技能 动物尸体的深埋处理

（一）技能目标

（1）提高防疫意识，明确无害化处理染疫动物尸体在防控动物疫病和维护公共卫生方面的重要意义。

（2）掌握运送染疫动物尸体的方法。

（3）掌握动物尸体深埋法。

（二）材料设备

喷雾器、工作服、工作帽、胶靴、手套、口罩、氢氧化钠、二氯异氰尿酸钠、生石灰、运送动物尸体的车辆。

（三）方法步骤

1. 预约 预约大型养猪场，学生提前半小时到达，听养殖场防疫员讲解注意事项。穿戴工作服、口罩、风镜、胶鞋及手套。

2. 动物尸体运送 尸体放入动物装尸袋内，尸体躺过的地方，用消毒液喷洒消毒。运送动物尸体的车辆装前卸后要消毒，工作人员用过的手套、衣物及胶鞋均严格消毒。

3. 选择深埋地点 距离动物养殖场、养殖小区、种畜禽场、动物屠宰加工场所、动物隔离场所、动物诊疗场所、动物和动物产品集贸市场、生活饮用水源地 3 000m 以上，距离城镇居民区、文化教育科研等人口集中区域及公路、铁路等主要交通干线 500m 以上。

4. 尸体深埋步骤

（1）挖坑。坑的大小取决于所掩埋动物的多少，深度应尽可能地深（底部必须高出地下水位 1.5m 以上），坑壁应垂直。

（2）坑底处理。要防渗漏，坑底撒一层厚度为 2～5cm 的生石灰或二氯异氰尿酸钠。

（3）入坑掩埋。将动物尸体连同包装物及污染物一起投入坑内。先用 40cm 土层掩盖尸体，然后放入厚度为 2cm 的生石灰或二氯异氰尿酸钠，再覆土掩埋，覆盖土层应不少于1～1.2m。

（4）平整地面。将掩埋场地面整平，并使其稍高于周边地面。

（5）深埋场所消毒。掩埋后，立即用二氯异氰尿酸钠或氢氧化钠等对掩埋场所进行 1 次彻底消毒。

（6）设置标识。掩埋场地应设立明显地标。

（7）场地检查。应对掩埋场地进行定期检查，以便及时发现问题和采取相应措施。

（四）考核标准

序号	考核内容	考核要点	分值	评分标准
1	动物尸体运送（30 分）	尸体包装	10	方法正确
		车辆消毒	10	方法正确，消毒彻底
		尸体污染场所消毒	10	方法正确，消毒彻底
2	尸体深埋（60 分）	选择深埋地点	10	选址符合要求
		挖坑	10	大小、深浅合适
		坑底处理	10	防渗漏，撒消毒剂
		入坑掩埋	20	覆土、消毒正确
		深埋后处理	10	设置标识，消毒
3	安全意识（10 分）	个人消毒、防护	10	按要求穿戴防护用品
总分			100	

拓展知识 世界动物卫生组织（WOAH）疫病、感染及侵染名录

1. 多种动物共患传染病和寄生虫病(26种) 炭疽、蓝舌病、布鲁菌病（流产布鲁菌）、布鲁菌病（马耳他布鲁菌）、布鲁菌病（猪布鲁菌）、克里米亚刚果出血热、流行性出血病、东部马脑脊髓炎、口蹄疫、心水病、伪狂犬病病毒感染、细粒棘球蚴感染、多房棘球蚴感染、狂犬病病毒感染、裂谷热病毒感染、牛瘟病毒感染、旋毛虫感染、日本脑炎、新大陆螺旋蝇蛆病（嗜人锥蝇）、旧大陆螺旋蝇蛆病（倍赞氏金蝇）、副结核病、Q热、苏拉病（伊氏锥虫病）、野兔热、西尼罗热、结核分枝杆菌感染。

2. 牛传染病(13种) 牛无浆体病、牛巴贝斯虫病、牛生殖道弯曲菌病、牛海绵状脑病、牛病毒性腹泻、地方流行性牛白血病、出血性败血症、牛传染性鼻气管炎/传染性脓疱性外阴阴道炎、丝状支原体丝状亚种SC感染（牛传染性胸膜肺炎）、疙瘩皮肤病、泰勒虫病、滴虫病、伊氏锥虫病（采采蝇传播）。

3. 绵羊和山羊病(11种) 山羊病毒性关节炎-脑炎、传染性无乳症、山羊传染性胸膜肺炎、流产衣原体感染（地方流行性母羊流产、绵羊衣原体病）、小反刍兽疫病毒感染、梅迪-维斯纳病、内罗毕绵羊病、绵羊附睾炎（绵羊布鲁菌）、沙门菌病（流产沙门菌）、痒病、绵羊痘和山羊痘。

4. 马病(11种) 马传染性子宫炎、马媾疫、马脑脊髓炎（西部）、马传染性贫血、马流感、马梨形虫病、马鼻疽、非洲马瘟病毒感染、马疱疹病毒-1感染(EHV-1)、马动脉炎病毒感染、委内瑞拉马脑脊髓炎。

5. 猪病（6种） 非洲猪瘟、古典猪瘟病毒感染、尼帕病毒性脑炎、猪囊尾蚴病、猪繁殖与呼吸综合征、传染性胃肠炎。

6. 禽病(13种) 禽衣原体病、鸡传染性支气管炎、鸡传染性喉气管炎、禽支原体病（鸡毒支原体）、禽支原体病（滑液囊支原体）、鸭病毒性肝炎、禽伤寒、禽流感病毒感染、非家禽鸟类包括野生鸟类高致病性A型流感病毒感染、新城疫病毒感染、传染性法氏囊病、鸡白痢、火鸡鼻气管炎。

7. 兔病(2种) 黏液瘤病、兔病毒性出血症。

8. 蜜蜂疾病(6种) 蜜蜂蜂房球菌感染（欧洲幼虫腐臭病）、蜜蜂幼虫芽孢杆菌感染（美洲幼虫腐臭病）、蜜蜂武氏螨侵染、蜜蜂小蜂螨侵染、蜜蜂瓦螨侵染（大螨病）、蜂房小甲虫侵染（小蜂房甲虫）。

9. 其他疾病(2种) 骆驼痘、利什曼病。

10. 鱼类疾病(10种) 流行性造血器官坏死病、丝囊霉菌感染（流行性溃疡综合征）、唇齿鳚三代虫感染、HPR缺失型或HPR0型鲑传染性贫血症病毒感染、鲑甲病毒感染、传染性造血器官坏死、锦鲤疱疹病毒病、红海鲷虹彩病毒病、鲤春病毒血症、病毒性出血性败血症。

11. 软体动物疾病(7种) 鲍疱疹病毒感染、杀蛎包拉米虫感染、牡蛎包拉米虫感染、折光马尔太虫感染、海水派琴虫感染、奥尔森派琴虫感染、加州立克次体感染。

12. 甲壳动物疾病(9 种) 急性肝胰腺坏死病、螯虾瘟（变形藻丝囊霉菌）、黄头病毒感染、传染性皮下及造血组织坏死、传染性肌肉坏死、坏死性肝胰腺炎、桃拉综合征、白斑病、白尾病。

13. 两栖动物疾病(3 种) 蛙壶菌感染、蛙病毒感染、蝾螈壶菌感染。

思政园地

“十三五”期间，在党中央、国务院的坚强领导下，重大动物疫病得到有效防控。疫病防控由以免疫为主向综合防控转型，强制免疫、监测预警、应急处置和控制净化等制度不断健全，重大动物疫情应急实施方案逐步完善，动植物保护能力提升工程深入实施，动物疫病综合防控能力明显提升，非洲猪瘟、高致病性禽流感等重大动物疫情得到有效防控，全国动物疫情形势总体平稳。

思考：请阅读农业农村部关于印发《“十四五”全国畜牧兽医行业发展规划》的通知，针对重大动物疫情处置方面，发展规划中提出了哪些新的理念和要求？

复习与思考

1. 分析日报、月报、年报的不同。
2. 根据所学知识，尝试制定疫区封锁措施。
3. 根据所学知识，为养殖场染疫动物制定隔离措施。
4. 根据所学知识，为养猪场制定处理病死猪尸体的措施。

项目五

共患疫病的检疫

本项目的应用：检疫人员依据口蹄疫、狂犬病、伪狂犬病、结核病、布鲁菌病、炭疽、棘球蚴病、日本分体吸虫病的临诊检疫要点进行现场检疫；检疫人员对共患疫病进行实验室检疫；检疫人员根据检疫结果进行检疫处理。

完成本项目所需知识点：口蹄疫、狂犬病、伪狂犬病、结核病、布鲁菌病、炭疽、棘球蚴病、日本分体吸虫病的流行病学特点、临诊症状和病理变化；共患疫病的实验室检疫方法；共患疫病的检疫后处理；病死及病害动物的无害化处理。

完成本项目所需技能点：共患疫病的临诊检疫；伪狂犬病、结核病、布鲁菌病的实验室检疫；染疫动物尸体的无害化处理。

任务一　口蹄疫的检疫

口蹄疫（Foot and mouth disease，FMD）是由口蹄疫病毒感染引起偶蹄动物的一种急性、热性、高度接触性传染病。其临诊特征是在口腔黏膜、蹄部和乳房皮肤发生水疱和溃烂。世界动物卫生组织（WOAH）将本病列为必须报告的动物传染病，我国规定为一类动物疫病。

一、临诊检疫

1. 流行特点　本病主要侵害偶蹄动物，牛科动物（牛、瘤牛、水牛、牦牛）、绵羊、山羊、猪及所有野生反刍动物和猪科动物均易感，牛最易感，驼科动物（双峰骆驼、单峰骆驼、美洲驼）易感性较低。易感动物可通过呼吸道、消化道、生殖道和伤口感染病毒，通常以直接或间接接触（飞沫等）方式传播，或经车辆、器具等被污染物传播。如果环境气候适宜，病毒可随风远距离传播。本病传染性强，传播迅速，易造成大流行。冬季、春季较易发生大流行，夏季减缓至平息。

2. 临诊症状 患病动物病初体温升高，精神沉郁，食欲不振或废绝。患病动物唇部、舌面、齿龈、鼻镜、蹄踵、蹄叉、乳房等部位出现水疱，水疱破溃后往往形成浅表性的红色溃疡。患病动物常表现运步困难、跛行，严重的蹄部溃烂、蹄壳脱落。成年动物病死率低，幼龄动物常突然死亡且病死率高，仔猪常成窝死亡。

3. 病理变化 咽喉、气管、支气管和胃黏膜可见圆形烂斑和溃疡，胃和大小肠黏膜可见出血性炎症。心肌松软似煮肉状，心包膜有弥漫性及点状出血，心肌表面和切面有灰白色或淡黄色的斑点或条纹，似老虎身上的斑纹，俗称“虎斑心”。

二、实验室检疫

1. 病原学检测 采集牛、羊食道-咽部分泌液或未破裂的水疱皮和水疱液，也可采集可疑带毒动物的淋巴结、脊髓、肌肉等组织样品。病原学检测方法包括定型酶联免疫吸附试验（定型 ELISA）、多重反转录-聚合酶链式反应（多重 RT-PCR）、定型反转录-聚合酶链式反应（定型 RT-PCR）、病毒 VP1 基因序列分析、荧光定量反转录聚合酶链反应（荧光定量 RT-PCR）等。

2. 血清学检测 采集患病动物血清样品，检测血清抗体水平，同时可进行病毒定型和区分感染动物和免疫动物等。病毒中和试验（VN）、液相阻断酶联免疫吸附试验（LB-ELISA）、固相竞争酶联免疫吸附试验（SPC-ELISA）主要用于口蹄疫病毒抗体的监测和免疫效果评估；非结构蛋白（NSP）3ABC 抗体间接酶联免疫吸附试验（3ABC-I-ELISA）、非结构蛋白（NSP）3ABC 抗体阻断酶联免疫吸附试验（3ABC-B-ELISA）主要用于口蹄疫病毒感染抗体的鉴别诊断。

三、检疫后处理

1. 封锁措施 检出阳性或发病动物，立即上报疫情。确诊后，立即划定疫点、疫区（由疫点边缘向外延伸 3km 范围的区域）和受威胁区（由疫区边缘向外延伸 10km 的区域），采取封锁措施。

（1）疫点内措施。扑杀所有患病动物及同群易感动物并进行无害化处理；对排泄物、被污染的饲料和垫料、污水等进行无害化处理，对被污染或可疑污染的物品、交通工具、用具、圈舍、场地进行严格彻底消毒；对发病前 14d 售出的动物及其产品进行追踪，并做扑杀和无害化处理。

（2）疫区内措施。关闭疫区动物产品交易市场，所有易感动物紧急免疫接种。必要时，对疫区内所有易感动物进行扑杀和无害化处理。

（3）受威胁区内措施。受威胁区内最后一次免疫超过 1 个月的所有易感动物，进行紧急免疫接种。

2. 封锁的解除 疫点内最后一头患病动物死亡或被扑杀后，14d 内未出现新的病例，疫区、受威胁区紧急免疫接种完成，终末消毒结束，经上一级农业农村主管部门组织验收合格后，由当地农业农村主管部门向发布封锁令的人民政府申请解除封锁。

任务二　狂犬病的检疫

狂犬病（Rabies）俗称疯狗病或恐水症，是由狂犬病病毒引起的一种人畜共患的急性传染病。病毒主要侵害中枢神经系统，临诊表现为狂暴不安、意识障碍，最后麻痹而死亡。全世界超过 2/3 的国家和地区曾报告发生人和动物狂犬病疫情，每年因狂犬病致死的人数约 7 万人。

一、临诊检疫

1. 流行特点　人和温血动物对狂犬病病毒都有易感性，犬科、猫科动物最易感。发病动物和带毒动物是狂犬病的主要传染源，这些动物的唾液中含有大量病毒。本病主要通过患病动物咬伤、抓伤而感染，亦可通过皮肤或黏膜损伤处接触发病或带毒动物的唾液感染。

狂犬病通过狗咬伤传播

2. 临诊症状　本病的潜伏期一般为 2～8 周，短的为 10d，长的可达 1 年以上。各种动物临诊表现大致相似，多表现为狂暴型，出现行为反常，易怒，攻击人畜，狂躁不安，食欲反常，流涎，特殊的斜视和惶恐；随病势发展，陷于意识障碍，反射紊乱，机体消瘦，声音嘶哑，眼球凹陷，瞳孔散大或缩小，下颌下垂，舌脱出口外，流涎显著；最后后躯及四肢麻痹，卧地不起，因呼吸中枢麻痹或衰竭而死。整个病程为 6～8d，少数病例可延长到 10d。

3. 病理变化　动物尸体消瘦，胃内空虚或充满异物。软脑膜的小血管扩张充血，轻度水肿。脑灰质和白质的小血管充血，点状出血。

二、实验室检疫

1. 病原学检测　取疑似狂犬病患病动物的脑部组织、唾液腺等样品进行病原学检测。

（1）包含体检查。取新鲜脑组织制成压印片，塞勒氏染色镜检，如在神经细胞细胞质内见有圆形或椭圆形桃红色小颗粒，即包含体（内基氏小体）。

（2）荧光抗体技术（FAT）。该法为世界卫生组织和世界动物卫生组织共同推荐的方法，能在狂犬病的初期做出诊断。

直接免疫荧光技术检测狂犬病病毒

此外还可采取小鼠和细胞培养物感染试验、反转录-聚合酶链式反应（RT-PCR）、实时荧光定量聚合酶链式反应（Q-rt-PCR）。

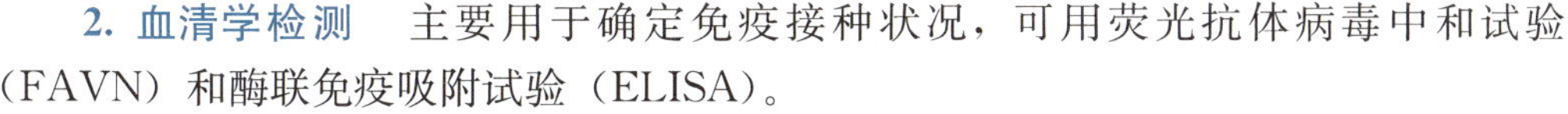

2. 血清学检测　主要用于确定免疫接种状况，可用荧光抗体病毒中和试验（FAVN）和酶联免疫吸附试验（ELISA）。

三、检疫后处理

扑杀患病动物和被患病动物咬伤的其他动物，并对扑杀和发病死亡的动物进行无害化处理；对疫点内所有犬、猫进行一次狂犬病紧急免疫接种，并限制其流动；对污染的用具、笼具、场所等全面消毒。

任务三 伪狂犬病的检疫

伪狂犬病（Pseudorabies，PR）是由伪狂犬病毒引起的多种家畜和野生动物的一种急性传染病，以发热、奇痒（猪除外）、脑脊髓炎为典型症状。

一、临诊检疫

1. 流行特点 各种家畜和野生动物（除无尾猿外）均可感染本病，猪、牛、羊、犬、猫、家兔、小鼠、狐狸和浣熊等易感。本病可经消化道、呼吸道、损伤的皮肤感染，也可经胎盘感染胎儿，寒冷季节多发。

2. 临诊症状 潜伏期一般为3～6d。

（1）猪。母猪感染伪狂犬病病毒后常发生流产，产死胎、弱仔、木乃伊胎等；青年母猪和空怀母猪常出现返情而屡配不孕或不发情；公猪常出现睾丸肿胀、萎缩，性功能下降，失去种用能力；15日龄内仔猪出现神经症状，病死率可达100％；断乳仔猪出现神经症状和呼吸道症状，发病率20％～30％，病死率为10％～20％；育肥猪表现为呼吸道症状和增重滞缓。

（2）牛、羊。主要表现为发热、奇痒及脑脊髓炎的症状。身体某部位皮肤剧痒，动物无休止地舐舔患部，常用前肢或硬物摩擦发痒部位，有时啃咬痒部或撕脱痒部被毛。延髓受侵害时，表现咽麻痹、流涎，呼吸促迫、吼叫，多于1～3d死亡。

3. 病理变化

（1）猪。常见明显的脑膜淤血、出血，鼻咽部充血，肝、脾等实质脏器可见有1～2mm的灰白色坏死灶，肺可见水肿和出血点。组织病理学检查有非化脓性脑炎变化。

（2）牛、羊。患部皮肤撕裂，皮下水肿，肺常充血、水肿。组织病理学检查有非化脓性脑炎变化。

二、实验室检疫

1. 兔体接种试验 采取发病动物扁桃体、嗅球、脑桥和肺，接种于家兔皮下或者小鼠脑内，家兔经2～5d或者小鼠经2～10d发病死亡，死亡前注射部位出现奇痒和四肢麻痹。

2. 病原学检查 采集活体动物的扁桃体和鼻拭子、公猪精液、流产胎儿组织、死亡猪的脑和扁桃体，接种于猪肾细胞系（PK－15），观察细胞病变效应（CPE）。对于出现CPE的细胞培养物，可以采用血清中和试验（SN）、荧光抗体技术（FAT）或聚合酶链式反应（PCR）进行病毒鉴定。

3. 血清学检查 病毒中和试验（VN）敏感性低但特异性强，用于口岸进出口检疫；乳胶凝集试验（LAT）简便快速、敏感性高，适用于基层单位对该病的现场筛查和检测；酶联免疫吸附试验（ELISA）适用于实验室开展大批样品检测、产地检疫和流行病学调查。

三、检疫后处理

1. 检出患病动物 全部扑杀发病动物并进行无害化处理，对同群动物实施隔离

并紧急免疫接种，对污染的场所、用具、物品等严格消毒。

2. 做好引种检疫　种猪进场后，须隔离饲养45d，经实验室检查确认为猪伪狂犬病病毒感染阴性的，方可混群。

任务四　结核病的检疫

结核病（Tuberculosis，TB）是由分枝杆菌引起的一种人畜共患的慢性传染病。以在多种组织器官形成结核结节性肉芽肿和干酪样坏死、钙化结节为特征。世界动物卫生组织（WOAH）将其列为必须报告的动物疫病，我国规定为二类动物疫病。

一、临诊检疫

1. 流行特点　本病可侵害人和多种动物。家畜中牛最易感，特别是奶牛，其次为水牛、黄牛、牦牛，猪和家禽易感性也较强，羊极少患病。牛结核病主要由牛分枝杆菌引起，也可以由结核分枝杆菌引起。牛分枝杆菌也可感染猪、人等。禽分枝杆菌主要感染家禽，也可感染牛、猪和人。病菌随鼻液、痰液、粪便和乳汁等排出体外，易感动物通过被污染的空气、饲料、饮水等经呼吸道、消化道等途径感染。

2. 临诊症状　本病潜伏期一般为3～6周，有的可长达数月或数年，以肺结核、乳房结核和肠结核最为常见。肺结核以长期顽固性干咳为特征，且以清晨最为明显。患病动物容易疲劳，逐渐消瘦，病情严重者可见呼吸困难。乳房结核一般先是乳房淋巴结肿大，继而后方乳腺区发生局限性或弥漫性硬结，硬结无热无痛，表面凹凸不平。泌乳量下降，乳汁变稀，严重时乳腺萎缩，泌乳停止。肠结核主要表现机体消瘦，持续腹泻与便秘交替出现，粪便常带血液或脓汁。

3. 病理变化　在肺、乳房和胃肠黏膜等处形成特异性白色或黄白色结节，结节大小不一，切面干酪样坏死或钙化，有时坏死组织溶解和软化，排出后形成空洞。胸膜和肺膜可发生密集的结核结节，形如珍珠，又称珍珠病。肝、肾、脾等器官也能发生结核结节。

二、实验室检疫

1. 病原学检查　采集发病动物的病灶、痰、尿、粪便、乳汁及其他分泌物，作抹片或集菌处理后抹片，用抗酸染色法染色镜检，分枝杆菌呈红色，其他菌及背景为蓝色。还可进行病原分离培养、动物接种试验，以及应用实时荧光定量聚合酶链式反应（Q-rt-PCR）检测结核杆菌核酸。

2. 变态反应试验　用提纯结核菌素（PPD）进行皮内变态反应试验，可检出牛群中95%～98%的结核阳性牛。

三、检疫后处理

1. 检出患病动物　全部扑杀患病动物并做无害化处理，污染场所、用具、物品严格消毒；同群动物实施隔离，进行结核病净化。宰前检疫检出牛结核病时，病牛扑杀并做无害化处理；同群动物隔离观察，确认无异常的，准予屠宰。宰后检疫发现病牛，其胴体及内脏一律做无害化处理。

2. 做好引进动物检疫 引进种牛、奶牛时，检疫合格后方可引进；入场后，隔离观察45d以上，再经变态反应试验检测结果阴性者，方可混群饲养。奶牛场通过检疫净化建立牛结核病净化群（场）。

为了防止人畜互相传染，工作人员应注意防护，并定期体检。

任务五 布鲁菌病的检疫

布鲁菌病（Brucellosis，BR）是由布鲁菌引起的人畜共患的慢性传染病。以流产、胎衣不下、睾丸炎、附睾炎和关节炎为主要特征。世界上170多个国家和地区曾报告发生本病，我国在2015年报告人发病例56 989例，人发病例处于历史高位。

一、临诊检疫

1. 流行特点 多种动物和人对布鲁菌易感，羊、牛、猪的易感性最强，犬也有较强的易感性。雌性动物比雄性动物，成年动物比幼年动物发病多。患病动物主要通过流产物、精液和乳汁排菌，污染环境。消化道、呼吸道、生殖道是主要的感染途径，也可通过损伤的皮肤、黏膜等感染。本病常呈地方性流行。

2. 临诊症状 潜伏期一般为14～180d。最显著症状是妊娠动物发生流产，流产后可能发生胎衣滞留和子宫内膜炎，从阴道流出污秽不洁、恶臭的分泌物。新发病的畜群流产较多；老疫区畜群发生流产的较少，但发生子宫内膜炎、乳腺炎、关节炎、胎衣滞留、久配不孕的较多。雄性动物往往发生睾丸炎、附睾炎或关节炎。

3. 病理变化 主要病变为生殖器官的炎性坏死，脾、淋巴结、肝、肾等器官形成特征性肉芽肿，有的可见关节炎。胎儿主要呈败血症病变，浆膜和黏膜有出血点和出血斑，皮下结缔组织发生浆液性、出血性炎症。

二、实验室检疫

1. 病原学检查 采集流产胎衣、绒毛膜水肿液、肝、脾、淋巴结、胎儿胃内容物等组织，制成抹片，用柯兹罗夫斯基染色法染色镜检，布鲁菌为红色球杆菌，而其他菌为蓝色。但此法检出率低，最好同时进行分离培养、动物接种或采用聚合酶链式反应（PCR）检测病原核酸。

2. 血清学检查 初筛采用虎红平板凝集试验（RBT），也可采用荧光偏振试验（FPA）和全乳环状试验（MRT）。确诊采用试管凝集试验（SAT），也可采用补体结合试验（CFT）、间接酶联免疫吸附试验（I－ELISA）和竞争酶联免疫吸附试验（C－ELISA）。

三、检疫后处理

1. 检出患病动物 全部扑杀患病动物并做无害化处理，对同群动物隔离检测，对污染场所、用具、物品严格消毒。宰前检疫检出患病动物时，患病动物扑杀并做无害化处理；同群动物隔离观察，确认无异常的，准予屠宰。宰后检疫发现患病动物，其胴体、内脏和副产品一律无害化处理。

2. 做好引进动物检疫 引进种用、乳用动物时，检疫合格后方可引进；入场后，

经隔离观察至少45d，血清学检查呈阴性者，方可混群饲养。牛羊场群通过检疫净化建立布鲁菌病净化场群。饲养人员每年要定期进行健康检查，发现患有本病的应调离岗位，及时治疗。

任务六　炭疽的检疫

炭疽（Anthrax）是由炭疽芽孢杆菌引起的一种人畜共患传染病。以突然死亡、天然孔出血、尸僵不全为特征。世界动物卫生组织（WOAH）将其列为必须报告的动物疫病，我国将其列为二类动物疫病。

一、临诊检疫

1. 流行特点　各种家畜、野生动物及人对本病都有不同程度的易感性，草食动物最易感，杂食动物次之，肉食动物再次之，家禽一般不感染，人易感。本病主要经消化道、呼吸道和皮肤感染。炭疽芽孢对环境具有很强的抵抗力，其污染的土壤、水源及场地可形成持久的疫源地，所以多呈地方性流行。本病有一定的季节性，多发生在吸血昆虫多、雨水多、洪水泛滥的季节。

2. 临诊症状

（1）牛。多呈急性经过。体温41℃以上，可视黏膜呈暗紫色，心动过速、呼吸困难。呈慢性经过的病牛，在颈、胸前、肩胛、腹下或外阴部常见水肿；皮肤病灶温度增高，坚硬，有压痛，也可发生坏死，有时形成溃疡；颈部水肿常与咽炎和喉头水肿相伴发生，致使呼吸困难加重。急性病例一般经1～2d后死亡，亚急性病例一般经2～5d后死亡。

（2）羊。多呈最急性型。表现摇摆、磨牙、抽搐、挣扎、突然倒毙，有的从天然孔流出带气泡的黑红色血液。病程稍长者也只持续数小时后死亡。

（3）猪。多为局限性变化，呈慢性经过，临诊症状不明显，常在宰后发现病变。

犬和其他肉食动物临诊症状不明显。

3. 病理变化

（1）败血型。病死动物可视黏膜发绀、出血；血液呈暗紫红色，凝固不良，黏稠似煤焦油状；皮下、肌间、咽喉等部位有浆液性渗出及出血；淋巴结肿大、充血，切面潮红；脾高度肿胀，达正常的数倍，脾髓呈黑紫色。

（2）局部型。猪炭疽一般为局部型。咽炭疽最多见，颌下淋巴结肿大，刀切淋巴结硬而脆，切面为深砖红色，质地粗糙无光泽，上有暗红色或紫色凹陷坏死灶，淋巴结周围有不同程度胶样浸润，扁桃体充血、出血、水肿或坏死。其次是肠型炭疽，多发生于小肠，以肿大、出血和坏死的淋巴小结为中心，形成局灶性、出血性、坏死性病变，于肠壁上出现坏死溃疡；肠系膜淋巴结肿大呈出血性胶样浸润。

二、实验室检疫

1. 病原学检查　在防止病原扩散的条件下采集病料。生前可采耳静脉血、水肿液或血便，死后可立即采取耳尖血和四肢末端血涂片；宰后检疫时，取淋巴结涂片。用美蓝、瑞氏染色法或吉姆萨染色法染色，镜检发现单个或2～4个短链排列的竹节状的带有荚膜的粗大杆菌，可做出初步判定。进一步诊断，需进行病原分离培养及荚膜形成试验或聚合酶链式反应。

2. 血清学检查 常将病料浸出液与炭疽沉淀素血清做环状沉淀试验，接触面出现清晰的白色沉淀环者为阳性。此外，还可用琼脂扩散试验（AGID）、荧光抗体技术（FAT）等。

三、检疫后处理

1. 零星散发的处理 对患病动物做无血扑杀处理；对同群动物强制免疫接种，并隔离观察 20d；对动物尸体及被污染的粪肥、垫料、饲料等进行焚烧掩埋处理；对可能被污染的物品、交通工具、用具、圈舍等按要求进行严格彻底消毒。

2. 暴发流行的处理 本病呈暴发流行时（1 个县 10d 内发现 5 头以上的患病动物），要上报同级人民政府，立即划定疫点、疫区（由疫点边缘向外延伸 3km 范围的区域）和受威胁区（由疫区边缘向外延伸 5km 的区域），实行封锁措施。

（1）疫点内措施。患病动物和同群动物全部进行无血扑杀处理，其他易感动物紧急免疫接种；对所有病死动物、被扑杀动物，以及排泄物和可能被污染的垫料、饲料等物品及产品焚烧掩埋处理；对圈舍、场地以及所有运载工具、饮水用具等进行严格彻底地消毒。限制人、易感动物、车辆进出和动物产品及可能受污染的物品运出。

（2）疫区内措施。进出人员、车辆进行消毒，停止动物及其产品的交易、移动，所有易感动物紧急免疫接种，对圈舍、道路等可能污染的场所进行消毒。

（3）受威胁区内措施。对受威胁区内的所有易感动物进行紧急免疫接种。

最后一头患病动物死亡或患病动物和同群动物扑杀处理后 20d 内不再出现新的病例，进行终末消毒后，经上一级农业农村主管部门组织验收合格，方能解除封锁。

3. 屠宰检疫的处理 宰前检疫发现的患病动物，扑杀患病动物和同群动物并做无害化处理，污染场所、车辆严格消毒。宰后检疫发现的患病动物，立即停止生产，整个肉尸、内脏、皮毛、血液及被污染或疑为污染的肉尸、内脏等一律做无害化处理，被污染的场地、用具等按规定严格消毒。

任务七　棘球蚴病的检疫

棘球蚴病（Echinococcosis）又称包虫病，是由棘球绦虫的幼虫寄生于人和羊、牛、猪、犬等动物肝、肺及其他器官内所引起的一类人畜共患寄生虫病。人的感染通常是误食有棘球蚴的生肉或未煮熟肉而发生。我国规定本病为二类动物疫病。

一、临诊检疫

1. 流行特点 家畜中受害较重的是羊、牛、猪，特别是绵羊，每年早春时节发病较多，牧区发生较多。

2. 临诊症状 绵羊病死率较高，表现为消瘦、被毛逆立、脱毛、咳嗽、倒地不起。牛常见消瘦、衰弱、呼吸困难或轻度咳嗽，产奶量下降。猪感染棘球蚴后，症状一般不明显，常在屠宰后发现。各种动物都可因囊泡破裂而产生严重的过敏反应，突然死亡。

3. 病理变化　剖检可见肝、肺及其他脏器有棘球蚴包囊，常为球形，大小不等。囊壁厚，囊内充满液体，棘球蚴游离在囊液中，或单个存在，或成堆（簇）寄生。

二、实验室检疫

1. 变态反应检查　取新鲜棘球蚴囊液，无菌过滤，在动物颈部皮内注射0.1～0.2mL，注射后5～10min内观察，皮肤出现红肿，直径0.5～2cm，15～20min后成暗红色者，为阳性；迟缓型在24h时内出现反应；24～28h不出现反应者为阴性。

2. 血清学检查　间接血凝试验（IHA）和酶联免疫吸附试验（ELISA）具有较高的敏感性和特异性，对羊和牛的棘球蚴检出率较高。

3. 超声波检查　对人和动物也可用X射线透视和超声波检查进行诊断。

三、检疫后处理

对发病动物隔离治疗，粪便发酵处理；同群动物进行药物预防。

宰后检疫发现本病，病变严重且肌肉有退行性变化的，整个胴体和内脏做无害化处理；病变轻微且肌肉无变化的，病变内脏化制或销毁，其余部分一般不受限制。加强屠宰场地管理，防止犬类进入。

任务八　日本分体吸虫病的检疫

日本分体吸虫病（Schistosomiasis japonica）是由日本分体吸虫引起的人畜共患寄生虫病，以腹泻、便血、消瘦、实质脏器散布虫卵结节等为特征，又称为日本血吸虫病。我国规定本病为二类动物疫病。

一、临诊检疫

1. 流行特点　带虫的哺乳动物和人是本病的传染源，人、牛、羊、猪、马、骡、驴、犬、猫及多种野生动物易感，家畜中主要发生于牛，其次是猪和羊，以3岁以下的小牛发病率最高，症状最重。血吸虫可通过皮肤、口腔黏膜、胎盘等途径侵入宿主，中间宿主为钉螺。由于钉螺活动和尾蚴逸出都受温度的影响，因此，本病的感染有明显的季节性，一般5～10月为感染期，冬季通常不发生自然感染。

2. 临诊症状

（1）急性型。主要表现食欲减退，精神迟钝，体温升到40℃以上，呈不规则的间歇热。后发生腹泻，夹杂有血液和黏液团块。严重贫血、消瘦，最后因严重的贫血而死亡或转为慢性型。

（2）慢性型。症状多不明显，病牛进行性消瘦，贫血，被毛粗乱，无光泽，骨结明显，奶牛产奶量下降，母牛不发情、不受孕，妊娠牛流产，甚至发生肝硬化，腹水。犊牛生长发育缓慢，多成为侏儒牛。

3. 病理变化　腹腔积液；肝初期肿大，以后萎缩、硬化，表面可见粟粒大至高粱粒大灰白色或黄色的结节；肠壁肥厚，浆膜面粗糙，并有淡黄色黄豆样结节；肠系膜淋巴结肿大，门静脉血管肥厚，肠系膜静脉内有虫体。

二、实验室检疫

1. 粪便毛蚴孵化法 采粪季节宜在春季和秋季，其次为夏季。从牛直肠中采取粪便200g，或取新排出的粪便，分成3份。然后洗粪、孵化、孵育、判定。

2. 血清学检查 主要应用间接血凝试验（IHA）进行诊断。

三、检疫后处理

对发病动物隔离治疗，同场动物药物预防；养殖环境彻底消毒，粪便发酵处理；消灭中间宿主钉螺。

宰后检疫发现本病，整个胴体和内脏做无害化处理。

技能一 牛结核病检疫

（一）技能目标

（1）掌握牛结核菌素变态反应诊断的方法。

（2）掌握牛结核菌素变态反应诊断的判定标准。

（二）材料设备

待检牛、鼻钳、剪毛剪、游标卡尺、镊子、1mL皮内注射器及针头、提纯结核菌素（PPD）、酒精棉球、煮沸消毒器、记录表、工作服、手套、口罩、胶靴等。

（三）方法步骤

用提纯结核菌素（PPD）进行皮内变态反应试验，对活畜的结核病检疫具有非常重要的意义。出生后20d的牛即可用本试验进行检疫。

1. 注射部位 将牛编号登记后，在颈侧中部上1/3处剪毛（3月龄以内的犊牛，可在肩胛部），直径约10cm，用卡尺测量术部中央皮皱厚度，做好记录。如术部有变化时，应另选部位或在对侧进行。

牛结核病检疫皮内注射过程

2. 注射剂量 每头牛皮内注射0.1mL结核菌素，不低于2 000IU，或按试剂说明书配制的剂量注射。

3. 注射方法 保定好牛，用酒精棉球消毒术部。一手提捏起术部中央皮皱，另一手持皮内注射器，按皮内注射的方法注入预定剂量的结核菌素，注射后局部应出现小泡。如注射有疑问时，应另选15cm以外的部位或对侧重新注射。

4. 观察反应 皮内注射后第72小时进行观察，仔细观察注射局部有无热、痛、肿胀等炎性反应，并用卡尺测量术部皮皱厚度，做好详细记录（表5-1）。第72小时观察后，对阴性反应和疑似反应的牛，于注射后第96小时和第120小时再分别判定一次，以防个别牛出现较晚的迟发性变态反应。

牛结核病检疫结果判定

5. 结果判定 分为阳性反应、疑似反应和阴性反应三种情况。

（1）阳性反应。局部有明显的炎性反应，皮厚差≥4.0mm者，为阳性反应（+）。

（2）疑似反应。局部炎性反应较轻，2.0mm<皮厚差<4.0mm，为疑似反应（±）。

（3）阴性反应。无炎性反应，皮厚差≤2.0mm，为阴性反应（-）。

凡判定为疑似反应的牛只，于第一次检疫 42d 后进行复检，其结果仍为可疑反应时，判为阳性。

表 5-1 牛结核病检疫记录表

单位： 年 月 日 检疫员：

编号	牛号	年龄	提纯结核菌素皮内注射反应							判定
			次 数	注射时间	部位	原皮厚（mm）	注射后皮厚（mm）			
							72h	96h	120h	
			第 次	一回						
				二回						
			第 次	一回						
				二回						
			第 次	一回						
				二回						
			第 次	一回						
				二回						
			第 次	一回						
				二回						

受检头数_________，阳性头数_________，疑似头数_________，阴性头数_________。

（四）考核标准

序号	考核内容	考核要点	分值	评分标准
1	检疫前准备（10分）	器械消毒	3	正确消毒
		提纯结核菌素检查	2	检查仔细、全面
		人员消毒和防护	5	程序正确、规范
2	PPD 稀释（10分）	吸取稀释液	5	吸取量准确
		无菌操作	5	操作规范
3	注射部位选择（25分）	动物保定	5	保定规范
		注射部位选择	5	选择部位准确
		剪毛操作	5	操作规范
		卡尺测量	10	测量准确
4	皮内注射（15分）	消毒操作	5	消毒规范
		注射操作	10	操作规范
5	结果判定（30分）	观察时间	5	时间正确
		观察反应	5	描述正确
		卡尺测量	5	测量准确
		结果判定	10	判定准确
		记录表填写	5	正确填写记录单

（续）

序号	考核内容	考核要点	分值	评分标准
6	职业素质评价（10分）	安全意识	5	注意人身安全、生物安全
		协作意识	5	具备团队协作精神，积极与小组成员配合，共同完成任务
总分			100	

技能二　羊布鲁菌病检疫

（一）技能目标

（1）会制备羊被检血清。

（2）会用虎红平板凝集试验检测羊布鲁菌病。

（3）会用试管凝集试验检测羊布鲁菌病。

（二）材料设备

1. 器材　无菌采血试管、一次性注射器、5%碘酊棉球、75%酒精棉球、来苏儿、灭菌小试管及试管架、清洁灭菌吸管、洁净玻璃板、牙签、一次性防护服、手套、口罩、胶靴等。

2. 试剂　布鲁菌试管凝集抗原、虎红平板凝集抗原、布鲁菌标准阳性血清、布鲁菌标准阴性血清、含0.5%石炭酸的10%氯化钠溶液等。

（三）方法步骤

1. 被检血清制备　被检羊局部剪毛消毒后，颈静脉采血。无菌采血7～10mL于灭菌试管内，摆成斜面让血液自然凝固，经10～12h，待血清析出后，分离血清装入灭菌小瓶内。血清析出量少或血清蓄积于血凝块之下时，用灭菌细铁丝或接种环沿着试管壁穿刺，使血凝块脱落，然后放于冷暗处，使血清充分析出。

虎红平板凝集试验

2. 虎红平板凝集试验

（1）操作方法。取洁净的玻璃板，在其上划分成$4cm^2$的方格，标记受检血清号；在标记方格内加相应被检血清0.03mL，再在受检血清旁滴加布鲁菌虎红平板凝集抗原0.03mL；用牙签搅动血清和抗原使之混匀。在室温下4min内观察记录反应结果。同时以阳性、阴性血清作为对照。

（2）结果判定。在阴性、阳性血清对照成立的条件下，被检血清在4min内出现肉眼可见凝集现象者判为阳性（+），无凝集现象，呈均匀粉红色者判为阴性（−）。

3. 试管凝集试验

（1）被检血清稀释度。用1∶25、1∶50、1∶100和1∶200四个稀释度。大规模检疫时可只用两个稀释度，即山羊、绵羊、猪和犬用1∶25和1∶50，牛、马、鹿、骆驼用1∶50和1∶100。

（2）操作方法。取小试管7支，立于试管架上，用玻璃笔在每支试管上编号，按表5－2加样。第1管加入稀释液1.15mL，第2、3、4管各加入0.5mL稀释液，用1mL吸管取被检血清0.1mL，加入第1管中，充分混匀后（一般吸吹3～4次），吸取0.25mL弃去，再吸取0.5mL混合液加入第2管，吸吹混匀后，吸0.5mL混合液

加入第 3 管，如此倍比稀释至第 4 管，第 4 管混匀后弃去 0.5mL。稀释完毕，从第 1 至第 4 管的血清稀释度分别为 1∶12.5、1∶25、1∶50 和 1∶100，牛、马、鹿、骆驼血清稀释法与上述基本一致，差异是第一管加 1.2mL 稀释液和 0.05mL 被检血清。然后将 1∶20 稀释的抗原由第 1 管起，每管加入 0.5mL，并振摇均匀。血清最后稀释度由第 1 管起，依次为 1∶25、1∶50、1∶100 和1∶200，牛、马和骆驼的血清稀释度则依次变为 1∶50、1∶100、1∶200 和 1∶400。设阳性血清、阴性血清和抗原对照，置 37℃温箱 24h，取出检查并记录结果。

表 5-2 羊布鲁菌病试管凝集试验操作步骤

试管号	1	2	3	4	5	6	7
血清最终稀释倍数	1∶25	1∶50	1∶100	1∶200	对照		
					抗原对照	阳性对照	阴性对照
含0.5%石炭酸的10%氯化钠溶液（mL）	1.15	0.5	0.5	0.5	0.5	—	—
被检血清（mL）	0.1	0.5 弃去0.25	0.5	0.5	— 弃去0.5	0.5	0.5
抗原（1∶20）（mL）	0.5	0.5	0.5	0.5	0.5	0.5	0.5

（3）结果判定。

①凝集反应程度区分。试管底部有明显伞状凝集物，液体完全透明，抗原全部凝集，以“++++”表示；试管底部有明显伞状凝集物，75%抗原被凝集，以“+++”表示；试管底部有伞状凝集物，液体中度混浊，50%抗原被凝集，以“++”表示；25%菌体凝集，试管底部有少量伞状沉淀，液体混浊，以“+”表示；若抗原完全不凝集，试管底部无伞状凝集物，只有圆点状沉淀物，液体完全混浊，以“—”表示。

②阳性判定。山羊、绵羊、猪和犬的血清凝集价为 1∶50 以上者，牛、马、鹿和骆驼1∶100 以上者，判为阳性；山羊、绵羊、猪和犬的血清凝集价为 1∶25 者，牛、马、鹿和骆驼为 1∶50 者，判为可疑。可疑反应的动物经 3～4 周后重检，牛、羊重检仍为可疑，判为阳性；猪重检仍为可疑，而同场的猪没有临诊症状和大批阳性出现者，判为阴性。

（四）考核标准

序号	考核内容	考核要点	分值	评分标准
1	检疫前材料准备（15 分）	器械消毒	5	程序正确
		抗原检查	5	检查仔细、全面
		稀释液准备	5	配制准确
2	被检血清制备（10 分）	采血	5	无菌操作、量符合要求
		析出血清	5	血清充分析出
3	虎红平板凝集试验（30 分）	样品滴加	5	滴加准确
		操作步骤	10	步骤正确，操作规范
		结果判定	15	判定准确

（续）

序号	考核内容	考核要点	分值	评分标准
4	试管凝集反应（40分）	加样	10	加样准确
		操作步骤	10	步骤正确，操作规范
		凝集反应程度区分	10	凝集反应程度区分准确
		阳性判定	10	判定准确
5	职业素质评价（5分）	安全意识	5	注意人身安全、生物安全
总分			100	

知识拓展

拓展知识一　人畜共患病名录

牛海绵状脑病、高致病性禽流感、狂犬病、炭疽、布鲁菌病、弓形虫病、棘球蚴病、钩端螺旋体病、沙门菌病、牛结核病、日本分体吸虫病、流行性乙型脑炎、猪Ⅱ型链球菌病、旋毛虫病、猪囊尾蚴病、马鼻疽、野兔热、大肠杆菌病（O157：H7）、李氏杆菌病、类鼻疽、放线菌病、肝片吸虫病、丝虫病、Q热、禽结核病、利什曼病。

拓展知识二　牛结核病净化群（场）的建立

污染牛群应用提纯结核菌素（PPD）皮内变态反应试验进行反复监测，每次间隔3个月，发现阳性牛及时扑杀并做无害化处理。凡连续两次以上监测结果均为阴性者，可认为牛结核病净化群。

犊牛应于20日龄时进行第一次监测，100～120日龄时进行第二次监测。凡连续两次以上监测结果均为阴性者，可认为是牛结核病净化群。

凡提纯结核菌素皮内变态反应试验疑似反应者，于42d后进行复检，复检结果为阳性，则按阳性牛处理；若仍呈疑似反应则间隔42d再复检一次，结果仍为可疑反应者，视同阳性牛处理。

思政园地

血吸虫病容易感染，蔓延极快，很难根除，新中国成立前在我国南部和长江沿岸地区长期流行，猖狂肆虐，被老百姓称为“神仙也治不好”的传染性疾病，严重危害人民的健康与生命安全。新中国成立后，我们党高度重视血吸虫病的防治，毛泽东主席发出“一定要消灭血吸虫病”和“限期消灭血吸虫病”的号召，强调“全党动员，全民动员，消灭血吸虫病”。广大医务人员实施“控

制粪便、消灭钉螺、管理疫水、治疗病人”的措施，大举填壕平沟，治山理水，消灭钉螺，从根本上控制了血吸虫病。1958年6月30日，毛主席从《人民日报》看到余江县消灭了血吸虫的新闻后，激动不已，欣然提笔写成了不朽的诗篇——《七律二首·送瘟神》。

思考：新中国成立初期，我国在经济技术落后的情况下，为什么能够送走“瘟神”？

复习与思考

1. 某养猪场检出口蹄疫时，应采取哪些处理措施？
2. 某养羊场检出炭疽病时，应采取哪些处理措施？
3. 如何应用皮内变态反应试验进行牛结核病检疫？
4. 狂犬病的临诊检疫要点有哪些？
5. 如何应用虎红平板凝集试验和试管凝集试验对羊群进行布鲁菌病检疫？
6. 羊棘球蚴病的临诊检疫要点有哪些？

项目六

猪疫病的检疫

本项目的应用：检疫人员依据非洲猪瘟、猪瘟、猪繁殖与呼吸综合征、猪细小病毒病、猪圆环病毒病、猪传染性萎缩性鼻炎、猪链球菌病、副猪嗜血杆菌病、猪支原体肺炎、猪丹毒、猪肺疫的临诊检疫要点进行现场检疫；检疫人员对猪疫病进行实验室检疫；屠宰检疫人员进行猪旋毛虫病、猪囊尾蚴病检疫；检疫人员根据检疫结果进行检疫处理。

完成本项目所需知识点：非洲猪瘟、猪瘟、猪繁殖与呼吸综合征、猪细小病毒病、猪圆环病毒病、猪传染性萎缩性鼻炎、猪链球菌病、副猪嗜血杆菌病、猪支原体肺炎、猪丹毒、猪肺疫、猪旋毛虫病、猪囊尾蚴病的流行病学特点、临诊症状和病理变化；猪疫病的实验室检疫方法；猪疫病的检疫后处理；病死及病害动物的无害化处理。

完成本项目所需技能点：猪疫病的临诊检疫；猪瘟、猪繁殖与呼吸综合征、猪链球菌病、猪旋毛虫病的实验室检疫；染疫猪尸体的无害化处理。

任务一　非洲猪瘟的检疫

非洲猪瘟（African swine fever，ASF）是由非洲猪瘟病毒引起的猪的一种急性、热性、高度接触性传染病，以高热、网状内皮系统出血和高病死率为特征。世界动物卫生组织（WOAH）将非洲猪瘟列为必须报告的动物疫病，我国将其列为一类动物疫病。

一、临诊检疫

1. 流行特点　猪和野猪都易感，不分年龄、性别和品种。感染非洲猪瘟病毒的家猪、野猪和钝缘软蜱为主要传染源，可通过直接接触传播，主要经呼吸道、消化道传播，也可经钝缘软蜱等媒介昆虫叮咬传播，一年四季均可发生。

2. 临诊症状 潜伏期为5～19d，强毒力毒株可导致猪在4～10d内100%死亡，中等毒力毒株造成的病死率一般为30%～50%，低毒力毒株仅引起少量猪死亡。

（1）最急性型。多无明显临诊症状而突然死亡。

（2）急性型。体温高达42℃，沉郁，厌食。耳、四肢、腹部皮肤有出血点，可视黏膜潮红、发绀。眼、鼻有黏液脓性分泌物。呕吐，便秘，粪便表面有血液和黏液覆盖，有的腹泻带血。共济失调或步态僵直，呼吸困难，病程延长则出现其他神经症状。妊娠母猪在妊娠的任何阶段均可出现流产。病死率高达100%。

（3）亚急性型。症状与急性相同，但病情较轻，病死率较低。体温波动无规律，一般高于40.5℃。仔猪病死率较高。病程5～30d。

（4）慢性型。呼吸困难，湿咳。消瘦或发育迟缓，体弱，毛色暗淡。关节肿胀，皮肤溃疡。通常可存活数月，病死率低。

3. 病理变化 浆膜表面充血、出血，肾肿大出血；心内外膜有大量出血点；胃、肠道黏膜弥漫性出血；胆囊、膀胱黏膜出血；肺肿大，表面有出血点，切面流出泡沫性液体，气管内有血性泡沫样黏液；脾肿大，易碎，呈暗红色至黑色，表面有出血点，有的出现边缘梗死；淋巴结肿大，出血严重。

二、实验室检疫

1. 病原学检测 采集抗凝血、脾、扁桃体、淋巴结、肾和骨髓等组织样品，如环境中存在钝缘软蜱，也应一并采集。采用病毒红细胞吸附试验（HAD）、荧光抗体技术（FAT）、聚合酶链式反应（PCR）、实时荧光PCR和双抗体夹心酶联免疫吸附试验等方法检测。

2. 血清学检测 检测猪血清或血浆中非洲猪瘟病毒抗体，可采用直接酶联免疫吸附试验（ELISA）、间接酶联免疫吸附试验（I-ELISA）和间接荧光抗体病毒中和试验（IFAVN）等方法。

三、检疫后处理

1. 封锁措施 发现家猪、野猪异常死亡，疑似非洲猪瘟时，立即上报疫情，对病猪及同群猪采取隔离、消毒等措施。确诊后，立即划定疫点、疫区（由疫点边缘向外延伸3km范围的区域）和受威胁区（由疫区边缘向外延伸10km的区域，对有野猪活动地区，向外延伸50km的区域），采取封锁措施。

（1）疫点内措施。扑杀所有的病猪和带毒猪，并对所有病死猪、被扑杀猪及其产品进行无害化处理，对排泄物、被污染饲料和垫料、污水等进行无害化处理，对被污染或可疑污染的物品、交通工具、用具、畜舍、场地进行严格彻底消毒。

（2）疫区内措施。扑杀并销毁疫区内的所有猪，并对所有被扑杀猪及其产品进行无害化处理。对猪舍、用具及场地进行严格消毒，关闭生猪交易市场和屠宰场，禁止易感猪及其产品运出。

（3）受威胁区内措施。关闭生猪交易市场，对生猪养殖场、屠宰场进行全面监测和感染风险评估，及时掌握疫情动态。

对疫区、受威胁区及周边地区野猪分布状况进行调查和监测，并采取措施，避免野猪与家猪接触。

2. 封锁的解除 疫点和疫区内最后一头猪死亡或扑杀，并按规定进行消毒和无害化处理6周后，经疫情发生所在地的上一级农业农村主管部门组织验收合格后，由所在地县级以上农业农村主管部门向原发布封锁令的人民政府申请解除封锁，由该人民政府发布解除封锁令，并通报毗邻地区和有关部门，报上一级人民政府备案。

任务二 猪瘟的检疫

猪瘟（Classical swine fever，CSF）是由猪瘟病毒引起的猪的一种高度接触性、出血性和致死性传染病。其特征是发病急，高热稽留，全身广泛性出血，实质器官出血、坏死和梗死。世界动物卫生组织（WOAH）将猪瘟列为必须报告的动物疫病，我国将其列为一类动物疫病。

一、临诊检疫

1. 流行特点 本病在自然条件下只感染猪，不同年龄、性别、品种的猪和野猪都易感。发病猪和带毒猪是本病的传染源，可经呼吸道、消化道、胎盘和交配等途径传播。一年四季均可发生。急性暴发时，最先为急性型，以后出现亚急性型，至流行后期少数呈慢性型。

2. 临诊症状 潜伏期为5～7d，最短的2d，最长的21d。可分为最急性型、急性型、亚急性型、慢性型等。

（1）最急性型。多见于流行初期，突然发病，高热稽留，全身痉挛，四肢抽搐，皮肤和黏膜发绀。经1～5d死亡。

（2）急性型。最为常见；体温在41～42℃，高热稽留；喜卧、拱背、寒战及行走摇晃；食欲减退或废绝，初期便秘，后期腹泻，粪便恶臭，带有黏液或血液；眼结膜发炎，流黏液或脓性分泌物；鼻端、耳根、腹部及四肢内侧的皮肤出现出血斑点；公猪包皮内积尿，用手挤压后有恶臭混浊液体流出。病程1～3周。

（3）亚急性型。同急性型相似，但病情缓和。病程3～4周。

（4）慢性型。病猪表现被毛粗乱，消瘦贫血，精神沉郁，食欲减少，衰弱无力，行动蹒跚，体温时高时低，便秘和腹泻交替。有些病猪的耳尖、尾端和四肢下部皮肤呈蓝紫色或坏死、脱落。病程可长达1个月以上，不死者生长迟缓，成为僵猪。

3. 病理变化

（1）急性型和亚急性型。全身淋巴结肿胀、充血、出血，切面呈现大理石样病变；肾色泽变淡，表面可见针尖状出血点；脾不肿大，边缘有暗紫色、突出于表面的出血性梗死；喉头、膀胱、胆囊黏膜及心脏、扁桃体可见出血点和出血斑；胃肠黏膜呈出血性或卡他性炎症。

（2）慢性型。主要表现为在回肠末端、盲肠和结肠常见纽扣状溃疡。

二、实验室检疫

1. 病原学检测 采集扁桃体、肾、脾或淋巴结等组织样品，采用荧光抗体技术、兔体交互免疫试验进行病原鉴定，也可采用反转录-聚合酶链式反应（RT-PCR）、实时荧光RT-PCR和猪瘟抗原双抗体夹心ELISA等方法检测。

2. 血清学检测　检测猪血清或血浆中猪瘟病毒抗体，可采用阻断酶联免疫吸附试验（B-ELISA）、竞争酶联免疫吸附试验（C-ELISA）、间接酶联免疫吸附试验（I-ELISA）和荧光抗体病毒中和试验（FAVN）等方法。

间接免疫荧光技术检测猪瘟病毒

三、检疫后处理

1. 封锁措施　发现疑似猪瘟时，立即上报疫情，对病猪及同群猪采取隔离、消毒等措施。确诊后，立即划定疫点、疫区（由疫点边缘向外延伸 3km 范围的区域）和受威胁区（由疫区边缘向外延伸 5km 的区域），采取封锁措施。

（1）疫点内措施。扑杀所有的病猪和带毒猪，并对所有病死猪、被扑杀猪及其产品进行无害化处理，对排泄物、被污染饲料和垫料、污水等进行无害化处理，对被污染或可疑污染的物品、交通工具、用具、圈舍、场地进行严格彻底消毒。

（2）疫区内措施。停止疫区内猪及其产品的交易活动，禁止易感猪及其产品运出，所有易感猪紧急免疫接种。

（3）受威胁区内措施。对易感猪进行紧急免疫接种。

2. 封锁的解除　疫点内所有病死猪、被扑杀的猪按规定进行处理，疫区内没有新的病例发生，彻底消毒 10d 后，经上一级农业农村主管部门组织验收合格，由当地农业农村主管部门提出申请，由发布封锁令的人民政府解除封锁。

任务三　猪繁殖与呼吸综合征的检疫

猪繁殖与呼吸综合征（PRRS）俗称蓝耳病，是由猪繁殖与呼吸综合征病毒引起的高度接触性传染病。本病分为经典猪蓝耳病和高致病性猪蓝耳病。世界动物卫生组织将高致病性猪蓝耳病列为必须报告的动物疫病，我国将其列为一类动物疫病。

一、临诊检疫

1. 流行特点　本病只感染猪，不同年龄和品种的猪均可感染，妊娠母猪和仔猪最易感。传染源是病猪和带毒猪，本病可经呼吸道、胎盘和交配等途径传播。猪舍卫生条件不良，饲养密度过大，气候恶劣，可促进本病流行。

2. 临诊症状

（1）经典型。潜伏期一般为 7～14d。妊娠母猪出现食欲不振、发热、嗜睡，继而发生流产、早产、死胎，偶见木乃伊胎，活仔猪体重小而且衰弱。种公猪表现厌食、嗜睡、呼吸道症状，精液质量降低。哺乳仔猪表现精神沉郁、消瘦、呼吸困难、食欲不振、后肢麻痹、耳部皮肤出现紫色斑块，初感染群病死率可达 50%以上。育肥猪症状较轻，可出现轻微的呼吸道症状，发育迟缓。

（2）高致病型。潜伏期一般为 3～10d。体温可达 41℃以上；皮肤有弥漫性红斑；眼结膜炎、眼睑水肿；咳嗽、气喘等呼吸道症状；部分猪出现后躯无力、不能站立或共济失调等神经症状；仔猪发病率可达 100%、病死率可达 50%以上，母猪流产率可达 30%以上，成年猪也发病死亡。

3. 病理变化

（1）经典型。主要见弥漫性间质性肺炎，淋巴结肿大，胸腹腔积液等。

(2) 高致病型。脾边缘或表面出现梗死灶；肾呈土黄色，表面可见针尖至小米粒大出血点；皮下、扁桃体、心脏、膀胱、肝和肠道均可见出血点和出血斑；部分病例可见胃肠道出血、溃疡、坏死。

二、实验室检疫

1. 病原学检查 无菌采取病猪的血清、腹水或死亡猪的肺、扁桃体、淋巴结和脾等组织，进行病毒分离，采用免疫过氧化物酶单层试验（IPMA）或间接荧光抗体技术（IFAT）进行病毒鉴定。也可应用反转录-聚合酶链式反应（RT－PCR）检测肺、扁桃体、淋巴结和脾等组织样品及细胞培养物和精液中的病毒。

2. 血清学检查 检测猪血清中的本病抗体，可采用阻断酶联免疫吸附试验（B－ELISA）。

三、检疫后处理

1. 经典蓝耳病 扑杀所有病猪，对同群猪采取隔离措施并紧急免疫接种，加强场地消毒，对尸体、死胎及流产物进行无害化处理。引进种猪必须隔离饲养45d，经血清学检测阴性者，方可混群。

2. 高致病性蓝耳病 发现疑似高致病性蓝耳病疫情时，应立即上报疫情。确诊后，立即划定疫点、疫区（由疫点边缘向外延伸3km范围的区域）和受威胁区（由疫区边缘向外延伸5km的区域），采取封锁措施。扑杀疫点内所有病猪和同群猪，对病死猪、排泄物及被污染饲料、垫料、污水等进行无害化处理，对被污染的物品、交通工具、用具、猪舍、场地等进行彻底消毒。对疫区和受威胁区易感猪进行紧急免疫接种。

疫区内最后一头病猪扑杀或死亡后14d以上，未出现新的疫情，对相关场所和物品实施终末消毒后，经审验合格，由当地农业农村主管部门提出申请，由发布封锁令的人民政府宣布解除封锁。

任务四　猪细小病毒病的检疫

猪细小病毒病（Porcine parvovirus infection，PPI）是由猪细小病毒引起的猪的一种繁殖障碍性疾病。以胎儿和胚胎感染及死亡为特征。

一、临诊检疫

1. 流行特点 猪是本病唯一的易感动物，不同年龄、性别的猪都可感染，传染源主要是病猪和带毒猪。本病可通过胎盘传染给胎儿，感染本病的母猪所产胎儿和子宫分泌物中含有病毒，可污染饲料、猪舍内外环境，再经呼吸道和消化道引起健康猪感染。感染公猪的精液中含有病毒，在配种时可传染给母猪。

2. 临诊症状 妊娠母猪出现繁殖障碍，产仔数少、流产，产死胎、木乃伊胎、发育不正常胎，产后久配不孕等，初产母猪多发。

3. 病理变化 母猪子宫内膜有轻微炎症，胎盘有部分钙化。感染胎儿还可见充血、水肿、出血、体腔积液、木乃伊化及坏死等病变。

二、实验室检疫

1. 病原学检查　检测猪血清和组织中的猪细小病毒，可采用聚合酶链式反应（PCR）、荧光抗体技术（FAT）等。

2. 血清学检查　检查猪血清中的抗体，可用血凝抑制试验（HI）、乳胶凝集试验（LAT）、酶联免疫吸附试验（ELISA）等方法。

三、检疫后处理

1. 检出病猪　立即隔离病猪及同群猪，圈舍严格消毒，必要时扑杀病猪。病死猪尸体及流产物做无害化处理。

2. 加强种猪检疫　种猪场要进行猪细小病毒病净化。种猪进场后，必须隔离饲养 45d，经实验室检查确认为猪细小病毒野毒感染阴性的，方可混群。

任务五　猪圆环病毒病的检疫

猪圆环病毒病（Porcine circovirus diseases，PCVD）是由圆环病毒 2 型（PCV－2）引起猪的多种综合征的统称，包括断乳仔猪多系统衰弱综合征（PMWS）、猪皮炎肾病综合征（PDNS）、猪圆环病毒 2 型繁殖障碍等。

一、临诊检疫

1. 流行特点　各年龄的猪均可感染，但主要发生在断乳后仔猪，一般集中在 5～18 周龄的猪。本病主要经过口鼻接触传染，饲养管理不善、通风不良、温度不适、免疫接种应激等因素可诱发本病。

2. 临诊症状

（1）断乳仔猪多系统衰弱综合征。病猪表现消瘦、肌肉无力、腹泻、呼吸困难、黄疸、贫血、生长发育不良。多见于 6～12 周龄的仔猪。

（2）猪皮炎肾病综合征。多见于保育猪、生长猪。病猪表现厌食、沉郁、轻微发热、不愿行走，皮肤出现红色或紫红色的隆起的不规则丘疹。

（3）猪圆环病毒 2 型繁殖障碍。母猪返情率增加、产木乃伊胎、流产以及死产和产弱仔等。

3. 病理变化

（1）断乳仔猪多系统衰弱综合征。淋巴结肿大，切面可见均匀的灰白色；胸腺萎缩；肺多发生弥漫性间质性肺炎。

（2）猪皮炎肾病综合征。肾肿大，有出血点和坏死点。病程较长的可见慢性肾小球肾炎。

（3）猪圆环病毒 2 型繁殖障碍。死产和不发育仔猪表现肝淤血和纤维素性或坏死性心肌炎。

二、实验室检疫

1. 病原学检查　无菌采集病死猪的淋巴结、脾、肺、肾等组织样品或病猪的抗凝血等样品，通过间接荧光抗体技术（IFAT）、聚合酶链式反应（PCR）、巢式聚合酶链式反应（n-PCR）、实时荧光 PCR 等方法检查 PCV-2。

2. 血清学检查 主要采用酶联免疫吸附试验（ELISA）。

三、检疫后处理

1. 检出病猪 及时隔离病猪及同群猪，必要时扑杀病猪。加强圈舍消毒，病死猪尸体、流产胎儿及流产物进行无害化处理。

2. 做好引种检疫 种猪调运前要进行实验室检查，抗原检测阴性为合格。种猪进场后，必须隔离饲养 45d，经实验室检查确认为 PCV-2 阴性的，方可混群。

任务六　猪传染性萎缩性鼻炎的检疫

猪传染性萎缩性鼻炎（Atrophic rhinitis of swine）是由支气管败血波氏杆菌和产毒性多杀性巴氏杆菌单独或联合引起猪的慢性呼吸道病。特征为鼻炎、鼻甲骨萎缩和鼻变形。

一、临诊检疫

1. 流行特点 各年龄的猪均可感染，幼龄猪易感性强。病猪和带菌猪是主要的传染源。本病主要经呼吸道感染，发展较慢，多为散发。

2. 临诊症状 表现鼻塞，不能长时间将鼻端留在粉料中采食；鼻出血，饲槽沿上染有血液；两侧内眼角下方颊部形成“泪斑”；鼻部和颜面变形（上额短缩，前齿咬合不齐等），鼻端向一侧弯曲或鼻部向一侧歪斜，鼻背部横皱褶逐渐增加，眼上缘水平上的鼻梁变平变宽；发育迟滞等。

3. 病理变化 鼻腔的软骨组织和骨组织的软化萎缩，鼻甲骨下卷曲消失。严重病例鼻甲骨完全消失、鼻中隔偏曲，鼻腔变成一个鼻道。

二、实验室检疫

1. 细菌学检查 自鼻腔中后部采集鼻黏液同时进行支气管败血波氏杆菌Ⅰ相菌及产毒素性多杀巴氏杆菌的分离。猪支气管败血波氏杆菌分离物的特性通过生化试验和绵羊血改良鲍姜氏琼脂平板培养鉴定，产毒素性多杀巴氏杆菌分离物的特性通过生化试验、荚膜定型、毒素检测等鉴定。也可采用聚合酶链式反应（PCR）检测组织样品中的病原。

2. 血清学检查 应用较少，凝集试验对确定本病有一定的价值。

三、检疫后处理

1. 检出病猪 淘汰病猪，同群猪隔离饲养，对污染的环境彻底消毒。

2. 做好引种检疫 种猪调运前要严格检疫，检疫合格，方可引进。种猪进场后，必须隔离饲养 45d，无异常表现，方可混群。

任务七　猪链球菌病的检疫

猪链球菌病（Swine streptococcosis）是由多种链球菌引起的人畜共患传染病。以急性出血性败血症和脑炎、慢性关节炎、心内膜炎、化脓性淋巴结炎为特征。

一、临诊检疫

（一）流行特点

猪、马属动物、牛、绵羊、山羊、鸡、兔、水貂以及一些水生动物等均有易感性，不同年龄、品种猪均易感，猪Ⅱ型链球菌可感染人。

病猪和带菌猪是本病的主要传染源，主要经消化道、呼吸道和损伤的皮肤感染。本病一年四季均可发生，夏、秋季多发。

（二）临诊症状

临诊症状可分为败血型、脑膜炎型和淋巴结脓肿型等类型。

1. 败血型　分为最急性型、急性型和慢性型三类。

（1）最急性型。发病急、病程短。体温高达 41～43℃，呼吸迫促，多在 24h 内死于败血症。

（2）急性型。多突然发生，体温升高 40～43℃，呼吸迫促，鼻镜干燥，从鼻腔中流出浆液性或脓性分泌物。结膜潮红，流泪。颈部、耳郭、腹下及四肢下端皮肤呈紫红色，并有出血点。多在 1～3d 死亡。

（3）慢性型。表现为多发性关节炎。关节肿胀，跛行或瘫痪，最后因衰弱、麻痹致死。

2. 脑膜炎型　以脑膜炎为主，多见于仔猪。主要表现为神经症状，如磨牙、口吐白沫，转圈运动，抽搐，倒地后四肢划动似游泳状，最后麻痹而死。病程短的几小时，长的 1～5d，致死率高。

3. 淋巴结脓肿型　以颌下、咽部、颈部等处淋巴结化脓和形成脓肿为特征。

（三）病理变化

1. 败血型　鼻黏膜紫红色、充血及出血，喉头、气管充血，常有大量泡沫。肺充血肿胀。全身淋巴结有不同程度的肿大、充血和出血。脾肿大 1～3 倍，呈暗红色，边缘有黑红色出血性梗死区。胃和小肠黏膜有不同程度的充血和出血，肾肿大、充血和出血，脑膜充血和出血，有的脑切面可见针尖大的出血点。

2. 脑膜炎型　脑膜充血、出血，严重者溢血；部分脑膜下有积液，脑切面有针尖大的出血点；其他病变与败血型相同。

3. 淋巴结脓肿型　关节腔内有黄色胶冻样或纤维素性、脓性渗出物，淋巴结脓肿。有些病例心瓣膜上有菜花样赘生物。

二、实验室检疫

1. 涂片镜检　组织触片或血液涂片，可见革兰阳性球形或卵圆形细菌，无芽孢，有的可形成荚膜，常呈单个、双连的细菌，偶见短链排列。

2. 分离培养　该菌为需氧或兼性厌氧，在血液琼脂平板上接种，37℃培养 24h，形成无色露珠状细小菌落，菌落周围有溶血现象。镜检可见长短不一、链状排列的细菌。

3. 菌型鉴定 用聚合酶链式反应（PCR）进行菌型鉴定。

三、检疫后处理

1. 零星散发 无血扑杀病猪，同群猪立即进行免疫接种或药物预防，并隔离观察14d。对被扑杀的猪、病死猪及排泄物、可能被污染的饲料和污水等进行无害化处理；对可能被污染的物品、交通工具、用具、圈舍进行严格彻底消毒。周围所有易感动物进行紧急免疫接种。

2. 暴发流行 本病呈暴发流行时（一个乡镇30d内发现50头以上病猪，或者2个以上乡镇发生），划定疫点、疫区（由疫点边缘向外延伸1km范围的区域）和受威胁区（由疫区边缘向外延伸3km的区域），采取封锁措施。

对病猪做无血扑杀处理，对同群猪立即做免疫接种或药物预防，并隔离观察14d，必要时对同群猪进行扑杀处理。对疫区和受威胁区内的所有猪进行紧急免疫接种。对病死猪及排泄物、可能被污染饲料和污水等进行无害化处理；对圈舍、道路等可能污染的场所进行彻底消毒。停止疫区内生猪的交易、屠宰、运输、移动。

最后一头病猪扑杀14d后，经上一级农业农村主管部门组织验收合格，由当地农业农村主管部门向原发布封锁令的地方人民政府申请解除封锁。

3. 屠宰检疫 宰前检疫检出的病猪，立即扑杀并进行无害化处理，同群猪隔离观察，确认无异常的，准予屠宰。宰后检疫检出病猪，其胴体、内脏等进行无害化处理。

任务八　副猪嗜血杆菌病的检疫

副猪嗜血杆菌病（Haemophilus parasuis，HP）是由副猪嗜血杆菌引起猪的多发性浆膜炎和关节炎的统称。以咳嗽、呼吸困难、消瘦、跛行，多发性浆膜炎和关节炎为特征。

一、临诊检疫

1. 流行特点 通常只感染猪，从2周龄到4月龄的猪均易感，但以5～8周龄的保育仔猪最为多见。病猪和带菌猪为主要传染源，本病主要通过空气、直接接触和排泄物传播。本病的发生与气候变化、饲料和饮水供应不足、运输等环境应激有关。

2. 临诊症状

（1）急性感染。病猪体温40～41℃，精神沉郁，食欲减退；气喘咳嗽，呼吸困难，鼻孔有浆液性及黏液性分泌物；关节肿胀，跛行，共济失调；一般2～3d死亡。

（2）慢性感染。病猪消瘦虚弱，被毛粗乱，生长不良；咳嗽，呈腹式呼吸；四肢无力，跛行，关节肿大。

3. 病理变化 胸腔内有大量的淡红色液体及纤维素性渗出物，肺与胸壁粘连；腹膜有化脓性或纤维素性炎症，腹腔积液或内脏器官粘连；心包积液，心包内常有干酪样甚至豆腐渣样渗出物，与心脏粘连在一起，形成“绒毛心”；关节肿大，有浆液

性纤维素性炎症。

二、实验室检疫

1. 病原学检查

（1）涂片镜检。无菌操作采集病猪的脑脊液、呼吸道分泌物、胸腹腔积液等病料，进行组织触片镜检。副猪嗜血杆菌为多形态的病原体，一般呈短小杆状，革兰染色阴性，美蓝染色呈两极浓染，着色不均匀。

（2）分离培养。将病料接种到巧克力琼脂培养基或鲜血琼脂培养基，再将可疑菌落与金黄色葡萄球菌垂直划线于无烟酰胺腺嘌呤二核苷酸（NAD）的血液平板上，37℃培养 24～48h，可以看到“卫星生长现象”，且无溶血现象。

（3）聚合酶链式反应（PCR）。可检测气管分泌物、肺组织、关节液中病原的核酸。

2. 血清学检查　常用的检测方法有间接酶联免疫吸附试验（I-ELISA）、琼脂扩散试验（AGID）和补体结合试验（CF）。

三、检疫后处理

发现病猪时，应及时隔离治疗病猪，同群猪隔离饲养，并进行药物预防；病死猪进行无害化处理，污染的环境彻底消毒。

宰前检疫检出病猪，立即扑杀并进行无害化处理，同群猪隔离观察，确认无异常的，准予屠宰。宰后检疫检出病猪，其胴体、内脏等进行无害化处理。

任务九　猪支原体肺炎的检疫

猪支原体肺炎（Mycoplasmal pneumonia of swine，MPS）是由猪肺炎支原体引起猪的一种慢性呼吸道传染病，俗称猪气喘病。特征为咳嗽、气喘和融合性支气管肺炎。

一、临诊检疫

1. 流行特点　本病不同品种、年龄、性别的猪均易感，但哺乳仔猪和断乳仔猪易感染，育肥猪发病率低，成年猪多呈慢性或隐性感染。病猪和带菌猪是主要的传染源，呼吸道是本病的主要传播途径，通过咳嗽、气喘和喷嚏等将病原排出，形成飞沫而感染。一年四季均可发病，但在寒冷、多雨、潮湿或气候骤变时发病较多。

2. 临诊症状　病猪消瘦、生长发育迟缓。慢性干咳，在清晨、晚间、采食时或运动后最明显。体温一般不升高。随着病程的发展，可出现呼吸短促、腹式呼吸、犬坐姿势、连续性痉挛性咳嗽、口鼻处有泡沫等症状。

3. 病理变化　肺表现为融合性支气管肺炎，初期病变多见于心叶、尖叶和膈叶前下缘，呈淡红色或灰红色，半透明状，病变部界限明显，似鲜肌肉样，俗称“肉变”；病变区切面湿润，小支气管内有灰白色泡沫状液体。随着病程延长，病变色泽变深，半透明状程度减轻，俗称“胰变”或“虾肉样变”。肺门和纵隔淋巴结肿大、切面多汁外翻，边缘轻度充血，呈灰白色。

二、实验室检疫

1. X 射线透视检查 可疑患猪进行 X 射线透视检查。

2. 病原学检测 采用巢式聚合酶链式反应（n－PCR）直接检测肺和其他器官组织样品中的病菌抗原。也可采用荧光抗体技术（FAT）、免疫组化试验（IHC）等方法检测。

3. 血清学检查 通常用于感染群的筛查和猪群免疫水平的评估。常用的方法有间接酶联免疫吸附试验（I－ELISA）和补体结合试验（CFT）。

三、检疫后处理

检疫中发现本病时，立即进行全群检查，按检查结果分群隔离，合理治疗，淘汰发病母猪，对污染的环境、用具彻底消毒。

宰前检疫检出病猪，扑杀病猪并进行无害化处理，同群猪隔离观察，确认无异常的，准予屠宰。宰后检疫检出病猪，病变内脏进行无害化处理，胴体一般不受限制。

任务十　猪丹毒的检疫

猪丹毒（Swine erysipelas，SE）是由猪丹毒杆菌引起的一种急性或慢性传染病。以急性败血症和亚急性皮肤疹块为主要特征。

一、临诊检疫

1. 流行特点 猪丹毒杆菌能感染多种动物和人，主要为猪，3～6 月龄的猪发病率最高。病猪和带菌猪是本病的传染源，经消化道、伤口（皮肤、口腔、胃黏膜）传染给易感猪，也可由蚊、蝇、虱、蜱等吸血昆虫传播。

2. 临诊症状 潜伏期一般为 3～5d，分为急性败血型、亚急性疹块型和慢性型。

（1）急性败血型。突然发生，体温 42～43℃，稽留热，眼结膜充血，病初粪便干燥，后期腹泻。发病不久会在耳、颈、背部等处皮肤出现红斑，指压褪色。病猪常于 2～4d 死亡，病死率高。

（2）亚急性疹块型。体温 41～42℃，皮肤上有菱形、圆形或方形疹块，稍凸出于皮肤表面，呈红色或紫色，中间色浅，边缘色深，指压褪色，病程 1～2 周。

（3）慢性型。有多发性关节炎和慢性心内膜炎，也可见慢性坏死性皮炎。

3. 病理变化

（1）急性败血型。全身淋巴结肿大，切面多汁，有出血点；肾肿大，呈暗红色或深红色；脾肿大柔软，呈樱桃红色；肝肿大，呈暗红色。

（2）亚急性疹块型。以皮肤疹块为特征性变化，充血斑中心可因水肿压迫呈苍白色。

（3）慢性型。可见菜花样心内膜炎，穿山甲样皮肤坏死，纤维素性关节炎。

二、实验室检疫

1. 细菌学检查 取高热期的耳静脉血液、皮肤疹块边缘渗出液，慢性病例关节滑囊液作为病料，涂片染色镜检，可见革兰阳性、纤细的小杆菌。鉴定本菌需要进行

分离培养和生化试验，也可采用聚合酶链式反应（PCR）直接检测病料中的病原菌。

2. 血清学检查　检测猪血清中的猪丹毒抗体，可采用凝集试验、间接荧光抗体技术（IFAT）、被动凝集试验（PHA）、酶联免疫吸附试验（ELISA）和补体结合试验（CFT）等。

三、检疫后处理

检出病猪时，及时隔离治疗病猪，污染圈舍及物品要严格消毒，病死猪尸体深埋或化制。同群未发病的猪进行药物预防，隔离观察 2～4 周后，再接种疫苗。对患慢性猪丹毒的病猪及早淘汰进行无害化处理。

宰前检疫检出病猪，扑杀病猪并进行无害化处理，同群猪隔离观察，确认无异常的，准予屠宰。宰后检疫检出病猪，其胴体、内脏及其副产品进行无害化处理。

任务十一　猪肺疫的检疫

猪肺疫（Pneumonic pasteurellosis）又称猪巴氏杆菌病，是由多杀性巴氏杆菌所引起的一种急性、热性传染病。以最急性呈败血症和咽喉炎，急性呈纤维素性胸膜肺炎为主要特征。

一、临诊检疫

1. 流行特点　多种动物均可感染多杀性巴氏杆菌，猪、兔、鸡、鸭发病较多，各种年龄的猪都可感染发病。传染源为病猪和健康带菌猪，经消化道和呼吸道传染，也可通过吸血昆虫叮咬皮肤及黏膜伤口传染。本病无明显季节性，但以冷热交替，气候剧变，潮湿多雨季节发生较多，营养不良、长途运输、饲养条件改变等不良因素可促进本病发生。

2. 临诊症状　潜伏期 1～5d，分为最急性型、急性型和慢性型。

（1）最急性型。常无明显症状而突然死亡。病程稍长者，体温 41～42℃，食欲废绝、可视黏膜发绀、皮肤出现红斑。颈下咽喉部发热、红肿、坚硬，严重者延至耳根、胸前。病猪呼吸极度困难，呈犬坐姿势，伸长头颈，有时可发出喘鸣声，口鼻流出泡沫，多 1～2d 内死亡。

（2）急性型。体温 40～41℃，初发生痉挛性干咳，呼吸困难，鼻流黏稠液，后转为痛性湿咳。常有黏脓性结膜炎。初便秘，后腹泻。后期皮肤出现紫斑或小出血点。病程 5～8d，不死的转为慢性。

（3）慢性型。主要表现为慢性肺炎和慢性胃肠炎。持续性咳嗽和呼吸困难，有少许黏液性或脓性鼻液。常有腹泻，食欲不振，营养不良，极度消瘦，有痂样湿疹，关节肿胀，病程 2 周以上。

3. 病理变化

（1）最急性型。咽喉部、颈部皮下组织有出血性浆液性炎症，切开皮肤时，有大量胶冻样淡黄色水肿液；全身淋巴结肿大，切面红色；心内外膜有出血斑点；肺充血、水肿；胃肠黏膜有出血性炎症；脾出血，不肿大。

（2）急性型。纤维素性肺炎，肺有不同程度的肝变区，周围常伴有水肿和气肿；

胸膜常有纤维素性附着物，严重的胸膜与肺粘连。胸腔及心包积液，支气管、气管内含有多量泡沫状黏液。淋巴结肿大，切面红色。

（3）慢性型。肺肝变区广大，并有黄色或灰色坏死灶，外面有结缔组织包囊，内含干酪样物质，有的形成空洞，与支气管相通。心包与胸腔积液，胸腔有纤维素性沉着，常与肺粘连。

二、实验室检疫

1. 直接染色镜检 取心血、胸腔渗出液、肝、脾或淋巴结，做组织触片或涂片，瑞氏或美蓝染色镜检，可见两端着色的小杆菌。

2. 分离培养鉴定 取上述病料进行分离培养，获取细菌纯培养物。通过生化试验、聚合酶链式反应（PCR）判定培养物中的病原菌，采用间接血凝试验（IHA）、多重 PCR 荚膜定型法鉴定培养物荚膜血清型，采用琼脂扩散试验（AGID）鉴定培养物菌体血清型。

三、检疫后处理

检出病猪时，隔离病猪，及时治疗，严重的做无血扑杀处理；污染圈舍及物品严格消毒，尸体深埋或化制处理；同群未发病的猪进行药物预防；患慢性猪肺疫的病猪应及早淘汰并进行无害化处理。

宰前检疫检出病猪，扑杀病猪并进行无害化处理，同群猪隔离观察，确认无异常的，准予屠宰。宰后检疫检出病猪，其胴体、内脏及其副产品进行无害化处理。

任务十二　猪旋毛虫病的检疫

旋毛虫病（Trichinellosis）是由旋毛虫属寄生虫所引起的人畜共患的寄生虫病。猪旋毛虫病被世界动物卫生组织（WOAH）列为屠宰生猪强制性必检的病种，我国将其列为二类动物疫病。

一、临诊检疫

1. 流行特点 猪、犬、猫、鼠类、狐狸、狼、熊、野猪等多种动物对旋毛虫易感，猪患病率最高，人也易感。旋毛虫的成虫和幼虫寄生于同一宿主，感染后宿主先为终末宿主，成虫产出幼虫后可作为中间宿主。本病主要通过感染动物肉类传播，动物因食入染疫肉而发病。

2. 临诊症状 猪感染本病，多不表现症状，终生带虫。感染严重者，表现肌肉疼痛，麻痹，运步困难，咀嚼吞咽困难等症状；有的表现肠炎症状。

3. 病理变化 感染严重者，肠黏膜增厚水肿，有黏液性炎症和出血斑；肌肉间结缔组织增生，肌纤维萎缩、横纹消失。

二、实验室检疫

1. 病原学检查

（1）压片镜检法。自胴体两侧的膈肌肌脚部各采样一块，剪取燕麦粒大小的肉样

28 粒，夹在两片玻璃板中，压成薄片。低倍显微镜检查，可见有包囊或无包囊的旋毛虫幼虫。

（2）集样消化法。采集胴体膈肌肌脚和舌肌，通过绞碎、加温搅拌、过滤、沉淀、漂洗、镜检，发现虫体时再对这一样品采用分组消化法进一步复检（或压片镜检），直到确定病猪。

2. 血清学检查 检测猪血清中的旋毛虫抗体，可采用酶联免疫吸附试验。此法敏感性高，但感染初期的猪易出现假阴性。

三、检疫后处理

宰后检疫发现本病时，胴体及内脏进行化制或销毁处理。

加强屠宰厂管理，防止犬、猫进入，屠宰废弃物及污水进行无害化处理；犬、猫及其他肉食动物，喂生肉时先做旋毛虫检疫；养猪场要搞好环境卫生，做好灭鼠工作。

任务十三 猪囊尾蚴病的检疫

猪囊尾蚴病（Cysticercosis cellulosae）又称猪囊虫病，是由猪带绦虫的幼虫（猪囊尾蚴）寄生于猪和人等中间宿主引起的人畜共患病。

一、临诊检疫

1. 流行特点 猪带绦虫寄生于人的小肠中，人是其唯一的终末宿主。猪带绦虫患者是猪囊尾蚴的唯一传染来源。猪带绦虫孕卵节片不断脱落，卵随粪排出，猪食入感染性虫卵发生感染，主要在横纹肌发育成囊尾蚴，人多因生食或半生食含囊尾蚴的肉而感染。

2. 临诊症状 猪轻度感染时，无明显的症状。重者可有不同的症状，寄生在脑时，可能引起癫痫、失明、急性脑炎等神经机能障碍；肌肉中寄生数量较多时，常引起寄生部位的肌肉发生短时间的疼痛，表现跛行和食欲不振等；膈肌寄生数量较多时，表现呼吸困难等；寄生于眼结膜下组织或舌部表层时，可见寄生处呈现豆状肿胀。

3. 病理变化 猪囊尾蚴主要寄生于猪的横纹肌，尤其活动性较强的咬肌、心肌、舌肌、膈肌、腰肌等处。呈灰白色半透明囊泡状，米粒大至黄豆大，长径 6～10mm，短径约 5mm，囊内充满液体，囊壁内侧面有一个乳白色的结节，为内翻的头节。严重感染者还可寄生于肝、肺、肾、眼球和脑等器官。

二、实验室检疫

1. 病原学检查 检验咬肌、腰肌、舌肌、膈肌、心肌等，看是否有乳白色椭圆形或圆形猪囊尾蚴。镜检时可见猪囊尾蚴头节上有 4 个吸盘，头节顶部有两排小钩。钙化后的猪囊尾蚴，包囊中有大小不同的黄白色颗粒。

2. 免疫学检查 最常用的是酶联免疫吸附试验。

三、检疫后处理

宰后检疫发现本病时，胴体及内脏化制处理。

搞好公共卫生，做好粪便的处理工作，做到人有厕所、猪有圈舍。

技能一　猪瘟的检疫

（一）技能目标

（1）掌握猪瘟的临诊检疫要点。

（2）会用荧光抗体技术检测猪瘟。

（二）材料设备

患病猪、疑似猪瘟的新鲜病料（淋巴结、脾、血液、扁桃体等）、载玻片、剪刀、镊子、扁桃体采样器、冰冻切片机、猪瘟荧光抗体、荧光显微镜、pH7.2 磷酸盐缓冲液、丙酮液、碳酸缓冲甘油、隔离服、胶靴、口罩、一次性手套等。

（三）方法步骤

1. 临诊检疫

（1）流行病学调查。调查发病原因、经过、免疫接种、猪群发病情况。

（2）临诊症状。参照猪瘟的临诊诊断要点仔细观察，观察有无体温升高，腹泻，耳根、腹部、四肢内侧等处紫红色出血斑点等症状。

（3）病理变化。病死猪尸体剖检时，要注意各组织器官尤其是脾、肾、肝、肺、淋巴结、扁桃体和膀胱的出血变化，观察大肠黏膜坏死和溃疡情况。

2. 荧光抗体染色检查

（1）样品的采集。

①活体采样。固定活猪的上唇，用开口器打开口腔，用猪扁桃体采样器采取扁桃体样品。

②剖检采样。剖检病死猪时，可采取扁桃体、肾、脾、淋巴结、肝和肺等脏器。

（2）标本片制备。取灭菌干燥载玻片一块，将样品组织小片切面触压载玻片，做成压印片，置于室温内干燥。或用所采的病理组织，做成切片。

（3）固定。在载玻片上滴加冷丙酮液数滴，或将载玻片浸泡在冷丙酮液中，置－20℃ 固定 15～20min。

（4）加猪瘟荧光抗体结合物。用 pH7.2 磷酸盐缓冲液（PBS）漂洗 3 次，阴干后滴加猪瘟荧光抗体结合物，置 37℃ 湿盒内作用 30min，取出用 pH7.2 PBS 充分漂洗 5 次，每次 2min，自然干燥。

（5）封片镜检。滴加碳酸缓冲甘油数滴，加盖玻片封闭，用荧光显微镜检查。

（6）结果判定。在荧光显微镜下，见细胞质内有弥散性、絮状或点状的亮绿或黄绿色荧光，判为阳性；细胞质内无荧光，判为阴性；细胞质内呈现弱的黄绿色荧光的样品为可疑。可疑结果经过重复试验，仍呈现弱的黄绿色荧光可判为阳性。

（四）考核标准

序号	考核内容	考核要点	分值	评分标准
1	临诊检疫（30分）	流行病学调查	10	调查内容全面
		临诊症状检查	10	根据待检猪的表现正确判断有无猪瘟症状
		病理变化检查	10	根据待检猪的病变正确判断有无猪瘟病变
2	荧光抗体染色检查（60分）	样品采集	10	样品选择及采集方法正确
		标本片制备	10	正确制备标本片
		固定	5	正确固定标本片
		加猪瘟荧光抗体结合物	15	加猪瘟荧光抗体操作正确
		封片镜检	10	封片正确，使用荧光显微镜熟练
		结果判定	10	正确判定有无猪瘟病毒存在
3	职业素质评价（10分）	安全意识	5	注意人身安全、生物安全
		协作意识	5	具备团队协作精神，积极与小组成员配合，共同完成任务
总分			100	

技能二　猪旋毛虫病的检疫

（一）技能目标

（1）会用肌肉压片镜检法检查旋毛虫。

（2）会在显微镜下识别旋毛虫。

（3）会用集样消化检查法检查旋毛虫。

（二）材料设备

弯头剪刀、旋毛虫压夹玻璃板、剪刀、镊子、显微镜、组织捣碎机、80目铜网、贝尔曼氏幼虫分离装置、凹面皿、磁力加热搅拌器、三角烧瓶、烧杯、膈肌脚、消化液、甘油透明液等。

（三）方法步骤

1. 肌肉压片镜检法

（1）采样。从胴体两侧的膈肌脚各采取肌肉一块，每块约重30g，编上与胴体相同的号码。如果被检对象是部分胴体，可从咬肌、腰肌、肋间肌等处采样。

（2）目检。先将检样的肌膜撕去，纵向拉平检样，在充足的自然光下，不断晃动，观察肉表面有无针尖大、半透明、稍隆起的乳白色或灰白色的小点，检查完一面后再将膈肌翻转，用同样方法检验膈肌的另一面。发现上述小点可怀疑为虫体，将可疑部分剪下、制成压片镜检。

（3）制片。用剪刀顺肌纤维的方向，按随机采样的要求，从检样上至少剪取28粒燕麦粒大小的肉样，均匀地放置在压夹玻璃板上，排成一排，每个压夹玻璃板可放置16粒。将另一压夹琉璃板重叠在放有肉样的玻璃板上，并旋动螺丝，加压使肉粒压成半透明薄片，固定后镜检。

（4）镜检。将制好的压片置于低倍显微镜下，从压片一端的边沿开始观察，直到另一端为止，逐个检查每一个视野，不得漏检。视野中的肌纤维呈淡黄蔷薇色。

（5）判定标准。

①未形成包囊的旋毛虫。在肌纤维之间，虫体呈直杆状或蜷曲状态，有时因压片时压力过大而把虫体挤在压出的肌浆中。

②形成包囊后的旋毛虫。在淡黄蔷薇色的背景上，可见发亮透明的圆形或椭圆形囊内有蜷曲的虫体。

③钙化的旋毛虫。在包囊内可见数量不等、浓淡不均的黑色钙化物，或见到模糊不清的虫体。滴加10%的盐酸溶液脱钙后，可见到完整的虫体，此系包囊钙化；或见到断裂成段的虫体，此系幼虫本身钙化。

④机化的旋毛虫。由于虫体周围的结缔组织增生，使包囊明显增厚，眼观为一较大的白点，镜检呈云雾状。滴加甘油透明液，数分钟后检样透明，镜检可见虫体或虫体崩解后的残骸。

2. 集样消化法

（1）采样。采集膈肌脚和舌肌，每头猪取1个肉样（100g），将肉样中的脂肪、肌膜或腱膜除去，再从每个肉样上剪取1g小样，集中100个小样进行检验。

（2）绞碎肉样。将100个肉样（重100g）放入组织捣碎机内以2 000r/min捣碎，时间30～60s，以无肉眼可见细碎肉块为宜。

（3）加温搅拌。将绞碎的肉样放入置有消化液的烧杯中，肉样与消化液的比例为1∶20，置烧杯于加热磁力搅拌器上，液温控制在40～43℃，搅拌30～60min，以无肉眼可见沉淀物为宜。

（4）过滤沉淀。加温后的消化液经贝尔曼氏幼虫分离机装置过滤，滤液沉淀10～20min后，轻轻分几次放出底层沉淀物于凹面皿中。

（5）漂洗。用37℃温自来水反复漂洗多次，直至沉淀于凹面皿中心的沉淀物，上清透明。

（6）镜检。将带有沉淀物的凹面皿用低倍镜观察，检查是否有虫体存在。发现虫体时再对这一样品采用分组消化法（5头猪样品混合）或压片镜检进一步复检。

（四）考核标准

序号	考核内容	考核要点	分值	评分标准
1	肌肉压片检查法（60分）	采样	10	采样部位正确，量恰当
		目检	10	方法正确，判断正确
		制片	15	肉样大小、数量正确，压片方法正确
		镜检	10	显微镜使用正确
		判定	15	结果判定准确
2	集样消化法（40分）	采样	5	采样部位正确，量恰当
		绞碎肉样	5	捣碎后无肉眼可见细碎肉块
		加温搅拌	10	正确加入消化液，温度、时间控制准确
		过滤沉淀	5	操作准确
		漂洗	5	漂洗方法正确
		镜检	10	操作正确、判定准确
总分			100	

拓展知识 种猪场主要疫病监测工作实施方案

（一）监测目的

掌握种猪重大动物疫病和主要垂直传播性疫病流行状况，跟踪监测病原变异特点与趋势，查找传播风险因素，加强种猪主要疫病预警监测和净化工作。

（二）样品采集

1. 采样数量 每个种猪场采集猪血清样品40份，对应猪扁桃体样品40份，对应种公猪精液5份，国外进口冷冻精液3份。样品来源原则上不少于3栋猪舍的猪，其中包含种公猪5头，经产母猪25头（1～2胎5头，3～4胎10头，5～6胎10头），后备母猪10头（40～60kg 5头，90～110kg 5头）。

2. 样品要求

（1）血清样品。分别经耳静脉、前腔静脉、颈静脉窦采集3～5mL全血，凝固后析出血清不少于1.5mL，用2mL离心管冷冻保存。

（2）扁桃体样品。利用扁桃体采样器（鼻捻子、开口器和采样枪）采样，1头猪采2份，每份样品体积必须大于0.3cm×0.3cm×0.3cm，冷冻保存。

（3）猪精液样品。用人工方法采集，避免加入防腐剂，收集至灭菌离心管中，冷冻保存。

3. 样品编号 血清样品以“A01～A*n*”，扁桃体样品以“B01～B*n*”，猪精液样品以“C01～C*n*”方式编写。同一个体的血清样品与扁桃体样品编号一一对应。

4. 样品信息 填写《种猪场/种公猪站采样记录表》（表6-1）。

表6-1 种猪场/种公猪站采样记录表

省份： 市： 县： 猪场名称： 采样人： 电话： 采样时间： 年 月 日

序号	栋号	耳标号	性别	品种	日龄	胎次	母猪生产阶段	样品编号			最后一次免疫时间														
											猪瘟			猪繁殖与呼吸综合征			伪狂犬病			猪细小病毒病			猪圆环病毒病		
								血清	扁桃体	精液	免疫时间	疫苗名称	厂家	免疫时间	疫苗名称	厂家	免疫时间	疫苗名称	厂家	免疫时间	疫苗名称	厂家	免疫时间	疫苗名称	厂家

（三）样品检测

检测猪繁殖与呼吸综合征、猪瘟、猪伪狂犬病、猪圆环病毒病、猪细小病毒病5种主要垂直传播性动物疫病的9个项目。具体检测项目及方法见表6-2。必要时抽取部分样品进行病毒分离鉴定和基因序列测定，调查病原变异情况。

表6-2 种猪场检测项目及其方法

序号	检测病种	检测项目	样品类型	检测方法
1	猪繁殖与呼吸综合征	PRRSV（通用）	扁桃体、精液	RT-PCR
2		HP-PRRSV（变异株）	扁桃体、精液	RT-PCR
3		PRRSV抗体	血清	ELISA
4	猪瘟	CSFV	扁桃体、精液	RT-PCR
5		CSFV抗体	血清	ELISA
6	伪狂犬病	PRV-gE抗体	血清	ELISA
7		PRV-gB抗体	血清	ELISA
8	猪圆环病毒病	PCV	扁桃体、精液	PCR
9	猪细小病毒病	PPV	扁桃体、精液	PCR

思政园地

1835年，Jim Paget就读伦敦医学院学习医学。一天，他走进解剖室，一群师生正在解剖一位死于肺结核的51岁意大利泥水匠。解剖过程中他们发现了一种能将锐利的手术刀磨钝的“沙样膈肌”，Jim对此非常好奇，当工作人员清理解剖室的时候，他悄悄地从膈肌上切下一小块肌肉带回去进行研究。他发现用肉眼无法判断出肌肉的不同之处，之后就改用手持透镜仔细观察，突然在那些沙样结节中隐约看到了盘曲的小虫子。当他放大倍率再进行观察时，旋毛虫被发现了。

思考：结合Jim发现旋毛虫的例子，你认为科技工作者探究发现一个新事物需要具备哪些素质？

复习与思考

1. 养猪场检出高致病性猪蓝耳病时，应采取哪些处理措施？
2. 屠宰场在宰后检出猪囊尾蚴病时，应如何处理？
3. 如何应用肌肉压片镜检法进行猪旋毛虫病检疫？
4. 猪瘟的临诊检疫要点有哪些？
5. 猪丹毒的临诊检疫要点有哪些？

项目七

禽疫病的检疫

本项目的应用：检疫人员依据禽流感、新城疫、马立克病、鸡传染性法氏囊病、鸡传染性支气管炎、鸡传染性喉气管炎、禽痘、禽白血病、鸡白痢、鸡球虫病、鸭瘟、小鹅瘟的临诊检疫要点进行现场检疫；检疫人员对禽疫病进行实验室检疫；检疫人员根据检疫结果进行检疫处理。

完成本项目所需知识点：禽流感、新城疫、马立克病、鸡传染性法氏囊病、鸡传染性支气管炎、鸡传染性喉气管炎、禽痘、禽白血病、鸡白痢、鸡球虫病、鸭瘟、小鹅瘟的流行病学特点、临诊症状和病理变化；禽疫病的实验室检疫方法；禽疫病的检疫后处理；病死及病害动物的无害化处理。

完成本项目所需技能点：禽疫病的临诊检疫；新城疫、禽白血病、鸡白痢、鸭瘟的实验室检疫；染疫禽尸体的无害化处理。

任务一　禽流感的检疫

禽流感（Avian influenza，AI）是由A型流感病毒引起的以禽类为主的烈性传染病，可以分为低致病性禽流感（LPAI）和高致病性禽流感（HPAI），高致病性禽流感主要是H5和H7亚型中的毒株引起，低致病性禽流感主要流行毒株为H9亚型。世界动物卫生组织（WOAH）将高致病性禽流感列为必须报告的动物疫病，我国将其列为一类动物疫病。

一、临诊检疫

1. 流行特点　鸡、火鸡、鸭、鹅等多种禽类和鹌鹑、雉鸡、鹧鸪、鸵鸟、孔雀等多种野鸟易感。传染源主要为病禽（野鸟）和带毒禽（野鸟），病毒可长期在污染的粪便、水等环境中存活。本病主要通过直接接触感染或经呼吸道、消化道感染。

2. 临诊症状 潜伏期从几小时到数天，最长可达21d。

（1）高致病性禽流感。常急性暴发，发病率和病死率可高达90%以上。病鸡体温升高，精神沉郁，采食量明显下降，甚至食欲废绝；头部及下颌部肿胀，冠髯出血或发绀，脚鳞片出血，粪便黄绿色并带多量的黏液；呼吸困难，张口呼吸；产蛋鸡产蛋下降或几乎停止。鹅和鸭等水禽可见角膜炎、头颈扭曲等症状。

（2）低致病性禽流感。呼吸道症状表现明显，流泪，排黄绿色稀便。产蛋鸡产蛋量下降明显，甚至绝产。病死率较低。

3. 病理变化

（1）高致病性禽流感。心外膜或冠状脂肪有出血点，心肌纤维坏死呈红白相间；胰有出血点或黄白色坏死点；腺胃乳头、腺胃与肌胃交界处及肌胃角质层下出血；输卵管中部可见乳白色分泌物或凝块；卵泡充血、出血、萎缩、破裂，有的可见卵黄性腹膜炎；喉、气管充血、出血；头颈部皮下胶冻样浸润。

（2）低致病性禽流感。喉、气管充血、出血，有浆液性或干酪性渗出物，气管分叉处有黄色干酪样物阻塞；肠黏膜充血或出血；产蛋鸡常见卵巢出血，卵泡畸形、萎缩和破裂；输卵管黏膜充血水肿，内有白色黏稠渗出物。

二、实验室检疫

1. 病原学检查 无菌采取病死鸡的脑、气管、肺、肝、脾等器官，活禽可采其喉头和泄殖腔拭子。病料处理后接种鸡胚，收取尿囊液，检测尿囊液的血凝（HA）活性，阳性反应说明可能有禽流感病毒；再用血凝抑制试验（HI）可确定流感病毒；测定静脉内接种致病指数（IVPI）可判定病毒是否为高致病性毒株；通过神经氨酸酶抑制（NI）试验进行NA亚型鉴定。也可采用反转录-聚合酶链式反应（RT-PCR）、荧光反转录-聚合酶链式反应（荧光RT-PCR）检测检样或尿囊液中的病原。

2. 血清学检查 检测禽血清中抗体，可采用血凝抑制（HI）试验、琼脂扩散试验（AGID）、酶联免疫吸附试验（ELISA）等。

三、检疫后处理

（一）高致病性禽流感

1. 封锁措施 发现临诊怀疑病例时，立即上报疫情，对发病场所实施隔离、监控，禁止禽类、禽类产品及有关物品移动，并对污染环境实施严格的消毒措施。确诊后，立即划定疫点、疫区（由疫点边缘向外延伸3km范围的区域）和受威胁区（由疫区边缘向外延伸5km的区域），采取封锁措施。

（1）疫点内措施。扑杀所有的禽只，并对所有病死禽、被扑杀禽及其产品进行无害化处理，对排泄物、被污染饲料和垫料、污水等进行无害化处理，对被污染或可疑污染的交通工具、用具、圈舍、场地等进行严格彻底消毒。对发病前21d内售出的所有家禽及其产品进行追踪，并做扑杀和无害化处理。

（2）疫区内措施。扑杀疫区内所有家禽，并进行无害化处理，同时销毁相应的禽类产品。对污染物进行无害化处理，对污染场所进行严格消毒。

（3）受威胁区内措施。对易感禽类进行紧急免疫接种。

关闭疫点及周边13km内所有家禽及其产品交易市场。

2. 封锁的解除 疫点、疫区内所有禽类及其产品按规定处理完毕21d以上，监测未出现新的传染源，终末消毒完成，受威胁区按规定完成免疫。经上一级农业农村主管部门组织验收合格，由当地农业农村主管部门提出申请，由原发布封锁令的人民政府解除封锁。

（二）低致病性禽流感

病禽扑杀，病死禽和扑杀病禽做无害化处理，污染的物品及场所进行彻底的消毒，疫区内易感家禽紧急免疫接种。

任务二 鸡新城疫的检疫

新城疫（Newcastle disease，ND）是由禽副黏病毒Ⅰ型引起的高度接触性禽类烈性传染病。世界动物卫生组织（WOAH）将其列为必须报告的动物疫病，我国将其列为一类动物疫病。

一、临诊检疫

1. 流行特点 鸡、火鸡、鹌鹑、鸽子、鸭、鹅等多种家禽及野禽均易感，各种日龄的禽类均可感染。传染源主要为感染禽，通过粪便和口、鼻、眼的分泌物排毒，主要经消化道和呼吸道感染。

2. 临诊症状 根据临诊症状的不同，可将新城疫分为5种病型。

（1）嗜内脏速发型。所有日龄鸡均呈急性、致死性感染，以消化道出血性病变为主要特征，病死率高。

突然发病，有时无特征症状而死亡。初期病鸡倦怠，呼吸急促，排绿色、黄绿色或黄白色的稀粪，多经4～8d死亡。幸存鸡多出现颈部扭转等神经症状。

（2）嗜神经速发型。所有日龄鸡均呈急性、致死性感染，以呼吸道和神经症状为主要特征，传播迅速，病死率高。

突然发病，呼吸困难、咳嗽、气喘，并发出“咯咯”的喘鸣声；食欲下降，产蛋量下降甚至停止。稍后出现翅腿麻痹、头颈扭曲等神经症状。

（3）中发型。以呼吸道和神经症状为主要特征，病死率低。表现急性呼吸道症状，以咳嗽为主，少气喘，食欲下降，产蛋量下降甚至停止。

（4）缓发型。以轻度或亚临诊性呼吸道感染为主要特征。

（5）无症状肠道型。以亚临诊性肠道感染为主要特征。

3. 病理变化 全身黏膜和浆膜出血；腺胃黏膜水肿、乳头和乳头间有出血点；肌胃角质层下有出血点；小肠和直肠黏膜出血，肠壁淋巴组织呈枣核状肿胀、出血、坏死，有的形成伪膜；盲肠扁桃体肿大、出血和坏死；喉、气管黏膜充血，偶有出血，肺可见淤血和水肿；心冠脂肪有针尖大的出血点；产蛋母鸡的卵泡和输卵管充血，卵泡膜极易破裂而引发卵黄性腹膜炎。

二、实验室检疫

1. 病毒的分离与鉴定 病死禽采集脑，也可采集脾、肺、气囊等组织；发病禽采集气管拭子和泄殖腔拭子（或粪便）。病料接种鸡胚，收取尿囊液，检测尿囊液的血凝（HA）活性。阳性反应说明可能有新城疫病毒，再用血凝抑制（HI）试验可确定新城疫病毒，毒力测定可采用脑内致病指数（ICPI）测定和F蛋白裂解位点序列测定。也可采用反转录-聚合酶链式反应（RT－PCR）检测检样或尿囊液中的病原。

2. 血清学检查 目前用于新城疫抗体检测的方法有血凝抑制（HI）试验、琼脂扩散试验（AGID）、酶联免疫吸附试验（ELISA）等。

三、检疫后处理

发现可疑新城疫疫情时，立即上报疫情，并将病禽（场）隔离，并限制其移动。确诊后，立即划定疫点、疫区（由疫点边缘向外延伸3km范围的区域）和受威胁区（由疫区边缘向外延伸5km的区域），采取封锁措施。扑杀疫点内所有的病禽和同群禽只，对病死禽、被扑杀禽、禽类产品、排泄物、被污染饲料和垫料、污水等进行无害化处理，对被污染的物品、交通工具、用具、禽舍等进行彻底消毒。关闭疫区内活禽及禽类产品交易市场，禁止易感活禽进出和易感禽类产品运出，对疫区和受威胁区易感禽只进行紧急免疫接种。

疫区内没有新的病例发生，疫点内所有病死禽、被扑杀的同群禽及其禽类产品无害化处理21d后，对有关场所和物品进行彻底消毒，经上一级农业农村主管部门组织验收合格后，由当地农业农村主管部门提出申请，由原发布封锁令的人民政府发布解除封锁令。

任务三　鸡马立克病的检疫

鸡马立克病（Marek's disease，MD）是由马立克病病毒引起鸡的一种淋巴组织增生性传染病，以外周神经、性腺、虹膜、各种内脏器官、肌肉和皮肤的单个或多个组织器官发生肿瘤为特征。

一、临诊检疫

1. 流行特点 鸡是主要的自然宿主。鹌鹑、火鸡、雉鸡、乌鸡等也可发生自然感染。2周龄以内的雏鸡最易感。6周龄以上的鸡可出现临诊症状，12～24周龄最为严重。病鸡和带毒鸡是最主要的传染源，羽毛囊上皮细胞中成熟型病毒可随羽毛和脱落的皮屑散毒，主要通过呼吸道感染。

2. 临诊症状 根据临诊症状分为4个型。

（1）内脏型。常表现极度沉郁，有时不表现任何症状而突然死亡。有的病鸡表现厌食、消瘦和昏迷，最后衰竭而死。

（2）神经型。最早症状为运动障碍。腿和翅膀完全或不完全麻痹，两腿前后伸展呈“劈叉”姿势，翅膀下垂。

（3）眼型。视力减退或消失。虹膜失去正常色素，呈同心环状或斑点状。瞳孔边缘不整，严重阶段瞳孔只剩下一个针尖大小的孔。

（4）皮肤型。皮肤毛囊肿大，以大腿外侧、翅膀、腹部尤为明显。

3. 病理变化

（1）神经型。常在臂神经丛、坐骨神经丛、腰荐神经和颈部迷走神经等处发生病变，病变神经可比正常神经粗2～3倍，横纹消失，呈灰白色或淡黄色。

（2）内脏型。在肝、脾、胰、睾丸、卵巢、肾、肺、腺胃和心脏等脏器出现广泛的结节性或弥漫性肿瘤。

二、实验室检疫

1. 病毒的分离与鉴定　采集病鸡全血的白细胞层或刚死亡鸡脾细胞，进行细胞培养，观察有无细胞病变（CPE），即蚀斑，一般可在3～5d内出现。可通过荧光抗体技术（FAT）检测蚀斑，也可以采用聚合酶链式反应（PCR）检测检样。

2. 病理组织学诊断　主要以淋巴母细胞、大淋巴细胞、中淋巴细胞、小淋巴细胞及巨噬细胞的增生浸润为主，同时可见小淋巴细胞和浆细胞的浸润和雪旺氏细胞增生。

3. 免疫学诊断　主要采用琼脂扩散试验（AGID）、酶联免疫吸附试验（ELISA）、病毒中和试验（VN）等。

三、检疫后处理

发生疫情时，对发病鸡群进行扑杀和无害化处理，对鸡舍和周围环境进行消毒，对受威胁鸡群进行观察。

宰前检出本病时，扑杀病鸡并进行无害化处理；同群鸡急宰，内脏化制或销毁。宰后检出本病肿瘤时，病鸡胴体及内脏进行无害化处理。

任务四　鸡传染性法氏囊病的检疫

传染性法氏囊病（Infectious bursal disease，IBD）是由传染性法氏囊病病毒引起的一种急性、高度接触性传染病。以排白色稀粪，法氏囊受损和机体免疫抑制为特征。

一、临诊检疫

1. 流行特点　自然发病仅见于鸡，3～6周龄的鸡最易感，火鸡、鸭、珍珠鸡、鸵鸟等也可感染。病鸡和隐性感染鸡是主要的传染源，主要经消化道、眼结膜及呼吸道感染。本病往往突然发病，传播迅速，发病率高，病程短。

2. 临诊症状　病鸡采食减少，畏寒聚堆，闭眼呈昏睡状态。排出白色黏稠和水样稀粪，泄殖腔周围的羽毛被粪便污染。在后期体温低于正常，严重脱水，极度虚弱，通常5～7d达到死亡高峰，病死率一般为20%～30%。

3. 病理变化　腿部和胸部肌肉有不同程度的条状或斑点状出血；法氏囊肿大、出血，覆有淡黄色胶冻样渗出液，出血严重者呈“紫葡萄”样，囊内黏液增多，后期法氏囊萎缩，囊内有干酪样渗出物；肾肿胀，有尿酸盐沉积。

二、实验室检疫

1. 病原学检查　采集有病变的新鲜法氏囊，处理后接种鸡胚或易感雏鸡，观察病变。也可采用琼脂扩散试验（AGID）、荧光抗体技术（FAT）检测病料中的病原。

2. 免疫学诊断 主要方法有琼脂扩散试验（AGID）、酶联免疫吸附试验（ELISA）、病毒中和试验（VN）等。其中AGID和ELISA较为简单、快速、易行，常用于检测传染性法氏囊病病毒抗原或抗体的存在。

三、检疫后处理

1. 检出病鸡 对发病鸡群进行扑杀和无害化处理，对鸡舍和周围环境进行消毒，对受威胁鸡群进行隔离监测。

2. 做好引进种鸡检疫 国内异地引入种鸡及其精液、种蛋时，应取得原产地动物卫生监督机构的检疫合格证明。到达引入地后，种鸡必须隔离饲养30d以上，并由引入地动物卫生监督机构进行检测，合格后方可混群饲养。

任务五 鸡传染性支气管炎的检疫

传染性支气管炎（Infectious bronchitis，IB）是由传染性支气管炎病毒引起的主要危害鸡的一种急性、高度接触性传染病。以咳嗽、打喷嚏、气管啰音及肾病变，产蛋鸡产蛋量减少为特征。

一、临诊检疫

1. 流行特点 本病仅发生于鸡，雏鸡最易感。传染源主要是病鸡和康复后带毒鸡，主要经空气（飞沫）传播，也可直接接触或通过污染的饲料、饮水、器具传播。本病传播迅速，冬、春寒冷季节多发。

2. 临诊症状 根据症状可分为呼吸型与肾型两种类型。

（1）呼吸型。雏鸡症状典型，表现张口伸颈呼吸、咳嗽、打喷嚏、呼吸道啰音，食欲减少，怕冷挤堆，昏睡。产蛋鸡感染后呼吸道症状轻微，主要表现产蛋量下降，蛋壳颜色变浅，并产软壳蛋、畸形蛋或粗壳蛋，蛋清稀薄如水。

（2）肾型。多发生于2～4周龄的鸡。初期有轻微呼吸道症状，包括咳嗽、气喘、喷嚏等，易被忽视，呼吸症状消失后不久，鸡群突然大量发病，排白色稀粪，粪便中含有大量尿酸盐，迅速消瘦、脱水。

3. 病理变化 幼雏感染本病毒，可导致输卵管永久性损伤，不能正常发育。

（1）呼吸型。鼻腔、鼻窦、气管和支气管内有浆液性、黏液性或干酪样渗出物，多数死亡鸡在气管分叉处或支气管中有干酪性的栓子；产蛋母鸡的腹腔内可以发现液状的卵黄物质，卵泡充血、出血、变形。

（2）肾型。肾肿大苍白，称为“花斑肾”，肾小管和输尿管因尿酸盐沉积而扩张。

二、实验室检疫

1. 病原学检查 采集呼吸道型病鸡的气管渗出物、支气管和肺组织，肾型病鸡的肾，产蛋量下降病鸡的输卵管。将病料接种于10～11日龄的鸡胚，随着继代次数的增加，传染性支气管炎病毒可导致鸡胚出现发育受阻、胚体矮小并蜷缩等特征性变化。对病毒的进一步鉴定可采用反转录-聚合酶链式反应（RT－PCR）。

2. 血清学检查 主要方法有病毒中和试验（VN）、血凝抑制（HI）试验、琼脂扩散试验（AGID）、酶联免疫吸附试验（ELISA）等。

三、检疫后处理

发生疫情时，对发病鸡群进行扑杀和无害化处理，对鸡舍和周围环境进行严格消毒，对受威胁鸡群进行观察，必要时进行紧急接种。

任务六 鸡传染性喉气管炎的检疫

传染性喉气管炎（Infectious laryngotracheitis，ILT）是由传染性喉气管炎病毒引起的鸡的一种急性呼吸道传染病。以呼吸困难、咳嗽和咳血为特征。

一、临诊检疫

1. 流行特点 本病主要侵害鸡，成年鸡多发，传播快，发病率较高。本病传染源主要是病鸡和康复后带毒鸡，主要经呼吸道和眼结膜感染。

2. 临诊症状 表现呼吸困难，鼻孔有分泌物，湿性啰音，咳嗽和气喘，咳出带血的黏液或血块。

3. 病理变化 病初喉头及气管上段黏膜充血、肿胀、出血，管腔中有带血的渗出物；病程稍长者，渗出物形成黄白色干酪样伪膜，可能会将喉头甚至气管完全堵塞。

二、实验室检疫

1. 病原学检查 采集患病鸡咽喉拭子、病死鸡的喉或气管，将病料接种于9～12d的鸡胚绒毛尿囊膜，观察绒毛尿囊膜出现的痘斑。进一步鉴定可采用血清中和试验（SN）。也可采用聚合酶链反应（PCR）、实时聚合酶链反应（RT－PCR）检测病料中的病原。

2. 血清学检查 主要方法有病毒中和试验（VN）、琼脂扩散试验（AGID）、间接荧光抗体技术（IFAT）、酶联免疫吸附试验（ELISA）等。

三、检疫后处理

发生疫情时，扑杀发病鸡群并进行无害化处理，对鸡舍和周围环境进行严格消毒，对受威胁鸡群进行观察，必要时进行紧急接种。

任务七 禽痘的检疫

禽痘（Avian poxvirus，AP）是由禽类痘病毒引起禽类的一种高度接触性传染病。以体表无毛处的痘疹或呼吸道、口腔和食管部黏膜处的纤维素性坏死性伪膜为特征。

一、临诊检疫

1. 流行特点 鸡、火鸡和鸽易感，其他禽类易感性较低。病禽和带毒禽是主要的传染源，主要通过直接接触传播，脱落和碎散的痘痂是禽痘病毒散播的主要载体，库蚊、疟蚊和按蚊等吸血昆虫在传播本病中起着重要作用。禽痘一年四季都可发生，夏秋季较多。

2. 临诊症状 潜伏期一般为4～14d，病程通常为3～4周。

（1）皮肤型禽痘。在身体的无羽毛部位，如冠、肉垂、嘴角、眼皮、耳球、腿、脚及翅的内侧等处形成痘疹。痘疹最初为灰白色小点，随后增大如豌豆，灰色或灰黄色，数目较多时可连成痂块。眼部痘痂可使眼缝完全闭合。

（2）黏膜型禽痘。在口腔、咽部、喉部、鼻腔、气管及支气管等部位形成痘疹。痘疹最初呈圆形黄色斑点，逐渐形成一层黄白色伪膜，并迅速融合增大而形成白喉样膜。病禽张口呼吸，引起呼吸困难甚至窒息死亡。

（3）混合型禽痘。在皮肤、口腔和咽喉黏膜等多处同时发生痘疹。病禽生长缓慢、精神委顿、食欲减退，蛋鸡暂时性产蛋量下降。一些病禽表现严重的全身症状，并发生肠炎，迅速死亡，或急性症状消失后，转为慢性肠炎。

二、实验室检疫

1. 病原学检查 采集皮肤或白喉病变组织抹片镜检，观察禽痘病毒原生小体；或将病料接种鸡胚，观察鸡胚绒毛尿囊膜上的白色痘斑。也可采用聚合酶链式反应（PCR）检测病料中的病原。

2. 血清学检查 主要方法有病毒中和试验（VN）、琼脂扩散试验（AGID）、红细胞凝集抑制试验（HI）、荧光抗体技术（FAT）、酶联免疫吸附试验（ELISA）等。

三、检疫后处理

发生疫情时，扑杀发病禽群并进行无害化处理，对禽舍和周围环境进行严格消毒，对受威胁禽群进行观察。

宰前检出本病时，扑杀病禽并进行无害化处理；同群禽隔离观察，确认无异常的，准予屠宰。

任务八 禽白血病的检疫

禽白血病（Avian leukosis，AL）是由禽白血病/肉瘤病毒群中的病毒引起的禽类多种肿瘤性疾病的统称，在自然条件下以淋巴细胞性白血病最为常见。我国将本病列为二类动物疫病。

一、临诊检疫

1. 流行特点 鸡是该群病毒的自然宿主，鸭、鹌鹑、鹧鸪、雉鸡、斑鸠等也可感染，鸡易感性与其品种有关，J-亚群禽白血病主要发生于肉用型鸡。病鸡或带毒鸡为主要传染源，特别是处于病毒血症期的鸡。主要通过种蛋垂直传播，也可通过与

感染鸡或污染的环境接触而水平传播。垂直传播而导致的先天性感染的鸡常出现免疫耐受，雏鸡表现为持续性病毒血症，体内无抗体并向外排毒。

2. 临诊症状 潜伏期较长，因病毒株不同、鸡群的遗传背景差异等而有所不同。

自然病例主要发生于18～25周龄的性成熟前后鸡群，最早可见于5周龄。表现鸡冠发白、皱缩，机体消瘦，腹部增大，有时触摸到肿大的肝和法氏囊。

血管瘤型白血病在病鸡皮肤或内脏器官的表面形成血管瘤，瘤壁破裂后引起流血不止，病鸡表现贫血症状并常死于大量失血。

3. 病理变化 淋巴样白血病最常在肝、脾、法氏囊、肾、肺、性腺、心、骨髓等器官组织出现肿瘤，肿瘤可表现为较大的结节或弥漫性分布的细小结节。肿瘤结节的大小和数量差异很大，表面平滑，切开后呈灰白色至奶酪色。

成红细胞性白血病、成髓细胞性白血病和髓细胞白血病多出现肝、脾、肾的弥漫性增大。

J-亚群禽白血病的特征性病变是肝、脾肿大，表面有弥漫性的灰白色增生性结节。在肾、卵巢和睾丸也可见广泛的肿瘤组织，有时在胸骨、肋骨表面出现肿瘤结节。

二、实验室检疫

1. 组织病理学检查 在苏木精-伊红（HE）染色切片中，淋巴样白血病为淋巴样细胞肿瘤结节，J-亚群禽白血病可见增生的髓细胞样肿瘤细胞，散在或形成肿瘤结节。

2. 病原学检查 采集病鸡全血、带有白细胞的血浆或血清、脾、肝、肾、咽喉、泄殖腔棉拭子，进行病毒的分离培养，通过间接荧光抗体技术（IFAT）、聚合酶链式反应（PCR）检测病毒。

3. 血清学检查 酶联免疫吸附试验（ELISA）可检测鸡血清中A-亚群、B-亚群及J-亚群禽白血病病毒抗体，适用于禽白血病病毒水平感染的群体普查。

三、检疫后处理

1. 检出病鸡 发现疫情时，对发病鸡群进行扑杀和无害化处理，对鸡舍和周围环境进行消毒，对受威胁鸡群进行隔离监测。宰前检出本病时，扑杀病鸡并进行无害化处理；同群鸡急宰，内脏化制或销毁。宰后检出本病肿瘤时，病鸡胴体及内脏进行无害化处理。

2. 做好种鸡检疫 国内异地引入种鸡及其精液、种蛋时，调运前要进行实验室检查，禽白血病抗原检测阴性为合格。到达引入地后，种鸡必须隔离饲养30d以上，经实验室检查确认合格后方可混群饲养。

任务九 鸡白痢的检疫

鸡白痢（Pullorum disease，PD）是由鸡白痢沙门菌引起的鸡和火鸡的传染病。我国将其列为二类动物疫病。

一、临诊检疫

1. 流行特点 各种品种的鸡对本病均有易感性，以 2～3 周龄以内雏鸡的发病率与病死率为最高，成年鸡呈慢性或隐性感染。病鸡和带菌鸡是主要传染源，垂直传播为本病主要传播方式，也能通过消化道、呼吸道、眼结膜水平传播。

2. 临诊症状

（1）雏鸡。垂直传播的雏鸡，1 周内为死亡高峰。出壳后感染的雏鸡，多在孵出后几天才出现明显症状，7～10d 病雏逐渐增多，在 14～21d 达死亡高峰。最急性者，无症状迅速死亡。稍缓者表现精神委顿，绒毛松乱，两翼下垂，缩颈闭眼昏睡；病初食欲减少，而后停食，排稀薄如糨糊状粪便，肛门周围绒毛被粪便污染，有的封住肛门，发生尖锐的叫声；最后因呼吸困难及心力衰竭而死。也有的出现关节炎和全眼球炎。

（2）成年鸡。感染常无临诊症状。母鸡产卵量和种蛋受精率降低。少数病鸡冠发育不良、苍白，排灰白色稀粪，产卵停止。有些病鸡因卵黄囊炎引起腹膜炎，出现“垂腹”现象。

3. 病理变化

（1）雏鸡。急性病例肝肿大，有大量灰白色坏死点；卵黄吸收不良，内容物色黄如油脂状或干酪样。病程长者，在心、肺、肝、肌胃等脏器中有灰白色坏死结节，盲肠中有干酪样物堵塞肠腔，常有腹膜炎，有时见出血性肺炎。

（2）育成鸡。肝肿大，暗红色至深紫色，表面可见散在或弥漫性的出血点或黄白色大小不一的坏死灶，质地极脆，易破裂，常见腹腔内积有大量血水，肝表面有较大的凝血块。

（3）成年鸡。成年母鸡，常见卵泡变形、变色、变质，有的卵泡系带长而脆弱，卵泡落入腹腔，形成卵黄性腹膜炎。成年公鸡，常见睾丸极度萎缩，有小脓肿，输精管管腔增大，充满稠密的均质渗出物。

二、实验室检疫

1. 病原学检查 无菌采集肝、脾、胆囊、卵巢、睾丸等病料，通过涂片镜检、分离培养和生化试验鉴定细菌。也可采用细菌多重聚合酶链式反应对病料中鸡白痢沙门菌和培养细菌进行快速鉴定。

2. 血清学检查 适合用于群体检疫，常用的方法有快速全血凝集试验（RWBA）、快速血清凝集试验（RSA）、试管凝集试验（TA）和微量凝集试验（MA）等。

三、检疫后处理

1. 检出病鸡 扑杀病鸡并进行无害化处理，同群鸡隔离饲养并进行药物预防，对鸡舍和周围环境进行消毒。

2. 做好种鸡检疫 国内异地引入种鸡及其精液、种蛋时，应取得原产地动物卫生监督机构的检疫合格证明。到达引入地后，种鸡必须隔离饲养 30d 以上，并由引入地动物卫生监督机构进行检测，合格后方可混群饲养。

种鸡场通过实施种鸡群检疫、加强卫生防疫等措施进行鸡白痢净化。

任务十 鸡球虫病的检疫

鸡球虫病（Chicken coccidiosis）是由艾美耳科艾美耳属球虫寄生于鸡肠道引起的一种原虫病。以消瘦、贫血和带血腹泻为特征。

一、临诊检疫

1. 流行特点 艾美耳属球虫主要有柔嫩艾美耳球虫、毒害艾美耳球虫、堆型艾美耳球虫、巨型艾美耳球虫、早熟艾美耳球虫、和缓艾美耳球虫和布氏艾美耳球虫7种，鸡是其唯一的天然宿主。各个品种、日龄的鸡都可感染，3～6周龄的鸡多发。

带虫鸡粪便污染的饲料、饮水、土壤及用具等都可能存在卵囊，鸡食入孢子化卵囊而感染。此外，各种禽类、昆虫、工具和工作人员等都可以机械地将卵囊由一个地区带到另一地区而引起传播。

本病的发生与气温、湿度关系密切，在温暖多雨或地面潮湿时多发；在集约化鸡场没有季节性，只要温度、湿度达到卵囊的发育要求就有可能发生。

2. 临诊症状

（1）急性型。由致病力较强的柔嫩艾美耳球虫和毒害艾美耳球虫引起。初期表现精神沉郁，羽毛松乱，排出水样稀粪，并带有少量血液；柔嫩艾美耳球虫感染粪便呈棕红色，后期甚至排鲜血；毒害艾美耳球虫感染粪便呈棕褐色。

（2）慢性型。由其他致病力低的球虫引起。临诊症状不明显，病鸡逐渐消瘦，间歇性腹泻，贫血，病程长，鸡群的均匀度差，产蛋量少。

3. 病理变化 各种球虫在肠道寄生的部位不同，造成肠道损伤的部位及程度各不相同。

（1）柔嫩艾美耳球虫。主要损害盲肠。急性死亡者盲肠高度肿胀，出血严重，肠腔中充满凝血块和盲肠黏膜碎片；慢性者肠腔中有干酪样栓子。

（2）毒害艾美耳球虫。主要损害小肠。小肠中段高度肿胀，肠管显著充血，出血和坏死；肠壁增厚，肠内容物中含有多量血液、凝血块和脱落的黏膜。从浆膜面观察，在病灶区可见到小的灰白色斑点和红色出血点。

（3）堆型艾美耳球虫。主要损伤十二指肠。肠黏膜变薄，肠壁上有横纹状白斑，外观呈梯形，肠道苍白，含水样液体。

（4）巨型艾美耳球虫。主要损害小肠近端和中部。肠壁增厚，肠内容物呈淡灰色、淡褐色或淡黄色，有黏性，有时混有细小的血块。

（5）布氏艾美耳球虫病。主要损害小肠下段。黏膜增厚，肠壁充血，内容物呈粉红色。

早熟艾美耳球虫与和缓艾美耳球虫的致病力弱，病变不明显。

二、实验室检疫

1. 肠内容物或肠组织病原检查 将肠内容物或肠组织做成抹片或触片，覆以盖玻片镜检，可看到球虫卵囊。

2. 粪便内病原检查 采用直接抹片法、饱和盐水漂浮法或卵囊计数法，检查粪便中的球虫卵囊。

三、检疫后处理

发现疫情时，扑杀病鸡并进行无害化处理，同群鸡隔离饲养并进行药物预防，对鸡舍和周围环境进行消毒。

宰前检出本病时，扑杀病鸡并进行无害化处理；同群禽隔离观察，确认无异常的，准予屠宰。宰后检出本病时，病变严重者，胴体及内脏进行无害化处理；病变轻微者，病变内脏进行无害化处理，其余部分不受限制。

任务十一　鸭瘟的检疫

鸭瘟（Duck plague，DP）又称鸭病毒性肠炎，是由鸭瘟病毒引起的一种急性、热性、败血性传染病。以高热、腹泻、肿头流泪和组织出血为特征。

一、临诊检疫

1. 流行特点 本病主要侵害鸭，鹅、天鹅也易感，1月龄以下雏鸭很少发病，成鸭较为严重。传染源为病禽和带毒禽，主要通过消化道感染，也可通过呼吸道、交配、眼结膜感染。本病传播迅速，发病率和病死率都很高。

2. 临诊症状 潜伏期一般为3～7d。病鸭体温升高至43℃以上，呈稽留热；精神委顿，食欲减少或废绝，两脚麻痹无力，严重的静卧地上不愿走动；部分病鸭表现头颈部肿胀，俗称“大头瘟”；多数病鸭有流泪和眼睑水肿等症状；排出绿色或灰白色稀粪，泄殖腔黏膜水肿，严重者黏膜外翻。

3. 病理变化 可见败血症的病变，全身皮肤、黏膜和浆膜出血。头颈肿胀的病例，皮下组织有黄色胶样浸润。食道黏膜表面有小出血斑点或灰黄色伪膜覆盖；泄殖腔黏膜表面出血或覆盖一层灰褐色或绿色的坏死结痂；肠黏膜充血、出血，在空肠、回肠等部位有环状出血。产蛋母鸭卵泡充血、出血、变形，有时卵泡破裂，形成卵黄性腹膜炎。雏鸭法氏囊呈深红色，表面有针尖状的坏死灶，囊腔充满白色的凝固性渗出物。

二、实验室检疫

1. 病原的分离与鉴定 取病鸭的血液、肝、脾，经过处理后，接种于9～14日龄鸭胚或鸭胚胎成纤维细胞，收取尿囊液或细胞培养物，采用聚合酶链式反应（PCR）、荧光定量PCR进行鉴定。

2. 血清学检查 检查血清中的鸭瘟抗体，可采用病毒中和试验（VN）、酶联免疫吸附试验（ELISA）和荧光抗体技术（FAT）等。

三、检疫后处理

发生疫情时，扑杀发病鸭群并进行无害化处理，对鸭舍和周围环境进行严格消毒，对受威胁鸭群进行观察，必要时进行紧急接种。

宰前检出本病时，扑杀病鸭并进行无害化处理；同群鸭隔离观察，确认无异常的，准予屠宰。宰后检出本病时，胴体及内脏进行无害化处理。

任务十二 小鹅瘟的检疫

小鹅瘟（Goose parvovirus，GP）又称鹅细小病毒感染，是由鹅细小病毒引起的一种急性的或亚急性的败血性传染病。以严重腹泻、渗出性肠炎为特征。

一、临诊检疫

1. 流行特点 自然病例见于雏鹅和雏番鸭，7 日龄以内的病死率可达 100%，10 日龄以上者病死率一般不超过 60%，20 日龄以上的发病率更低，而 1 月龄以上的则极少发病。成年鹅多隐性感染。病雏鹅、病雏番鸭和带毒鹅、带毒番鸭是主要传染源，主要通过消化道和直接接触传播。

2. 临诊症状 根据病程长短可分为最急性型、急性型和亚急性型。

（1）最急性型。多发生于 7d 内，突然发病，无前驱症状，发现时即极度衰弱，死亡快，传播快，发病率可达 100%，病死率高达 95%以上。

（2）急性型。多发生于 1～2 周龄，表现精神委顿，食欲减退或废绝；严重腹泻，排灰白色或青绿色稀便；呼吸用力，鼻流浆性分泌物；死前出现抽搐等症状。

（3）亚急性型。多发生于 2 周龄以上，以精神沉郁、腹泻和消瘦为主要症状。

3. 病理变化

（1）最急性型。除肠道有急性卡他性炎症外，无其他明显病变。

（2）急性型和亚急性型。心脏变圆，心尖部心肌苍白；空肠、回肠黏膜坏死脱落，与凝固的纤维素性渗出物形成栓子或包裹在肠内容物表面形成伪膜。

二、实验室检疫

1. 病原的分离与鉴定 采取病鹅的肝、脾等病料，经过处理后，接种于 12～14 日龄鹅胚，收取尿囊液，通过荧光抗体技术（FAT）、血清中和试验（SN）、琼脂扩散试验（AGID）、聚合酶链式反应（PCR）进行鉴定。

2. 血清学检查 常用方法有琼脂扩散试验（AGID）、阻断酶联免疫吸附试验（B-ELISA）和病毒中和试验（VN）等。

三、检疫后处理

发生疫情时，扑杀发病鹅群并进行无害化处理，对鹅舍和周围环境进行严格消毒，对受威胁鹅群进行紧急免疫接种。若孵化场分发出去的雏鹅在 3～5d 后发病，即表示孵坊已被污染，应立即停止孵化，全面彻底消毒，对孵出后的雏鹅注射高免血清。

宰前检出本病时，扑杀病鹅并进行无害化处理；同群鹅隔离观察，确认无异常的，准予屠宰。宰后检出本病时，胴体及内脏进行无害化处理。

操作与体验

技能一　鸡白痢的检疫

（一）技能目标

（1）掌握鸡白痢临诊检疫。

（2）会用全血平板凝集试验进行鸡白痢检疫。

（3）会进行鸡白痢病原学检查。

（二）材料设备

1. 所需试剂　鸡白痢多价染色平板抗原、强阳性血清（500IU/mL）、弱阳性血清（10IU/mL）、阴性血清、灭菌生理盐水、培养基、革兰染色液等。

2. 所需器材　玻璃板、玻璃铅笔、可调移液器（20～200μL）、一次性吸头、消毒针头、乳头滴管、酒精灯、酒精棉球、接种环、载玻片、显微镜、恒温箱等。

（三）方法步骤

1. 临诊检疫

（1）流行病学调查。询问鸡群的饲养管理和发病情况。

（2）临诊症状。根据已学的鸡白痢临诊症状进行仔细观察。

（3）病理变化。对病死鸡或病鸡进行剖检，注意观察特征性病理变化。

2. 全血平板凝集试验

（1）操作方法。

①在洁净的玻璃板上，用玻璃铅笔划成3cm×3cm的方格，并编号。

②将抗原摇匀后，用滴管吸取1滴（约0.05mL），垂直滴加于方格内。

③用针头刺破鸡的冠尖或翅静脉，用移液器吸取与抗原等量的血液，滴加在方格内，与抗原充分混匀，轻轻摇动玻璃板，2min内判定结果。

④设立强阳性血清、弱阳性血清和阴性血清对照。

（2）判定标准。在2min内，抗原与阳性血清出现100%凝集（#），与弱阳性血清出现50%凝集（++），与阴性血清不凝集（—）时，试验成立。否则重新试验。

①100%凝集（#）。紫色凝集块大而明显，混合液较清。

②75%凝集（+++）。紫色凝集块较明显，混合液轻度混浊。

③50%凝集（++）。出现明显的紫色凝集颗粒，混合液较为混浊。

④25%凝集（+）。出现少量的细小颗粒，混合液混浊。

⑤不凝集（—）。无凝集颗粒出现，混合液混浊。

（3）结果判定。

①阳性反应。被检全血与抗原出现50%凝集（++）以上凝集。

②阴性反应。被检全血与抗原不发生凝集。

③可疑反应。被检全血与抗原出现50%凝集（++）以下凝集。将可疑鸡隔离饲养1个月后，再检验，若仍为可疑反应，则按阳性反应判定。

3. 病原学检查

（1）分离培养。无菌采取鸡的肝、胆囊、脾、卵巢等组织样品，用接种环蘸取病

料，在麦康凯琼脂平板上划线。置37℃温箱内培养24h，取出观察结果。如平板上有分散、光滑、湿润、微隆起、半透明、无色或与培养基同色的，具黑色中心的细小菌落，则为鸡白痢沙门菌可疑菌落。

（2）三糖铁试验。从每一分离平板上用接种针挑取可疑鸡白痢沙门菌单个菌落至少3个，分别移种于三糖铁琼脂斜面培养基上（先进行斜面划线，再做底层穿刺接种），于37℃恒温箱内培养18～24h，取出观察并记录结果。鸡白痢沙门菌在斜面上产生红色菌苔，底部仅穿刺线呈黄色并慢慢变黑，但不向四周扩散，说明产生硫化氢，无动力；有裂纹形成，说明产气。

（3）细菌形态鉴定。自斜面取培养物做成涂片，革兰染色后镜检。鸡白痢沙门菌为单独存在、革兰阴性、两端钝圆、无芽孢的小杆菌。用培养物做悬滴标本观察，无运动性。

（四）考核标准

序号	考核内容	考核要点	分值	评分标准
1	临诊检疫（20分）	流行病学调查	5	调查全面
		临诊症状检查	5	根据待检鸡的症状正确判断有无鸡白痢症状
		病理检查	10	根据待检鸡的病变正确判断有无鸡白痢病变
2	全血平板凝集试验（30分）	操作方法	15	严格按照试验步骤操作
		结果判定	15	正确判定结果
3	病原学检查（50分）	分离培养	20	正确采样、选择培养基分离培养、识别菌落
		三糖铁试验	20	三糖铁试验操作步骤正确、结果判定正确
		细菌形态鉴定	10	正确进行细菌培养物染色镜检并判定结果
总分			100	

技能二 反转录-聚合酶链式反应（RT－PCR）检测新城疫病毒

（一）技能目标

（1）会新城疫检样的采集与处理。

（2）会RT－PCR的操作方法。

（3）会RT－PCR的结果判定。

（二）材料设备

1. 仪器设备 PCR仪、凝胶电泳仪、电泳仪、紫外凝胶成像管理系统、高速冷冻离心机、微量可调移液器、生物安全柜、剪刀、镊子。

2. 试剂 抗生素（青霉素、链霉素、卡那霉素和制霉菌素等）、0.2moL/L磷酸氢二钠、DEPC水、裂解液Trizol（4℃保存）、三氯甲烷（－20℃预冷）、异丙醇（－20℃预冷）、75%乙醇（用新开启的无水乙醇和DEPC水配制，－20℃预冷）、0.01moL/L（pH7.2）PBS（1.034×10^5Pa、15min高压灭菌冷却后，无菌条件下加入青霉素、链霉素各10 000IU/mL）、反转录和PCR10×缓冲液、AMV反转录酶（5U/μL，－20℃保存）、RNA酶抑制剂（40U/μL，－20℃保存）、*Taq*DNA聚合酶

(5U/μL，−20℃保存，不要反复冻融或温度剧烈变化)、dNTPs(含 dCTP、dGTP、dATP、dTTP 各 10mmol/L)、氯化镁(25mmol/L)、电泳缓冲液(5×TBE 贮存液)、溴化乙啶溶液(10mg/mL)、1.5%琼脂糖凝胶、DNA 相对分子质量标准物 Marker(DL2000)、上样缓冲液。

3. 引物 10μmol/L。根据 F 基因序列设计，扩增产物长度为 535bp。

上游引物 P1 5′- ATGGGCYCCAGAYCTTCTAC - 3′

下游引物 P2 5′- CTGCCACTGCTAGTTGTGATAATCC - 3′

(三) 方法步骤

1. 样品的采集与前处理

(1) 样品的采集。患病禽采集咽喉拭子和泄殖腔拭子(需带有可见粪便)，雏禽采集新鲜粪便；病死禽无菌采集肺、肾、脾、脑、肝、心组织和骨髓。

(2) 样品的处理。样品置于含抗生素的 PBS，组织和咽喉拭子保存液中含青霉素(2 000U/mL)、链霉素(2mg/mL)、卡那霉素(50μg/mL)和制菌霉素(2 000U/mL)，而粪便和泄殖腔拭子保存液抗生素浓度提高 5 倍。加入抗生素后 0.2mol/L 磷酸氢二钠调 pH 到 7.0～7.4。样品在 4℃，经 3 000r/min 离心 10min，取上清液用 0.22μm 滤膜过滤除菌。

(3) 处理后样品的保存。处理后样品在 2～8℃条件下保存不超过 4d，若需长期保存，应置于−70℃冰箱，但应避免反复冻融。

2. 试验步骤

(1) 样品核酸的提取。

①在样品处理区，取 n 个 1.5mL 灭菌离心管，其中 n 为待检样品数、一管阳性对照及一管阴性对照之和，对每个管进行编号标记。

②每管加入 600μL 裂解液，然后分别加入待测样品、阴性对照和阳性对照各 200μL，一份样品换用一个吸头。再加入 200μL 三氯甲烷，混匀器上振荡混匀 20s，室温静置 10min。于 4℃条件下，12 000r/min 离心 15min。

③取与①中相同数量的 1.5mL 灭菌离心管，加入 500μL 异丙醇(−20℃预冷)，对每个管进行编号。吸取②离心后各管中的上清液转移至相应的管中，上清液至少吸取 500μL，注意不要吸出中间层，颠倒混匀。

④于 4℃条件下，12 000r/min 离心 15min(离心管开口保持朝离心机转轴方向放置)。轻轻倒去上清液，倒置于吸水纸上，吸干液体，不同样品应在吸水纸不同地方吸干。加入 600μL 75%乙醇，颠倒洗涤。

⑤于 4℃条件下，12 000r/min 离心 10min(离心管开口保持朝离心机转轴方向放置)。轻轻倒去上清液，倒置于吸水纸上，吸干液体，不同样品应在吸水纸不同地方吸干。

⑥4 000r/min 离心 10s，将管壁上的残余液体甩到管底部，用微量加样器尽量将其吸干，一份样品换用一个吸头，吸头不要碰到有沉淀一面，室温干燥约 3min。不宜过于干燥，以免 RNA 不溶。

⑦加入 20μL DEPC 水，轻轻混匀，溶解管壁上的 RNA，2 000r/min 离心 5s，冰上保存备用。提取的 RNA 应在 2h 内进行酶联免疫吸附(RT - PCR)扩增或保存于−70℃冰箱，将核酸转移至反应混合物配制区。

（2）RT－PCR 扩增。以下操作在反应混合物配制区的冰盒上进行，按表 7－1 配制RT－PCR反应体系。试验过程中要设立阳性对照、阴性对照和空白对照。配制检测样品总数所需反应液，可以多配一个样品使用量。

表 7－1　RT－PCR 反应体系配置

组　分	用　量（μL）
10×缓冲液	2.5
dNTPs	2
AMV 反转录酶	0.7
RNA 酶抑制剂	0.5
*Taq*DNA 聚合酶	0.7
上游引物 P1	1
下游引物 P2	1
模板 RNA	3
DEPC 水	13.6
总体积	25

将以上反应体系瞬时离心充分混匀后，置 PCR 仪内运行下列程序：42℃、45min，1 个循环；5℃、3min，1 个循环；94℃、30s，55℃、30s，72℃、45s，30 个循环；72℃、7min，1 个循环；PCR 产物置 4℃保存。

（3）PCR 产物电泳。制备 1.5%琼脂糖凝胶板，取 5μL PCR 产物和 0.5μL 上样缓冲液混匀，加入凝胶板加样孔，同时加 Marker、阴性对照和阳性对照。5V/cm 电压电泳 30～40min。紫外凝胶成像管理系统内观察结果、照相。

3. 结果及判定　阳性对照出现 535bp 目的条带，阴性对照和空白对照均未出现目的条带，试验成立。

（1）阳性。被检样品出现 535bp 目的条带，判为阳性。

（2）阴性。被检样品未出现 535bp 目的条带，判为阴性。

（四）考核标准

序号	考核内容	考核要点	分值	评分标准
1	样品的采集与前处理（30 分）	样品的采集	10	样品采集部位及方法正确
		样品的处理	15	处理样品正确
		处理样品的保存	5	正确保存处理的样品
2	RT－PCR 试验步骤（50 分）	样品核酸的提取	20	操作步骤正确
		RT－PCR 扩增	15	正确配制 RT－PCR 反应体系，PCR 仪内运行程序正确
		PCR 产物电泳	15	操作步骤正确
3	结果及判定（10 分）	结果判定	10	正确判定有无新城疫病毒存在
4	职业素质评价（10 分）	安全意识	5	注意无菌操作和人身安全
		协作意识	5	与小组成员密切配合
总分			100	

拓展知识　种禽场主要疫病监测工作实施方案

（一）监测目的

掌握种禽重大动物疫病和主要垂直传播性疫病流行状况，跟踪监测病原变异特点与趋势，查找传播风险因素，加强种禽主要疫病预警监测和净化工作。

（二）样品采集

1. 采样数量

（1）曾祖代禽场。每个品系采集种蛋150枚、血清100份，每个场采集咽喉/泄殖腔拭子100份。

（2）祖代场禽场。祖代鸡场每个场采集种蛋150枚、血清100份、咽喉/泄殖腔拭子100份；祖代水禽场每个场采集血清100份、咽喉/泄殖腔拭子100份。

（3）国家级家禽基因库。按照地方鸡种基因库和水禽基因库存栏量的10%比例抽检血清和种蛋；每个基因库采集咽喉/泄殖腔拭子100份。

2. 样品要求　样品来源原则上不少于3栋禽舍的开产后种鸡。所采集的血清、咽喉/泄殖腔拭子样品应一一对应，种蛋样品应来自对应禽舍。

（1）血清样品。每份采集2～3mL全血，凝固后析出血清不少于0.7mL，用1.5mL离心管冷冻保存。

（2）拭子样品。同一家禽的咽喉/泄殖腔拭子放在同一个离心管中，其中鸡咽喉/泄殖腔拭子采集双份样品，一份加1mL磷酸盐缓冲液保护液，一份加1mL胰蛋白酶肉汤保护液；鸭、鹅咽喉/泄殖腔拭子采集单份样品，加1mL磷酸盐缓冲液保护液。冷冻保存。

（3）蛋清样品。每枚种蛋采集5～10mL蛋清，用15mL离心管冷冻保存。

3. 样品编号　血清样品以“A_{01}～A_n”模式编写，种蛋样品以“B_{01}～B_n”模式编写，咽喉/泄殖腔拭子以“C_{01}～C_n”模式编写。同一个体的血清样品与咽喉/泄殖腔拭子样品编号一一对应。

4. 样品信息　采样的同时填写《种禽场采样记录表》（表7-2）。

表7-2　种禽场采样记录表

省份：　　市：　　县：　　种禽场名称：　　采样人：　　电话：　　采样时间：　　年　月　日

序号	禽种	品种（配套系）	存栏量	栋号	性别	日龄	种鸡产蛋阶段（初期、高峰期、继代留种前）	编号起止			末次免疫时间				
								血清	咽腔拭子	种蛋	禽流感疫苗	新城疫疫苗	鸭瘟疫苗	鸭病毒性肝炎疫苗	小鹅瘟疫苗
1															
2															
3															
4															

注：1. 此单一式三份，采样单位和被采样单位各保存一份，随样品递交一份。
2. “编号起止”按照种禽样品编号要求表示，各场保存原禽只编号。

（三）样品检测

检测禽流感、禽白血病、禽网状内皮组织增殖症和沙门菌病4种疫病10个项目。具体检测项目及方法见表7-3。必要时抽取部分样品进行病毒分离鉴定和基因序列测定，调查病原变异情况。

表7-3　种禽场检测项目及其方法

序号	检测病种	检测项目	样品类型	检测方法
1	禽流感	AIV-H5	咽喉/泄殖腔拭子	RT-PCR
2		AIV-H7	咽喉/泄殖腔拭子	RT-PCR
3		AIV-H7抗体	血清	HI
4		AIV-H5抗体	血清	HI
5	禽白血病	ALV-P27抗原	鸡蛋清	ELISA
6		ALV-J亚群抗体	鸡血清	ELISA
7		ALV-A/B亚群抗体	鸡血清	ELISA
8	沙门菌（鸡白痢和禽伤寒）	沙门菌	鸡咽喉/泄殖腔拭子	细菌分离
9		鸡白痢抗体	鸡血清	平板凝集
10	禽网状内皮组织增殖症	REV抗体	鸡血清	ELISA

复习与思考

1. 养鸡场检出高致病性禽流感时，应采取哪些处理措施？
2. 如何检疫净化种鸡群禽白血病？
3. 如何应用全血平板凝集试验进行鸡白痢检疫？
4. 鸭瘟的临诊检疫要点有哪些？
5. 鸡新城疫的临诊检疫要点有哪些？

项目八

牛羊疫病的检疫

本项目的应用：检疫人员依据牛海绵状脑病、蓝舌病、牛病毒性腹泻/黏膜病、牛白血病、牛传染性鼻气管炎、小反刍兽疫、羊痘、山羊病毒性关节炎-脑炎、片形吸虫病的临诊检疫要点进行现场检疫；检疫人员对牛、羊疫病进行实验室检疫；检疫人员根据检疫结果进行检疫处理。

完成本项目所需知识点：牛海绵状脑病、蓝舌病、牛病毒性腹泻/黏膜病、牛白血病、牛传染性鼻气管炎、小反刍兽疫、羊痘、山羊病毒性关节炎-脑炎、片形吸虫病的流行病学特点、临诊症状和病理变化；牛、羊疫病的实验室检疫方法；牛、羊疫病的检疫后处理；病死及病害动物的无害化处理。

完成本项目所需技能点：牛、羊疫病的临诊检疫；牛传染性鼻气管炎、牛病毒性腹泻/黏膜病、片形吸虫病的实验室检疫；染疫牛、羊尸体的无害化处理。

任务一　牛海绵状脑病的检疫

牛海绵状脑病（Bovine spongiform encephalopathy，BSE）俗称疯牛病，是由朊病毒引起的一种神经性、进行性、致死性疾病。牛海绵状脑病于 1986 年 11 月在英国被发现，世界动物卫生组织（WOAH）将本病列为必须报告的动物疫病，我国《一、二、三类动物疫病病种名录》将其列为一类动物疫病，也是我国《进境动物检疫疫病名录》中的一类动物检疫疫病。我国高度重视牛海绵状脑病防范工作，有效预防了本病的传入和发生。2014 年，我国被 WOAH 认可为牛海绵状脑病风险可忽略国家。

一、临诊检疫

1. 流行特点　本病多发于 4～6 岁的成年牛。易感动物有牛科动物（家牛、非洲林羚、大羚羊、瞪羚、白羚、金牛羚、弯月角羚、美欧野牛）和猫科动物（家猫、猎

豹、美洲山狮、虎猫、虎），实验条件下可感染牛、猪、绵羊、山羊、鼠、貂、长尾猴和短尾猴，人也感染。本病主要由于食入混有痒病病羊或牛海绵状脑病病牛尸体加工成的肉骨粉而感染。

2. 临诊症状 潜伏期长达2～8年，平均4～5年。病牛表现焦虑不安、恐惧、暴躁，攻击性增强；对触摸、光照及声音敏感，当触及其后肢时极度不安；运动时步调不稳，共济失调，四肢伸展，极易摔倒。整个病程多为1～3个月，个别可长达1年，病牛几乎全部死亡。

3. 病理变化 尸体剖检无明显肉眼可见病变。

二、实验室检疫

1. 组织病理学检查 采集整个大脑及脑干或延髓，经10%福尔马林固定后，切片染色镜检，可见典型病理变化为脑组织呈海绵状空泡变性。

2. 病原检测 目前病原检测主要采用特异性强、灵敏度高的免疫组织化学法（IHC）、免疫印迹技术（WB）和酶联免疫吸附试验（ELISA）进行检查。

三、检疫后处理

1. 加强口岸检疫 禁止从牛海绵状脑病发病国（地区）或高风险国（地区）进口活牛及其产品。检出阳性病例，应立即采取封锁、隔离措施，并立即上报主管部门，全群动物做退回或者扑杀销毁处理。

2. 加强饲料管理 严禁用含反刍动物源性成分的物品作为牛的饲养成分。

任务二 蓝舌病的检疫

蓝舌病（Bluetongue，BT）是以昆虫为传播媒介由蓝舌病病毒引起反刍动物的一种急性、非接触性传染病。世界动物卫生组织（WOAH）将其列为法定报告动物疫病，我国将其列为一类动物疫病。

一、临诊检疫

1. 流行特点 绵羊为主要的易感动物，1岁左右的青年羊发病率和病死率高，牛和山羊的易感性较低，多为隐性感染。本病多发于库蠓分布较多的河边、池塘与低洼沼泽处，以湿热的5～10月多见。库蠓及绵羊虱蝇等吸血昆虫是本病的主要传播媒介。

2. 临诊症状 潜伏期3～8d，病程为6～14d。病初体温高达40～42℃，稽留2～6d。厌食、流涎，口腔黏膜发绀，双唇水肿。严重者口鼻黏膜糜烂，腹泻，排血便。部分病羊四肢甚至躯体两侧被毛脱落，有的蹄冠充血、发炎、跛行。个别孕畜流产或产死胎、畸胎。山羊的症状与绵羊相似，但一般比较轻微，牛通常症状不明显。

3. 病理变化 乳房和蹄冠等部位上皮脱落但不发生水疱，蹄部有蹄叶炎变化，并常溃烂；鼻腔、口腔、瘤胃、瓣胃黏膜有小点出血、溃疡和坏死；皮下组织出血及胶样浸润；全身淋巴结充血、水肿；心内膜和心外膜有出血。

二、实验室检疫

1. 病原学检查 可取绵羊血液、血清或自新鲜尸体采取脾、淋巴结进行病毒分离培养，用荧光抗体技术（FAT）进行病原学检查。也可应用反转录-聚合酶链式反应（RT－PCR）检测病料中的病毒。

2. 血清学检查 可通过病毒中和试验（VN）、琼脂扩散试验（AGID）、竞争酶联免疫吸附试验（C－ELISA）等检测血清中的抗体，以进行该病的诊断。

三、检疫后处理

检出阳性或发病动物，立即上报疫情。确诊后，立即划定疫点、疫区（根据虫媒分布数量和活动能力，感染动物的数量和分布确定范围）和受威胁区（由疫区边缘向外延伸 100km 的区域）。疫点、疫区内牛、羊等易感动物禁止运出，扑杀发病动物并进行无害化处理，污染场所进行全面彻底消毒。疫区及受威胁区的易感动物进行紧急免疫接种。肉、奶、蛋、毛等动物产品不存在传播本病的风险，其移动运输一般不受限制。

任务三　牛病毒性腹泻/黏膜病的检疫

牛病毒性腹泻/黏膜病（Bovine viral diarrhea/mucosal disease，BVD/MD）是由牛病毒性腹泻病毒引起的一种接触性传染病，以黏膜发炎、糜烂、坏死和腹泻为特征。

一、临诊检疫

1. 流行特点 易感动物主要是牛，各种年龄的牛都有易感性，6～18 月龄的牛易感性较强；本病毒对羊、猪、鹿、骆驼及其他野生反刍动物也具有一定的感染性。可通过呼吸道和消化道传播，也可通过胎盘、交配和人工授精传染易感动物。本病常年发生，冬春季节多发。

2. 临诊症状 本病潜伏期为 7～10d，个别可长达 14d。主要表现为高热，腹泻（开始呈水泻，以后带有黏液和血），大量流涎，反刍停止，结膜炎，口腔黏膜和鼻黏膜糜烂或溃疡，孕牛可能流产。有些病牛常有趾间皮肤糜烂坏死及蹄叶炎症状，出现跛行。急性病例很少康复，通常在发病后 1～2 周内死亡。

3. 病理变化 鼻镜、鼻腔、口腔黏膜有糜烂和溃疡，消化道黏膜呈大小不一直线状糜烂，以食道黏膜糜烂最为典型；瘤胃黏膜呈淡紫红色，皱胃黏膜炎性水肿和糜烂；肠壁水肿，十二指肠黏膜有较规则的纵向排列的出血条纹，空肠和回肠有点状或斑点状出血，黏膜呈片状脱落，盲肠和结肠末端有纵向排列的出血条纹；肠系膜淋巴结肿大、坏死。

二、实验室检疫

1. 病原学检查 采集活体的血液、精液、眼鼻分泌物，死亡动物的脾、骨髓、肠系膜淋巴结等，接种牛肾细胞、牛睾丸细胞进行分离培养。通过荧光抗体技术

（FAT）、血清中和试验（SN）和荧光反转录-聚合酶链式反应（荧光 RT－PCR）进行鉴定。

2. 血清学检查 通常采用病毒中和试验（VN）、间接酶联免疫吸附试验（I－ELISA）等方法。

三、检疫后处理

病死牛及扑杀的持续性感染牛尸体，进行无害化处理。同群其他动物隔离观察，彻底消毒，必要时进行紧急免疫接种。

任务四 牛白血病的检疫

牛白血病（Bovine leukosis，BL）又称牛淋巴肉瘤病，是由牛白血病病毒引起的牛的一种慢性肿瘤性疾病。

一、临诊检疫

1. 流行特点 自然条件下主要感染牛，绵羊也偶尔感染。本病主要发生于成年牛，尤以4～8岁的牛最常见，感染率高，发病率低，病死率高。

2. 临诊症状 潜伏期很长，达4～5年，根据临诊表现可分为亚临诊型和临诊型。

（1）亚临诊型。临诊上无明显全身症状，仅血液中白细胞或淋巴细胞数目异常增生，多数牛可持续多年或终身。

（2）临诊型。体温一般正常，有时略升高。食欲不振、生长缓慢，体重减轻。全身淋巴结显著增大，触诊无热无痛，能移动，以颌下、肩前、股前淋巴结最为明显。通常以死亡而告终，病程一般在数周至数月之间。

3. 病理变化 腹股沟浅淋巴结、髂淋巴结、肠系膜淋巴结以及内脏淋巴结高度肿大，被膜紧张，呈均匀灰色。各脏器、组织形成大小不等的结节性或弥散性肉芽肿病灶，皱胃、心脏和子宫最常发生病变。

组织学检查可见肿瘤细胞浸润和增生；血液学检查可见白细胞总数增加，淋巴细胞可增加75%以上，未成熟的淋巴细胞可增加到25%以上。血液学变化在病程早期最明显，随着病程的进展血象转归正常。

二、实验室检疫

1. 病原学检查 外周血淋巴细胞培养分离，用电镜或聚合酶链式反应（PCR）鉴定。还可用聚合酶链式反应（PCR）检查外周血中的病毒DNA，用聚合酶链式反应（PCR）和原位杂交技术（ISH）检测肿瘤中的病毒。

2. 血清学检查 琼脂扩散试验（AGID）是目前的常用方法，也可选用间接酶联免疫吸附试验（I－ELISA）、阻断酶联免疫吸附试验（B－ELISA）等方法。

三、检疫后处理

发现病牛，立即淘汰，尸体做无害化处理。隔离可疑感染牛，在隔离期间加强检疫，发现阳性牛立即淘汰。

宰前检疫发现本病及可疑病牛，用无血方式扑杀，尸体化制或销毁。宰后检疫发现本病肿瘤，胴体、内脏进行无害化处理。

任务五　牛传染性鼻气管炎的检疫

牛传染性鼻气管炎（Infectious bovine rhinotracheitis，IBR）又称坏死性鼻炎、红鼻病，是由牛传染性鼻气管炎病毒引起牛的一种急性、热性、高度接触性传染病，以黏液性鼻漏和结膜炎为特征。

一、临诊检疫

1. 流行病学　本病只发生于牛，各种年龄和品种的牛均易感，以20～60日龄的犊牛最易感，病死率较高。本病可通过直接接触或通过呼吸道、生殖道传染，在秋冬季节多发。

2. 临诊症状　潜伏期一般为4～6d。

（1）呼吸道型。本病最常见的一种类型。病初高热（40～42℃），流泪，流涎，有黏脓性鼻液，高度呼吸困难。鼻黏膜高度充血，呈火红色，称为红鼻病。

（2）生殖道型。经交配传播，母畜表现外阴阴道炎，阴门、阴道黏膜充血，有时表面有散在性灰黄色、粟粒大的脓疱，重症者脓疱融合成片，形成伪膜。公畜表现为龟头包皮炎，龟头、包皮、阴茎充血、溃疡。

（3）流产型。多见初胎青年母牛妊娠期的任何阶段，亦发生于经产母牛。

（4）脑炎型。易发生于4～6月龄犊牛，病初表现为流涕、流泪，呼吸困难，之后肌肉痉挛，兴奋或沉郁，角弓反张，共济失调，发病率低但病死率高。

（5）眼炎型。常与呼吸道型合并发生。结膜充血、水肿，形成灰黄色颗粒状坏死膜，严重者外翻；角膜混浊呈云雾状；眼、鼻流浆液性脓性分泌物。

3. 病理变化　呼吸道黏膜发炎，有浅在溃疡，咽喉、气管及支气管黏膜表面有腐臭黏液性、脓性分泌物；眼结膜和角膜表面形成白斑；外阴和阴道黏膜有白斑、糜烂和溃疡。流产胎儿的肝、脾局部坏死，部分皮下有水肿；皱胃黏膜发炎及溃疡，大小肠有卡他性炎症。

二、实验室检疫

1. 病原学检查　可采集呼吸道、生殖道或眼部分泌物、脑组织及流产胎儿心血、肺等作为病料，使用牛肾细胞培养物进行分离，利用荧光抗体技术（FAT）或血清中和试验（SN）鉴定病毒。也可用DNA限制性内切酶酶切分析和实时荧光聚合酶链式反应等方法进行分子病原学检测。

2. 血清学检查　可采用微量病毒中和试验（VN）、酶联免疫吸附试验（ELISA）等。

三、检疫后处理

发现病牛，应用无血方式扑杀，尸体做无害化处理。同群动物隔离观察并全面彻底消毒。

宰前检疫发现本病，病牛用无血方式扑杀，尸体化制或销毁，同群牛隔离观察，确认无异常的，准予屠宰。宰后检疫发现本病，胴体及内脏做无害化处理。

任务六　小反刍兽疫的检疫

小反刍兽疫（Peste des petits ruminants，PPR）是由小反刍兽疫病毒引起小反刍动物的一种急性接触性传染病，以发热、口炎、腹泻、肺炎为特征。2007 年 7 月，小反刍兽疫首次传入我国。世界动物卫生组织（WOAH）将其列为法定报告动物疫病，我国规定为一类动物疫病。

一、临诊检疫

1. 流行特点　山羊及绵羊为主要易感动物；牛多呈亚临诊感染，并能产生抗体；猪表现为亚临诊感染，无症状，不排毒；鹿、野山羊、长角大羚羊、东方盘羊、瞪羚羊、骆驼可感染发病。本病可通过直接接触或间接接触传播，以呼吸道感染为主，一年四季均可发生，但多雨季节和干燥寒冷季节多发。

2. 临诊症状　山羊临诊症状比较典型，绵羊症状一般较轻微。潜伏期一般为 4～6d，长的可达到 10d。

突然发热，第 2～3 天体温达 40～42℃，发热持续 3d 左右。病初有水样鼻液，此后变成大量的黏脓性卡他样鼻液，阻塞鼻孔造成呼吸困难。眼流分泌物，出现眼结膜炎。发热症状出现后，病羊口腔黏膜轻度充血，继而出现糜烂，初期多在下齿龈周围出现小面积坏死，严重病例迅速扩展到齿垫、硬腭、颊和颊乳头以及舌，坏死组织脱落形成不规则的浅糜烂斑。多数病羊发生严重腹泻，造成迅速脱水和体重下降。妊娠母羊可发生流产。

3. 病理变化　口腔和鼻腔黏膜糜烂坏死；支气管肺炎，尖叶肺炎；盲肠、结肠近端和直肠出现特征性条状充血、出血，呈斑马状条纹；有时可见淋巴结水肿，特别是肠系膜淋巴结；脾肿大并出现坏死病变。

二、实验室检疫

1. 病原学检查　无菌采集呼吸道分泌物、血液、脾、肺、肠、肠系膜和支气管淋巴结等，获取病毒后做单层细胞培养，观察病毒致细胞病变作用。若发现细胞变圆、聚集，最终形成合胞体，合胞体细胞核以环状排列，呈“钟表面”样外观。病毒检测可采用血清中和试验（SN）、反转录-聚合酶链式反应（RT－PCR）结合核酸序列测定，亦可采用抗体夹心 ELISA。

2. 血清学检查　可采用竞争酶联免疫吸附试验（C－ELISA）、琼脂扩散试验（AGID）等。

三、检疫后处理

检出阳性或发病动物，立即上报疫情。确诊后，立即划定疫点、疫区（由疫点边缘向外延伸 3km 范围的区域）和受威胁区（由疫区边缘向外延伸 10km 的区域）。扑杀疫点内的所有山羊和绵羊，并对所有病死羊、被扑杀羊及羊鲜乳、羊肉等产品按国家规定标准进行无害化处理，并全面消毒。关闭疫区内羊、牛交易市场和屠宰场，停止活羊、活牛展销活动。必要时，对疫区和受威胁区羊群进行免疫，建立免疫隔离带。

疫点内最后一只羊死亡或扑杀，并按规定进行消毒和无害化处理后至少21d，疫区、受威胁区经监测没有新发病例时，经上一级农业农村主管部门组织验收合格，由农业农村主管部门向原发布封锁令的人民政府申请解除封锁，由该人民政府发布解除封锁令。

任务七　绵羊痘和山羊痘的检疫

绵羊痘和山羊痘（Sheeppox and Goatpox，SGP）分别是由绵羊痘病毒、山羊痘病毒引起绵羊和山羊的急性热性接触性传染病。以发热和全身痘疹为特征。世界动物卫生组织（WOAH）将其列为必须报告的动物疫病，我国将其列为一类动物疫病。

一、临诊检疫

1. 流行特点　本病主要通过呼吸道感染，也可通过损伤的皮肤或黏膜侵入机体。在自然条件下，绵羊痘病毒只能使绵羊发病，山羊痘病毒只能使山羊发病。本病传播快、发病率高，不同品种、性别和年龄的羊均可感染，羔羊较成年羊易感，细毛羊较其他品种的羊易感，粗毛羊和地方品种羊有一定的抵抗力。本病一年四季均可发生，多发于冬春季节。

2. 临诊症状　本病的潜伏期为5～14d。病羊体温升至40℃以上，食欲减少，精神不振，结膜潮红，有浆液、黏液或脓性分泌物从鼻孔流出。在眼周围、唇、鼻、乳房、外生殖器、四肢和尾腹侧等无毛或少毛的皮肤上形成痘疹，开始为红斑，1～2d后形成丘疹，随后丘疹逐渐扩大，变成灰白色或淡红色半球状的隆起结节。结节在几天之内变成水疱，后变成脓疱，如果无继发感染则在几天内干燥成棕色痂块，痂块脱落遗留一个红斑，后颜色逐渐变淡。

3. 病理变化　咽喉、气管、肺、胃等部位有痘疹，严重的形成溃疡和出血性炎症。

二、实验室检疫

1. 病原学检查　采取丘疹组织涂片，经镀银染色法染色镜检，在感染细胞质内可见深褐色的球菌样圆形小颗粒（原生小体）。也可用吉姆萨或苏木紫-伊红染色，镜检细胞质内的包含体，前者包含体呈红紫色或淡青色，后者包含体呈紫色或深亮红色，周围绕有清晰的晕。也可用聚合酶链式反应（PCR）检测待检样品中的病原。

2. 血清学检查　可采用病毒中和试验（VN）、琼脂扩散试验（AGID）、间接荧光抗体技术（IFAT）、酶联免疫吸附试验（ELISA）等方法。

三、检疫后处理

一旦发现病羊或者疑似本病的羊，立即上报疫情。确诊后，立即划定疫点、疫区（由疫点边缘向外延伸3km范围的区域）和受威胁区（由疫区边缘向外延伸

5km 的区域）。对疫区实行封锁，对疫点内的病羊及其同群羊彻底扑杀，对病死羊、扑杀羊及其产品无害化处理，对病羊排泄物和被污染或可能被污染的饲料、垫料、污水等均需通过焚烧、发酵等方法进行无害化处理。对疫区和受威胁区内的所有易感羊进行紧急免疫接种。

疫区内没有新的病例发生，疫点内所有病死羊、被扑杀的同群羊及其产品按规定处理 21d 后，对有关场所和物品进行彻底消毒，经上一级农业农村主管部门组织验收合格后，由当地农业农村主管部门提出申请，由原发布封锁令的人民政府发布解除封锁令。

任务八　山羊病毒性关节炎-脑炎的检疫

山羊病毒性关节炎-脑炎（Caprine arthritis - encephalitis，CAE）是山羊关节炎-脑炎病毒引起山羊的慢性传染性疾病。以山羊羔羊脑脊髓炎和成年山羊多发性关节炎为特征。

一、临诊检疫

1. 流行特点　山羊是本病的易感动物，绵羊不感染。该病的发生无年龄、性别、品系间的差异，但以成年羊发病居多，感染途径以消化道为主。

2. 临诊症状　根据临诊表现可分为 3 种病型。

（1）脑脊髓炎型。潜伏期为 53～131d。本病多发生于 2～4 月龄羔羊，发病有明显季节性，80%以上病例主要集中在 3～8 月发生。发病初期病羊沉郁、跛行，进而四肢僵直或共济失调，后肢麻痹，卧地不起，四肢划动。严重者眼球震颤、惊恐、角弓反张、头颈歪斜或做圆圈运动。部分病例伴有面神经麻痹，吞咽困难或失明等症状。病程半月至 1 年。

（2）关节炎型。多发生于 1 岁以上的成年山羊，典型症状是腕关节肿大和跛行，也可发生于膝关节和跗关节，俗称“大膝病”。病初关节周围的软组织水肿、波动、疼痛，有轻重不一的跛行；进而关节肿大如拳，活动不便，常见前肢跪行。病程 1～3 年。

（3）肺炎型。较少见，患羊渐进性消瘦、咳嗽、呼吸困难，胸部听诊有湿啰音。病程3～6 个月。

3. 病理变化　脑脊髓无明显肉眼病变，偶尔在脊髓和一侧脑白质有一棕色病区。关节周围软组织肿胀，皮下浆液渗出；关节囊肥厚，滑膜常与关节软骨粘连，有钙化斑；关节腔扩张，充满黄色、粉红色液体。肺轻度肿大，质地硬，表面有灰白色小点，切面呈叶状或斑块状实变区。少数病例肾表面有直径 1～2mm 的灰白病灶。

二、实验室检疫

1. 病原学检查　可采取患病动物发热期、濒死期或新鲜尸体的肝制备乳悬液，进行病毒的分离，通过免疫杂交（IB）、荧光抗体技术（FAT）鉴定病毒。也可选用小鼠或仓鼠进行动物实验。

2. 血清学检查 主要应用琼脂扩散试验（AGID）或酶联免疫吸附试验（ELISA）确定隐性感染动物，应用荧光抗体技术（FAT）检测血清中的IgM抗体也可以作为疾病早期的判定指标。

三、检疫后处理

1. 检出病羊 对发病山羊及检出的阳性山羊进行扑杀，尸体做无害化处理；对同群其他动物隔离观察1年以上，在此期间，进行实验室检查，阳性者一律淘汰，在全部羊只至少连续2次（间隔半年）呈血清学阴性时，方可认为该羊群已经净化。

2. 加强种羊检疫 禁止从疫区引进种羊；引进种羊前，应先做血清学检查，运回后隔离观察，其间再做两次血清学检查（间隔半年），均为阴性时才可混群。

任务九　片形吸虫病的检疫

片形吸虫病（Fascioliasis）是由片形属的片形吸虫寄生于动物胆管中引起的一种寄生虫病。以肝炎和胆管炎为特征。

一、临诊检疫

1. 流行特点 本病呈地方性流行，多发生在有中间宿主椎实螺的低洼和沼泽地带。夏秋两季为主要感染季节，秋末及冬季发病较多，多雨或久旱逢雨可促使本病流行。肝片形吸虫病在我国普遍发生，主要感染羊、牛；大片形吸虫病多见于南方，多感染牛特别是水牛，山羊等亦有感染。

2. 临诊症状 轻度感染往往无明显症状，感染严重时可出现症状，多呈慢性经过。急性型仅见于羊，幼畜易感，病死率也高。

（1）急性型。多发生于夏末、秋季及初冬季节，可出现突然倒毙。病羊精神沉郁，体温升高，食欲减退，腹胀，偶有腹泻，很快出现贫血，黏膜苍白，严重者多在几天内死亡。

（2）慢性型。多见于冬末初春季节，表现为食欲不振，消瘦，被毛粗乱，腹泻，贫血，水肿，奶牛产奶量显著减少，孕畜流产。

3. 病理变化 胆管内发现虫体。

（1）急性型。肝肿大、充血，表面有纤维素沉积，有2～5mm长的暗红色虫道，内有凝固的血液和很小的虫体。严重感染时，可见腹膜炎病变，有时腹腔内有大量血液。

（2）慢性型。早期肝肿大，以后萎缩硬化；胆管扩张、肥厚、变粗，呈绳索样突出于肝表面，胆管内壁有盐类沉积，内膜粗糙。

二、实验室检疫

1. 病原检查 采用水洗沉淀法、片形吸虫虫卵定量计数法检查虫卵，也可通过肝虫体检查判定片形吸虫。

2. 血清学检查 主要应用酶联免疫吸附试验（ELISA）检测血清中的特异性

抗体。

三、检疫后处理

对发病动物实施隔离治疗，同场动物药物预防，粪便发酵处理；进行环境消毒，消灭中间宿主椎实螺。

宰后检疫发现本病，病变严重且肌肉有退行性变化的，整个胴体和内脏做无害化处理；病变轻微且肌肉无变化的，病变内脏化制或销毁，胴体一般不受限制。

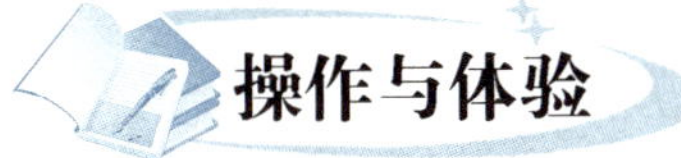

操作与体验

技能　牛传染性鼻气管炎抗体的检测

（一）技能目标

（1）会牛被检血清制备的方法。

（2）会应用酶联免疫吸附试验（ELISA）检测牛传染性鼻气管炎抗体。

（二）材料设备

1. 仪器设备　酶标仪、聚苯乙烯微量反应板（96 孔酶标板）、单孔道及多孔道可调微量移液器（1μL、50μL、100μL、1 000μL）、微量滴头、吸管（5mL、10mL）、刻度量筒（100mL、1 000mL）、试剂瓶（50mL、100mL、500mL）、洗涤瓶（500μL）、恒温箱、剪毛剪、采血器、离心机、水浴锅。

2. 试剂　包被抗原、血清（标准强阳性、阴性血清）、酶标记抗抗体、抗原包被缓冲液、封闭液、洗涤液、底物溶液、终止液、水（符合 GB/T 6682 分析实验室二级水规格）、1%～2%碘酊棉球、75%酒精棉球。

（三）方法步骤

1. 被检血清制备

（1）颈静脉采血。在牛颈静脉沟上 1/3 与中 1/3 交界处剪毛消毒，采血者用拇指（或食指与中指）在采血部位稍下方（近心端）压迫颈静脉血管，使之怒张，针头与皮肤呈 45°角由下向上方刺入血管，见有血液回流时，即可把针芯向外拉使血液流入采血器。

（2）血清制备。将血样室温下 30°侧斜静置 2～4h，待血液凝固有血清析出时，无菌剥离血凝块，然后置 4℃冰箱过夜，待大部分血清析出后经 56～57℃灭活 30min。必要时可低速离心（1 000r/min 离心 10～15min）析出血清。

（3）血清的保存。应－20℃以下保存，但应避免反复冻融。

2. 试验步骤

（1）包被酶标板。按照提供的包被抗原所附说明书要求，用包被液稀释抗原，包被 96 孔酶标板，每孔 100μL，置 4℃冰箱过夜。

（2）洗涤。取出酶标板，甩掉孔内的包被缓冲液，注满洗涤液，1～2min 后甩干，重复 5 次。洗涤液需在孔内滞留一定时间，以防本试验的非特异性反应，也可用洗板机洗板。

（3）封闭。每孔注满封闭液，置 37℃封闭 90min，按上述方法洗涤 1～2 次。置

4℃冰箱备用，30d 内均可使用。

(4) 加样。每步加样完毕，均用振荡器充分振荡混匀。

①标准阴性血清、阳性血清和被检血清均用稀释液做 100 倍稀释。

②每份被检血清加两孔，每孔 100μL。

③每板均设标准阴、阳性血清及稀释液对照各两孔，每孔 100μL。加样完毕后置 37℃温箱作用 1h，按上述方法洗涤。

(5) 加酶标记抗抗体。每孔加入用稀释液稀释至工作浓度的酶标记抗抗体 100μL，置 37℃温箱作用 1h，按上述方法洗涤。

(6) 底物反应。每孔加底物溶液 100μL，置室温避光反应约 20min。

(7) 终止反应。每孔加终止液 50μL，在 30min 内测定 OD 值。

3. 结果判定

(1) S/N 值计算。用酶标仪在波长 450nm 下测定 OD 值，按下式计算 S/N 值：

S/N=被检血清平均 OD 值/标准阴性血清平均 OD 值

(2) 判定结果。S/N＜1.50 判为阴性；1.50≤S/N≤2.0 判为可疑；S/N＞2.0 判为阳性。凡判为可疑的被检血清均应复检，复检仍为可疑时，判为阳性。

(四) 考核标准

序号	考核内容	考核要点	分值	评分标准
1	被检血清制备（25 分）	颈静脉采血	10	采血部位正确，量准确
		血清制备	10	血清制备及灭活正确
		血清的保存	5	正确保存血清
2	ELISA 操作步骤（60 分）	包被酶标板	10	酶标板包被正确
		洗涤	10	正确洗涤酶标板
		封闭	10	封闭液加注正确、洗涤正确
		加样	10	加样步骤正确、量准确
		加酶标记抗抗体	10	酶标记抗抗体加注正确、洗涤正确
		底物反应	5	加注底物溶液正确
		终止反应	5	加注终止液正确
3	结果判定（10 分）	S/N 值计算	5	S/N 值计算正确
		判定结果	5	正确判定结果
4	职业素质评价（5 分）	安全意识	3	注意无菌操作和人身安全
		协作意识	2	与小组成员密切配合
总分			100	

拓展知识　种牛羊场主要疫病监测工作实施方案

（一）监测目的

掌握种牛、种羊重大动物疫病和主要垂直传播性疫病流行状况，跟踪监测病原变异特点与趋势，查找传播风险因素，加强种牛、种羊主要疫病预警监测和净化工作。

（二）样品采集

1. 采样数量　每个种牛/种羊场采集牛/羊血清样品40份，对应种牛眼/鼻/直肠拭子40份，对应种羊眼/鼻拭子40份，对应种公牛/种公羊精液5份，以及国外进口牛/羊冷冻精液3份。

2. 样品要求　所采集的血清和拭子样品应一一对应，样品来源原则上不少于3栋牛舍/羊舍，采样时应兼顾育成牛/羊和繁殖牛/羊的比例。

（1）血清样品。每份采集3～5mL全血，凝固后析出血清不少于1.5mL，用2mL离心管冷冻保存。

（2）拭子样品。同一个体的拭子放在同一个5mL离心管中，加保存液约2.5mL，冷冻保存。

（3）精液样品。每份采集2mL，冷冻保存。

3. 样品编号　牛血清样品以“BX_1～BX_n”模式编写，牛眼/鼻/直肠拭子以“BS_1～BS_n”模式编写，牛精液样品以“BJ_1～- BJ_n”模式编写，同一头牛的血清样品与眼/鼻/直肠拭子样品编号一一对应。羊血清样品以“CX_1～CX_n”模式编写，羊眼/鼻拭子以“CS_1～CS_n”模式编写，羊精液样品以“CJ_1～CJ_n”模式编写，同一只羊的血清样品与眼/鼻拭子样品编号一一对应。

4. 样品信息　采样的同时填写《种牛场采样记录表》（表8-1）和《种羊场采样记录表》（表8-2）。

表8-1　种牛场采样记录表

省份：　市：　县：　牛场名称：　采样人：　电话：　采样时间：　月　日

序号	栋号	耳标号	性别	品种	月龄	胎次	母牛生产阶段	样品编号			末次免疫时间				
								血清	眼/鼻/直肠拭子	精液	口蹄疫（□O型；□亚Ⅰ型；□A型）	布鲁菌病	牛病毒性腹泻	牛传染性鼻气管炎（牛疱疹病毒Ⅰ型）	炭疽

注：1. 采样时兼顾育成牛和繁殖牛的比例。
2. 在相应亚型口蹄疫疫苗前划“√”。
3. 此单一式三份，采样单位和被采样单位各保存一份，随样品递交一份。

表 8-2　种羊场采样记录表

省份：　　市：　　县：　　羊场名称：　　采样人：　　电话：　　采样时间：　月　日

序号	栋号	耳标号	性别	品种	月龄	胎次	母羊生产阶段	样品编号			末次免疫时间				
								血清	眼/鼻/拭子	精液	口蹄疫（□O 型；□亚 I 型；□A 型）	布鲁菌病	小反刍兽疫	羊痘	羊三联四防

注：1. 采样时兼顾育成羊和繁殖羊的比例。
2. 在相应亚型口蹄疫疫苗前划“√”。
3. 此单一式三份，采样单位和被采样单位各保存一份，随样品递交一份。

（三）样品检测

检测布鲁菌病、小反刍兽疫和牛病毒性腹泻 3 种疫病 7 个项目，具体检测项目及方法见表 8-3。必要时抽取部分样品进行病毒分离鉴定和基因序列测定。

表 8-3　种牛、种羊场检测项目及其方法

序号	动物种类	检测病种	检测项目	样品类型	检测方法
1	牛	布鲁菌病	布鲁菌病抗体	血清	ELISA
2			布鲁菌	精液	PCR
3		牛病毒性腹泻	牛病毒性腹泻抗体	血清	ELISA
4			牛病毒性腹泻病毒	眼/鼻/直肠拭子、精液	RT-PCR
5	羊	布鲁菌病	布鲁菌病抗体	血清	ELISA
6			布鲁菌	精液	PCR
7		小反刍兽疫	小反刍兽疫病毒	眼/鼻拭子	RT-PCR

复习与思考

1. 养羊场检出小反刍兽疫时，应采取哪些处理措施？
2. 如何应用酶联免疫吸附试验（ELISA）检测牛传染性鼻气管炎抗体？
3. 蓝舌病的临诊检疫要点有哪些？
4. 羊痘的临诊检疫要点有哪些？
5. 屠宰场宰后检出片形吸虫病时，应如何处理？

项目九

兔疫病的检疫

本项目的应用：检疫人员依据兔病毒性出血病、兔黏液瘤病、野兔热、兔球虫病的临诊检疫要点进行现场检疫；检疫人员对兔疫病进行实验室检疫；检疫人员根据检疫结果进行检疫处理。

完成本项目所需知识点：兔病毒性出血病、兔黏液瘤病、野兔热、兔球虫病的流行病学特点、临诊症状和病理变化；兔疫病的实验室检疫方法；兔疫病的检疫后处理；病死及病害动物的无害化处理。

完成本项目所需技能点：兔疫病的临诊检疫；兔病毒性出血病、野兔热、兔球虫病的实验室检疫；染疫兔尸体的无害化处理。

任务一　兔病毒性出血病的检疫

兔病毒性出血病（Rabbit haemorrhagic disease，RHD）俗称兔瘟，是由兔出血病病毒引起的兔的一种急性、败血性、高度接触性传染病。其特征为突然发病，呼吸急促，猝死，出血性败血症。

一、临诊检疫

1. 流行特点　家兔均有易感性，多发于2月龄以上的兔，病死率可达90%以上。可通过直接接触、消化道及呼吸道传播。一年四季均可发生，多发于冬春寒冷季节。

2. 临诊症状　潜伏期为1～3d。根据病程可分为最急性型、急性型和慢性型。

（1）最急性型。多见于流行初期。病兔无任何先兆或仅表现短暂的兴奋即突然倒地，抽搐、尖叫而亡。有的鼻孔流出带泡沫样血液，肛门附近黏有胶冻样分泌物。

（2）急性型。病兔精神沉郁，体温升高到41℃以上，渴欲增加，呼吸迫促，可视黏膜发绀；便秘或腹泻；临死前体温下降，四肢不断划动，抽搐，尖叫；部分病兔鼻孔流出带泡沫的液体，死后呈角弓反张。病程1～2d。

（3）慢性型。多见于疫病流行后期。轻微发热，轻度神经症状，逐渐衰弱死亡。

3. 病理变化 以全身实质器官淤血、出血为主要特征，呼吸道病变最为典型。喉头、气管黏膜淤血、出血，气管、支气管内有许多淡红或血红色泡沫液体；肺严重淤血、水肿，并有散在的针尖至绿豆样大小的暗红斑点，切开肺叶流出大量红色泡沫状液体；肝、脾、肾淤血、肿大，多呈暗紫色；心内外膜有出血点；肠黏膜弥漫性出血，肠系膜淋巴结肿大、出血；脑和脑膜血管淤血。

二、实验室检疫

1. 病原检查

（1）电镜观察。取肝病料制成10%乳剂，超声波处理，高速离心，收集病毒，负染色后电镜观察。可发现一种直径25～35nm，表面有短纤突的病毒颗粒。

（2）反转录-聚合酶链式反应（RT-PCR）。检测肝、脾、肺等脏器及鼻腔分泌物中的病原核酸。

（3）微量血凝试验（HA）。取肝病料制成10%乳剂，高速离心后取上清液与用PBS配制的1%人O型红细胞悬液进行微量血凝试验，在2～8℃作用45min，凝集价大于或等于1：160判为阳性。

2. 血清学检查 常用微量血凝抑制试验（HI），被检血清的血凝抑制滴度大于或等于1：16为阳性。此外，酶联免疫吸附试验（ELISA）也可用于本病抗体的检测。

三、检疫后处理

发生该病时，扑杀发病兔和同群兔，尸体做无害化处理，污染的笼舍、场地、用具等彻底消毒。疫区内健康家兔进行紧急接种。

宰前检疫发现本病，病兔扑杀进行无害化处理，同群兔隔离观察，确认无异常的，准予屠宰。宰后检疫发现本病，胴体、内脏及副产品等全部做无害化处理。

任务二　兔黏液瘤病的检疫

兔黏液瘤病（Myxomatosis）是由黏液瘤病毒引起的一种高度接触性、致死性传染病。以全身皮下，特别是颜面部和天然孔周围皮下发生黏液瘤性肿胀为特征。

一、临诊检疫

1. 流行特点 本病易感动物是家兔和野兔，主要通过蚊、蚤、蜱、螨等节肢动物传播，也可以通过直接或间接接触传播。本病一年四季均可发生，夏秋季节多发，发病率和病死率均高。如果本病传入我国，其危害和造成的损失无法估量。

2. 临诊症状 本病潜伏期3～7d。兔被带毒昆虫叮咬后，叮咬部位出现原发性肿瘤结节。然后病兔眼睑水肿、流泪，黏液性或脓性结膜炎，肿胀可蔓延整个头部和耳朵皮下，呈特征性的“狮子头”外观。病兔肛门、生殖器、口和鼻孔周围肿胀。病程一般8～15d，病死率可达100%。由弱毒株引起的黏液瘤，多局限于身体少数部位且

不明显，病死率低。

3. 病理变化 主要是皮肤肿瘤，皮肤和皮下组织显著水肿，切开病变皮肤，见有黄色胶冻状液体，尤其颜面部和天然孔周围皮肤明显。

二、实验室检疫

1. 病原检查 可采取病变组织制成切片检查包含体或电镜负染技术检测皮肤病变。也可将病料悬液接种原代兔肾细胞培养，通过间接荧光抗体技术（IFAT）证实。

2. 血清学检查 常用的方法有补体结合试验（CFT）、间接荧光抗体技术（IFAT）、酶联免疫吸附试验（ELISA）以及琼脂扩散试验（AGID）等。

三、检疫后处理

1. 检出病兔 发现疑似本病发生时，应立即上报疫情，迅速做出确诊，及时扑杀病兔和同群兔，尸体无害化处理，污染场所彻底消毒。

2. 加强进境检疫 进境家兔检出阳性时，做扑杀、销毁或退回处理。对进境兔毛皮等产品实施熏蒸消毒等除害措施。

任务三 野兔热的检疫

野兔热（Tularaemia）又称土拉菌病，是由土拉热弗朗西斯菌引起的人畜共患的一种急性传染病。以淋巴结肿大、脾和其他内脏坏死为特征。

一、临诊检疫

1. 流行特点 啮齿动物是主要易感动物和自然宿主，猪、牛、山羊、犬、猫等易感，人也可感染。本病主要通过蜱、螨、牛虻、蚊、虱、蝇等吸血昆虫传播，也可通过消化道、呼吸道、伤口和皮肤黏膜感染，春末夏初多发。

2. 临诊症状 潜伏期为1～9d。病兔出现食欲废绝，体温40℃以上，运动失调，高度消瘦和衰竭。颌下、颈下、腋下和腹股沟等处淋巴结肿大、质硬，鼻腔流浆液性鼻液，偶尔伴有咳嗽等症状。

3. 病理变化 淋巴结肿大；脾、肝肿大充血，有点状灰白色病灶；肺充血、肝变。

二、实验室检疫

1. 病原检查

（1）触片检查。用肝、脾进行触片，采用直接或间接荧光抗体技术检查。

（2）分离培养。细菌培养以痰、脓液、血、支气管洗出液等标本接种于弗朗西斯培养基等特殊培养基上，可分离出致病菌。

（3）组织切片检查。采用荧光抗体技术（FAT）等方法检查。

（4）动物试验。取待检样品少量，豚鼠腹腔接种，病理变化明显。

（5）聚合酶链式反应（PCR）和荧光聚合酶链式反应。用于分离菌的鉴定或病料的直接检测。

2. 血清学检查 可采用酶联免疫吸附试验（ELISA）和试管凝集试验（TA），主要用于人土拉菌病的诊断，对兔等易感动物来说，在特异抗体出现前已经死亡。

三、检疫后处理

发现发病动物，扑杀发病动物及同群动物，并进行无害化处理。被污染的场地、用具、场舍等彻底消毒，粪便深埋处理。疫区内健康家兔进行紧急接种或药物预防。

任务四 兔球虫病的检疫

兔球虫病（Rabbit coccidiosis）是由艾美耳属的多种球虫寄生于兔的小肠或肝胆管上皮细胞内引起的一种常见的原虫病。特征是腹泻、贫血、消瘦。

一、临诊检疫

1. 流行特点 各龄期的家兔都有易感性，以1～3月龄幼兔最易感，发病率和病死率高，成年兔发病轻微。病兔或带虫兔是主要的传染源，仔兔主要通过食入母兔乳房上沾有的卵囊而感染，幼兔主要通过食入污染卵囊的饲料、饲草和饮水而感染。多发于温暖多雨季节。

2. 临诊症状 病兔食欲减退或废绝，精神沉郁，眼鼻分泌物增多，眼结膜苍白或黄染，幼兔生长停滞。患肠球虫病时，腹泻或腹泻与便秘交替，肛门周围常被粪便沾污，腹围膨大。患肝球虫病时，肝区触诊疼痛，可视黏膜轻度黄染。幼兔多出现四肢痉挛、麻痹，常由于极度衰竭而死，病死率高达80%以上。

3. 病理变化 患肝球虫病时肝肿大，表面和实质内有许多粟粒至豌豆大白色或淡黄色结节，沿小胆管分布；切开结节，流出乳白色、浓稠物质，混有不同发育阶段的球虫。慢性病例的肝体积缩小，质地变硬。

急性肠球虫病主要见十二指肠扩张、壁厚，黏膜充血、出血；小肠内充满气体和大量微红色黏液。慢性肠球虫病可见肠黏膜呈灰色，肠黏膜上（尤其是盲肠蚓突部）有小而硬的白色结节，有时可见化脓性坏死灶。

二、实验室检疫

1. 肠、肝组织病原检查 取病变明显的肠道，纵向剪开，取少许肠内容物，直接均匀涂抹在载玻片上，覆以盖玻片镜检，可看到卵囊。或取肝上的黄白色结节，放在研钵内，加适量磷酸盐缓冲液，充分研磨，取1滴研磨液滴在载玻片上，覆以盖玻片镜检，可发现大量的裂殖体、裂殖子、球虫卵囊。

2. 粪便内病原检查 采用饱和盐水漂浮法：取新鲜粪便2g放在研钵中，加入10倍量饱和盐水，搅拌混合均匀，用粪筛或纱布过滤，弃去粪渣，滤液静置30min，使卵囊集中于液面，用直径0.5～1cm的金属圈水平蘸取液面，镜检可见大量球虫卵囊。

三、检疫后处理

病兔隔离治疗，病死兔尸体销毁；被污染的兔笼、用具等消毒处理；粪便、垫草等焚烧或深埋处理。

宰后检疫发现本病，病变组织和内脏销毁处理，胴体做无害化处理。

复习与思考

1. 兔病毒性出血病的临诊检疫要点有哪些?
2. 如何进行野兔热实验室检疫?
3. 屠宰场宰后检出兔球虫病时，应如何处理?

项目十

产地检疫

本项目的应用：养殖场或动物产品加工厂工作人员进行检疫申报；检疫人员进行申报受理；检疫人员现场检疫。

完成本项目所需知识点：动物检疫相关法律法规；动物产地检疫的申报；现场检疫；实验室检测；动物产地检疫出证条件；动物检疫处理等。

完成本项目所需技能点：动物检疫申报；动物产地现场检疫；动物检疫出证。

产地检疫是指动物、动物产品在离开饲养地或生产地之前进行的检疫，即在饲养场、饲养户或指定的地点检疫。产地检疫流程如图 10－1 所示。

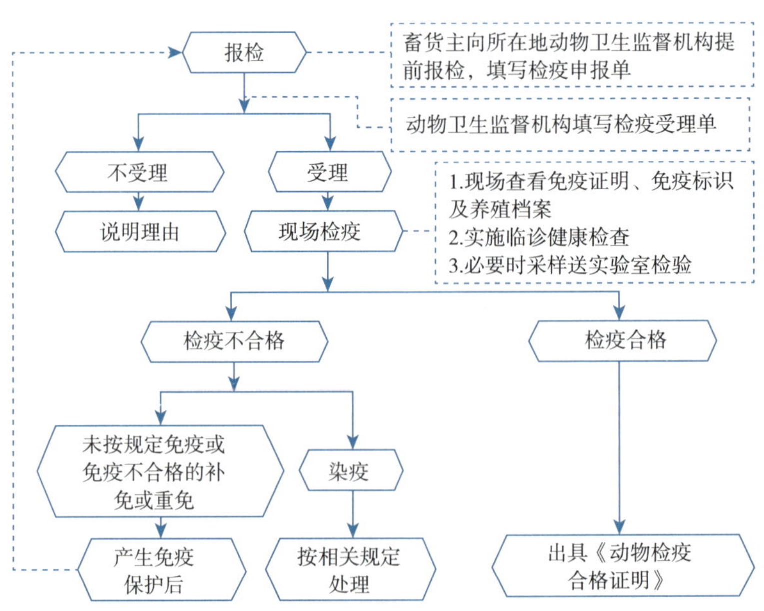

图 10－1　动物产地检疫流程

通过产地检疫可及时发现染疫动物、染疫动物产品及病死动物，将其控制在原产地，并在原产地安全处理，防止进入流通环节，保障动物及动物产品安全，保护人体健康，维护公共卫生安全。产地检疫是预防、控制和扑灭动物疫病的重要措施，是整个动物检疫工作的基础。

任务一 非乳用、种用动物产地检疫

非乳用、种用动物是指非乳用、种用的家畜、家禽及人工饲养、捕获的其他动物。非乳用、种用动物产地检疫包括检疫申报、查验资料及畜禽标识、临诊检查、实验室检测、检疫合格标准和检疫记录等内容。

一、检疫申报

动物产地检疫申报

动物在离开饲养地之前，其经营单位和个人要向所在地动物卫生监督机构提出检疫申报。动物卫生监督机构本着有利生产、促进流通、方便群众、便于检疫的原则，在辖区内合理设置动物检疫申报点，并向社会公布动物检疫申报点、检疫范围和检疫对象。

1. 申报时限 出售、运输供屠宰、继续饲养的动物（包括实验动物），应当提前3d申报检疫；参加展览、演出和比赛的动物，应当提前15d申报检疫；向无规定动物疫病区输入相关易感动物，货主除应按规定向输出地动物卫生监督机构申报检疫外，还应当在起运3d前向输入地省级动物卫生监督机构申报检疫；人工捕获的野生动物，应当在捕获后3d内向捕获地县级动物卫生监督机构申报检疫；屠宰动物，应当提前6h向所在地动物卫生监督机构申报检疫；急宰动物，可以随时申报。

2. 申报形式 申报检疫可到申报点填报，也可通过传真、电话等方式申报，实施检疫时，需补填检疫申报单。具备互联网申报条件的区域，也可通过具备动物检疫申报功能的信息管理系统，在电脑、手机等网络终端进行申报，检疫申报单以电子形式记录于信息管理系统，必要时可打印留存。报检内容含动物种类、数量、起运地点、到达地点、运输方式和约定检疫时间等。

3. 申报材料 申报检疫时，动物饲养者需根据不同情形，提供相应书面材料。

出售或运输动物的，提供动物饲养者身份证明（授权申报的，需同时提供授权书）、动物检疫申报单、动物养殖档案等一般性资料；向无疫区输入相关动物的，还需提供《无规定动物疫病区动物输入申请审批表》；出售或运输实验动物的，还需提供实验动物生产单位《实验动物生产许可证》、实验动物使用单位《实验动物使用许可证》、微生物及寄生虫检测报告；出售或运输野生动物的，还需根据情况提供野生动物特许猎捕证、野生动物狩猎证、野生动物驯养繁殖许可证或者野生动物经营利用核准证、野生动物运输证等捕获、驯养、经营利用、运输的许可（审批）证件；农业农村部规定需进行实验室疫病检测的，还需提交专业性检测机构出具的动物疫病检测报告。

具备互联网条件提交书面材料扫描件的，可通过相应信息管理系统，对书面材料扫描件进行网络报送和审查。

4. 申报受理 动物卫生监督机构在接到检疫申报后，官方兽医对动物饲养者提供的材料齐全性、有效性进行初步审查。书面材料不全、无效的，书面审查不合格，告知动物饲养者补充相关材料后重新申报检疫。

书面审查合格、动物饲养者身份真实、动物在辖区生产、辖区为非封锁区或者未发生相关动物疫情的，予以受理，填写检疫申报受理单，及时指派官方兽医实施检疫。

动物饲养者身份不真实等申报材料不符合要求的；动物产地不属于本检疫申报点管辖区域范围内的；动物来自发生疫情且正处于封锁期的地区或发生相关动物疫病的饲养场（户）的；动物种类不属于农业农村部公布的动物检疫范围的，或属于国家规定暂停调运的动物的；申报检疫时限不符合《动物检疫管理办法》有关规定的；日常监督检查发现养殖场的免疫等养殖档案记录等不符合管理规定，或疫病监测及免疫效果监测不符合要求，且未依照规定进行整改的；具有法律、法规、规章规定的其他不予以受理情形的。出现以上情形不予受理，并向申报方说明理由。

目前已采用电子出证系统填写检疫申报单，格式如图 10－2 所示。

检疫申报单 （货主填写）	**申报处理结果** （动物卫生监督机构填写）	**检疫申报受理单** （动物卫生监督机构填写）
编号：______ 货主：______ 联系电话：______ 动物/动物产品种类：______ 数量及单位：______ 来源：______ 用途：______ 启运地点：______ 启运时间：______ 到达地点：______ 依照《动物检疫管理办法》规定，现申报检疫。 货主签字（盖章）： 申报时间：____年___月____日	□受理。拟派员于____年___月___日到______实施检疫。 □不受理。理由：____________。 经办人： ____年___月___日 （动物卫生监督机构留存）	No. ______ 处理意见： □受理。本所拟于____年___月___日派员到_____实施检疫。 □不受理。理由：____________。 经办人：　　联系电话： 动物检疫专用章 ____年___月___日 （交货主）

图 10－2　动物产地检疫申报单

二、查验资料及畜禽标识

官方兽医到达现场后，查验饲养场（养殖小区）《动物防疫条件合格证》和养殖档案，了解生产、免疫、监测、诊疗、消毒、无害化处理等情况，确认饲养场（养殖小区）6 个月内未发生相关动物疫病，确认待检动物已按国家规定进行强制免疫，并在有效保护期内。确认没有使用未经国家批准使用的兽用疫苗，没有违反国家规定使用餐厨剩余物饲喂生猪。查验散养户防疫档案，确认待检动物已按国家规定进行强制免疫，并在有效保护期内。查验待检动物畜禽标识加施情况，确认其佩戴的畜禽标识与相关档案记录相符。

三、临诊检查

临诊检查是应用兽医临诊诊断学的方法，对动物进行群体检查和个体检查，以分辨病健，并得出是否为某种检疫对象的结论。

（一）检查方法

主要是群体检查和个体检查。

1. 群体检查 群体检查是指对待检动物群体进行的现场检查。

（1）群体检查的目的。通过检查，从大群动物中挑拣出有病态的动物，隔离后进一步诊断处理。一方面及时发现患病动物，防止疫病在群体中蔓延；另一方面，根据整群动物的表现，评价畜群健康状况。

（2）群体检查的内容。主要检查被检动物群体的精神状态、外貌、营养、呼吸、运动、饮水饮食、反刍及排泄等状态。一般是先静态检查，再动态检查，后饮食状态检查。

①静态检查。在动物安静的情况下，观察其精神状态、外貌、营养、立卧姿势、呼吸、反刍状态等，注意有无咳嗽、气喘、呻吟、嗜睡、流涎、孤立一隅等反常现象，从中发现可疑病态动物。

②动态检查。静态检查后，先看动物自然活动，后看驱赶活动。检查运动时头、颈、腰、背、四肢的运动状态。注意有无行动困难、肢体麻痹、步态蹒跚、跛行、屈背弓腰、离群掉队及运动后咳嗽或呼吸异常现象。

③饮食状态检查。检查饮食、咀嚼、吞咽时反应状态，注意有无不食不饮、少食少饮、异常采食以及吞咽困难、呕吐、流涎、退槽、异常鸣叫等现象。同时应检查排便时姿势，粪尿的质度、颜色、含混物、气味。

2. 个体检查 个体检查是指对群体检查中检出的可疑病态动物进行系统的个体临诊检查。一般群体检查无异常的也要抽检5%～20%做个体检查，若个体检查发现患病动物，应再抽检10%，必要时可全群复检。个体检查的方法内容，一般有视诊、触诊、叩诊、听诊和检查体温、脉搏、呼吸数等。

（二）猪的临诊症状检查

1. 群体检查

（1）静态检查。猪群在车船内或圈舍内休息时进行静态观察。检疫员应悄悄地接近猪群，站立在可全览的位置，观察猪只在安静状态中的各种表现。

①健康猪。站立平稳，不断走动和拱食，呼吸均匀、深长，被毛整齐有光泽，反应敏捷，见人接近时警惕凝视。睡卧常取侧卧，四肢伸展、头侧着地，爬卧时后腿屈于腹下。

②病猪。垂头委顿，倦卧呻吟，离群独立，全身颤抖，呼吸困难或喘息，被毛粗乱无光，肷窝凹陷，鼻盘干燥，颈部肿胀，眼有分泌物，尾部和肛门有粪污。

（2）动态观察。常在车船装卸、驱赶、放出或饲喂过程中观察。

①健康猪。起立敏捷，行动灵活，步态平稳，两眼前视，摇头摆尾或尾巴上卷，随群前进，偶发洪亮叫声。

②病猪。精神沉郁或兴奋，不愿起立，立而不稳。行动迟缓，步态踉跄，弓背夹尾，肷窝下陷，跛行掉队，咳嗽、气喘，叫声嘶哑。

（3）饮食观察。在猪群按时喂食饮水或有意给少量水、饲料饲喂时观察。

①健康猪。饿时叫唤，争先恐后奔向食槽抢食吃，嘴伸入槽底，大口吞食并发出声音，耳和鬃毛震动，尾巴自由甩动，时间不长即腹满而去。粪软尿清，排便姿势正常。

②病猪。食而无力，只吃几口就退槽，或鼻闻而不吃，饮稀不吃稠，甚至不食，喂后肷窝仍下陷，粪便干燥或腹泻，尿呈黄色或红色。

2. 个体检查 根据我国各地区猪疫病的发生情况，一般以口蹄疫、猪瘟、非洲猪瘟、高致病性猪蓝耳病、炭疽、猪丹毒、猪肺疫等为重点检查对象。在实际检查工作中，由于猪易受惊，皮下脂肪厚而不易听诊和叩诊，所以猪的个体检查以精神外貌、鼻、眼、口、被毛、皮肤、肛门、排泄物、饮食以及体温为主要检查内容。

（三）牛的临诊症状检查

1. 群体检查

（1）静态观察。牛群在车、船、牛栏、牧场上休息时可以进行静态观察。主要观察站立和睡卧姿态，皮肤和被毛状况以及肛门有无污秽。

①健康牛。睡卧时常呈膝卧姿势，四肢弯曲。站立时平稳，神态安定。鼻镜湿润，眼无分泌物，嘴角周围干净，被毛整洁光亮，皮肤柔软平坦，肛门紧凑，周围干净，反刍正常有力，呼吸平稳，无异常声音，正常嗳气。

②病牛。睡卧时四肢伸开，横卧，久卧，眼流泪，有黏性分泌物，鼻镜干燥、龟裂，嘴角周围湿秽流涎，被毛粗乱，皮肤局部可有肿胀，反刍迟缓或消失，呼吸增数、困难，呻吟，咳嗽，不嗳气。

（2）动态观察。牛群在车船装卸、赶运、放牛或有意驱赶时进行动态观察。主要观察牛的精神外貌、姿态步样。

①健康牛。精神饱满，眼亮有神，步态平稳，腰背灵活，四肢有力，在行进牛群中不掉队。

②病牛。精神沉郁或兴奋，两眼无神，屈背弓腰，四肢无力，走路摇晃，跛行掉队。

（3）饮食观察。牛群在采食、饮水时观察。

①健康牛。争抢饲料，咀嚼有力，采食时间长。敢在大群中抢水喝，运动后饮水不咳嗽。粪不干不稀呈层叠状，尿清。

②病牛。厌食或不食，采食缓慢，咀嚼无力，采食时间短，不愿到大群中饮水，运动后饮水咳嗽。粪便或稀或干、或混有血液和黏液，血尿，肛门周围和臀部沾有粪便。

2. 个体检查 主要以口蹄疫、布鲁菌病、结核病、炭疽、牛传染性胸膜肺炎等为检查对象。牛的个体检查除精神外貌、肢态步样、被毛皮肤等与群体检查基本相同外，还需检查可视黏膜、分泌物、体温和脉搏的变化。

牛的体温检查是牛检疫的重要项目，常需全部逐头检测，并注意脉搏检查。牛的体温升高，常提示牛的急性传染病。

（四）羊的临诊症状检查

1. 群体检查

（1）静态观察。羊群可在车、船、舍内或放牧休息时进行静态观察。观察的主要

内容是姿态。

①健康羊。常于饱食后合群卧地休息、进行反刍，呼吸平稳，无异常声音，被毛整洁，口及肛门周围干净，人接近时立即起立走开。

②病羊。常独卧一隅，不见反刍，鼻镜干燥，呼吸促迫，咳嗽，打喷嚏，磨牙，流泪，口及肛门周围污秽，精神沉郁，颤抖，人接近时不起不走。被毛脱落，皮肤有痘疹或痂皮。

(2) 动态观察。羊群在装卸、赶运及其他运动过程中进行动态观察。主要检查步态。

①健康羊。精神活泼，走路平稳，合群不掉队。

②病羊。精神不振、沉郁或兴奋不安，步态踉跄，跛行，前肢软弱跪地或后肢麻痹，突然倒地发生痉挛等。

(3) 饮食观察。在羊群按时喂食饮水或有意给少量水、饲料饲喂时观察。

①健康羊。饲喂、饮水时互相争食，食后肷部鼓起，放牧时动作轻快，边走边吃草，有水时迅速抢水喝。

②病羊。食欲不振或停食，放牧吃草时落在后面，吃吃停停，或不食呆立，不喝水，食后肷部仍下凹。

2. 个体检查 主要以口蹄疫、布鲁菌病、绵羊痘和山羊痘、小反刍兽疫、炭疽为检疫对象。羊的个体检查除检查肢态步样外，要对可视黏膜、体表淋巴结、分泌物和排泄物性状、皮肤和被毛、体温等进行检查。如羊群中发现羊痘和疥癣，需对同群羊逐只进行个体检查。

(五) 禽的临诊症状检查

1. 群体检查

(1) 静态观察。禽群在舍内或在运输途中休息时进行静态观察。主要观察站卧姿态、呼吸、羽毛、冠、髯、天然孔等。

①健康禽。卧时头叠于翅内，站时一肢高收，羽毛丰满光滑，冠髯色红，两眼圆睁，头高举，常侧视，反应敏锐、机警。

②病禽。精神萎靡，缩颈垂翅，闭目似睡，反应迟钝或无反应，呼吸困难，冠髯发绀或苍白，羽毛蓬松，嗉囊虚软膨大，泄殖腔周围羽毛污秽，翅膀麻痹，两腿呈劈叉姿势。

(2) 动态观察。可在家禽散放或舍内走动时观察。

①健康禽。行动敏捷，步态稳健。

②病禽。行动迟缓，跛行，摇晃，常落于群后。

(3) 饮食观察。可在喂食时观察。若已喂过食，可触摸鸡嗉囊或鹅、鸭的食道膨大部。

①健康禽。啄食连续，嗉囊饱满，食欲旺盛。

②病禽。啄食异常，嗉囊空虚、充满气体或液体。

2. 个体检查 以高致病性禽流感、新城疫、鸡传染性喉气管炎、鸡传染性支气管炎、鸡传染性法氏囊病、马立克病、禽痘、鸭瘟、小鹅瘟、鸡白痢、鸡球虫病等为主要检查对象。禽只个体检查的重点是精神状态、行走姿态、冠髯、鼻孔、眼、喙、嗉囊、翅膀、羽毛、皮肤、泄殖腔、粪便、呼吸及饮食状态的检查。

（六）兔的临诊症状检查

1. 健康家兔 精神饱满，反应灵敏，喜欢咬斗。白天大部分时间静伏，闭目休息，呼吸动作轻微。稍有惊吓，立即抬头，两耳直立，两眼圆瞪。全身被毛浓密、匀整光洁。食欲正常，咀嚼迅速，夜间采食频繁。有啮齿行为。

2. 病兔 精神沉郁，反应迟钝，低头垂耳，耳部颜色苍白或发绀；伏卧不起，行动迟缓，有的出现跛足或异常姿势；食欲不振，白天常能在舍内发现软粪，粪球干硬细小或稀薄如水；被毛粗乱蓬松，缺乏光泽，或异常脱毛。

四、检疫对象

动物检疫对象是指动物检疫中政府规定的动物疫病。动物疫病的种类很多，动物检疫并不是把所有的疫病都作为检疫对象，而是由农业农村部根据国内外动物疫情、疫病的传播特性、保护畜牧业生产及人体健康等需要而确定的。

根据农业农村部最新印发的动物产地检疫规程，各动物产地检疫对象如下。

1. 生猪 口蹄疫、猪瘟、非洲猪瘟、高致病性猪蓝耳病、炭疽、猪丹毒、猪肺疫。

2. 家禽 高致病性禽流感、新城疫、鸡传染性喉气管炎、鸡传染性支气管炎、鸡传染性法氏囊病、马立克病、禽痘、鸭瘟、小鹅瘟、鸡白痢、鸡球虫病。

3. 牛 口蹄疫、布鲁菌病、结核病、炭疽、牛传染性胸膜肺炎。

4. 羊 口蹄疫、布鲁菌病、绵羊痘和山羊痘、小反刍兽疫、炭疽。

5. 鹿 口蹄疫、布鲁菌病、结核病。

6. 骆驼 口蹄疫、布鲁菌病、结核病。

7. 马属动物 马传染性贫血病、马流行性感冒、马鼻疽、马鼻腔肺炎。

8. 兔 兔病毒性出血病（兔瘟）、兔黏液瘤病、野兔热、兔球虫病。

9. 犬 狂犬病、布鲁菌病、钩端螺旋体病、犬瘟热、犬细小病毒病、犬传染性肝炎、利什曼病。

10. 猫 狂犬病、猫泛白细胞减少症（猫瘟）。

野猪的检疫对象等同于生猪，野禽的检疫对象等同于家禽，牛、羊、鹿、骆驼、马、驴、骡的检疫对象等同于同种野生动物，野生犬科动物的检疫对象等同于犬，野生猫科动物的检疫对象等同于猫。

五、实验室检测

农业农村部规定需进行实验室检测的疫病（鸡、鸭、鹅的 H7N9 流感，羊的小反刍兽疫，犬的狂犬病、犬瘟热、犬细小病毒病，猫的狂犬病、猫泛白细胞减少症），动物养殖场可委托经省级农业农村主管部门批准符合条件的实验室进行检测，并向申报检疫的动物卫生监督机构提供相应实验室检测报告。动物散养户由当地动物疫病预防控制机构按照规定组织实施疫病监测，并向申报检疫的动物卫生监督机构提供相应实验室检测报告。

对怀疑患有动物产地检疫规程规定疫病及临诊检查发现其他异常情况的，应按相应疫病防治技术规范进行实验室检测。

六、检疫合格标准

（一）供屠宰、继续饲养的家畜、家禽

检疫结果符合下列条件的，判定为合格。

（1）来自非封锁区或未发生相关动物疫情的饲养场（养殖小区）、养殖户。

（2）按照国家规定进行了强制免疫，并在有效保护期内。

（3）养殖档案相关记录和畜禽标识符合规定。

（4）临诊检查健康。

（5）按规定需要进行实验室疫病检测的，检测结果合格。

（二）捕获的野生动物

检疫结果符合下列条件的，判定为合格。

（1）在国家和地方重点保护野生动物名录和《国家保护的有益的或者有重要经济、科学研究价值的陆生野生动物名录》内。

（2）临诊检查健康。

（3）附有特许猎捕证或狩猎证。

（4）按规定需要进行实验室疫病检测的，检测结果合格。

（三）人工驯养繁殖的野生动物

检疫结果符合下列条件的，判定为合格。

（1）在国家林业主管部门颁布的《商业性经营利用驯养繁殖技术成熟的陆生野生动物名单》内。

（2）饲养场依法具有驯养繁殖资格。

（3）按照国家和地方动物免疫制度进行免疫，并在有效保护期内。

（4）临诊检查健康。

（5）按规定需要进行实验室疫病检测的，检测结果合格。

（四）观赏、演艺和伴侣的动物

检疫结果符合下列条件的，判定为合格。

（1）按照国家和地方动物免疫制度进行免疫，并在有效保护期内。

（2）临诊检查健康。

（3）按规定需要进行实验室疫病检测的，检测结果合格。

（五）实验动物

检疫结果符合下列条件的，判定为合格。

（1）临诊检查健康。

（2）实验动物生产单位取得的《实验动物生产许可证》合格有效。

（3）实验动物使用单位取得的《实验动物使用许可证》合格有效。

（4）省级实验动物质量检测机构出具的最近3个月内的微生物及寄生虫检测结果合格。

七、检疫处理

动物检疫处理是指在动物检疫中根据检疫结果对被检动物、动物产品依法做出处理措施。

动物检疫处理是动物检疫工作中的重要内容之一，必须严格执行相关规定和要求，保证检疫后处理的法定性和一致性。只有合理地进行动物检疫处理，才能防止疫病的扩散，保障防疫效果和人类健康，真正起到检疫的作用。只有做好检疫后的处理，才算真正完成动物检疫任务。

1. 检疫合格 经检疫合格的，出具《动物检疫合格证明》。动物启运前，畜主或承运人对运载工具进行有效消毒。

动物检疫合格证明的有效期，根据动物种类、用途、运输距离等情况来确定。省内运输一般为1d，地域面积较大等特殊情况下可延长到3d；跨省运输视到达地点所需时间填写，最长不超过5d。

目前，检疫合格证明采用电子出证。动物检疫合格证明格式见图10－3、图10－4。

动物检疫合格证明（动物A）

编号：

<table>
<tr><td>货　主</td><td colspan="2"></td><td>联系电话</td><td colspan="2"></td></tr>
<tr><td>动物种类</td><td colspan="2"></td><td>数量及单位</td><td colspan="2"></td></tr>
<tr><td>启运地点</td><td colspan="5">省　市（州）　县（市、区）　乡（镇）　村（养殖场、交易市场）</td></tr>
<tr><td>到达地点</td><td colspan="5">省　市（州）　县（市、区）　乡（镇）　村（养殖场、屠宰场、交易市场）</td></tr>
<tr><td>用　途</td><td></td><td>承运人</td><td></td><td>联系电话</td><td></td></tr>
<tr><td>运载方式</td><td colspan="3">□公路　□铁路　□水路　□航空</td><td>运载工具牌号</td><td></td></tr>
<tr><td>运载工具消毒情况</td><td colspan="5">装运前经________消毒</td></tr>
<tr><td colspan="6">本批动物经检疫合格，应于________日内到达有效。
官方兽医签字：____________________
签发日期：　　年　　月　　日
（动物卫生监督所检疫专用章）</td></tr>
<tr><td>牲畜耳标号</td><td colspan="5"></td></tr>
<tr><td>动物卫生监督检查站签章</td><td colspan="5"></td></tr>
<tr><td>备　注</td><td colspan="5"></td></tr>
</table>

第一联　共　联

注：1. 本证书一式两联，第一联由动物卫生监督所留存，第二联随货同行。

2. 跨省调运动物到达目的地后，货主或承运人应在24h内向输入地动物卫生监督机构报告。

3. 牲畜耳标号只需填写后3位，可另附纸填写，需注明本检疫证明编号，同时加盖动物卫生监督机构检疫专用章。

4. 动物卫生监督所联系电话：__________。

图10－3 《动物检疫合格证明》（动物A）

动物检疫合格证明（动物 B）

编号：

货主			联系电话		
动物种类		数量及单位		用途	
启运地点	市（州） 县（市、区） 乡（镇） 村（养殖场、交易市场）				
到达地点	市（州） 县（市、区） 乡（镇） 村（养殖场、屠宰场、交易市场）				
牲畜耳标号					
本批动物经检疫合格，应于当日内到达有效。 官方兽医签字： 签发日期： 年 月 日 （动物卫生监督所检疫专用章）					

第 联 共 联

注：1. 本证书一式两联，第一联由动物卫生监督所留存，第二联随货同行。
2. 本证书限省境内使用。
3. 牲畜耳标号只需填写后 3 位，可另附纸填写，并注明本检疫证明编号，同时加盖动物卫生监督所检疫专用章。

图 10－4 《动物检疫合格证明》（动物 B）

2. 检疫不合格 经检疫不合格的，出具《检疫处理通知单》（图 10－5），并按照有关规定处理。

检疫处理通知单

编号：＿＿＿＿＿＿

＿＿＿＿＿＿：

按照《中华人民共和国动物防疫法》和《动物检疫管理办法》有关规定，你（单位）的＿＿＿＿＿＿经检疫不合格，根据＿＿＿＿＿＿＿＿＿＿＿＿之规定，决定进行如下处理：

一、＿＿＿＿＿＿

二、＿＿＿＿＿＿

三、＿＿＿＿＿＿

四、＿＿＿＿＿＿

动物卫生监督所（公章）

年 月 日

官方兽医（签名）：

当事人签收：

备注：1. 本通知单一式二份，一份交当事人，一份动物卫生监督所留存。
2. 动物卫生监督所联系电话：
3. 当事人联系电话：

图 10－5 检疫处理通知单

（1）发现动物未按规定进行免疫或已免疫但超过免疫有效期，应进行补免。发现使用未经国家批准的兽用疫苗和使用餐厨剩余物饲喂生猪的，不予出证；要求畜主对生猪隔离15d后，方可检疫出售。

（2）临诊检查发现患有动物产地检疫规程规定动物疫病的，扩大抽检数量并进行实验室检测。

（3）发现患有动物产地检疫规程规定检疫对象以外动物疫病，影响动物健康的，应按规定采取相应防疫措施。

（4）发现不明原因死亡或怀疑为重大动物疫情的，应按照《动物防疫法》《重大动物疫情应急条例》和《农业农村部关于做好动物疫情报告等有关工作的通知》（农医发〔2018〕22号）的有关规定处理。

（5）病死动物应在农业农村主管部门监督下，由畜主按照《病死及病害动物无害化处理技术规范》（农医发〔2017〕25号）规定处理。

八、到达目的地后检疫

1. 跨省调运的动物 跨省、自治区、直辖市引进用于饲养的非乳用、种用动物到达目的地后，货主或者承运人应当在24h内向所在地县级动物卫生监督机构报告，并接受监督检查。

2. 需继续运输的动物 需继续运输到第二目的地的动物，货主可以向当地动物卫生监督机构重新申报检疫。当地动物卫生监督机构对符合下列条件的动物，出具《动物检疫合格证明》。

（1）提供到达第一目的地的动物检疫证明，且证物相符。

（2）按照国家和地方动物免疫制度进行免疫，并在有效保护期内。

（3）临诊检查健康。

（4）农业农村部规定需进行实验室疫病检测的，检测结果符合要求。

3. 输入到无规定动物疫病区的动物 输入到无规定动物疫病区的相关易感动物，应当在输入地省、自治区、直辖市农业农村主管部门指定的隔离场所，按照农业农村部规定的无规定动物疫病区有关检疫要求隔离检疫。大中型动物隔离检疫期为45d，小型动物隔离检疫期为30d。隔离检疫合格的，由输入地省、自治区、直辖市动物卫生监督机构的官方兽医出具《动物检疫合格证明》；不合格的，不准进入，并依法处理。

九、检疫记录

1. 检疫申报单 动物卫生监督机构须指导畜主填写检疫申报单。

2. 检疫工作记录 官方兽医须填写检疫工作记录，详细登记畜主姓名、地址、检疫申报时间、检疫时间、检疫地点、检疫动物种类、数量及用途、检疫处理、检疫证明编号等，并由畜主签名。具体格式见图10-6。

3. 存档 检疫申报单和检疫工作记录应保存12个月以上。

动物产地检疫工作记录单

记录单编号：

动物卫生监督所（分所）名称：　　　　　　　　　　　　单位：头、只、羽、匹、箱

基本情况	报检时间	年 月 日 时		检疫时间	年 月 日 时	
	货主姓名		联系电话		身份证号	
	养殖场、村、原驻地或捕获地名称			检疫地点		
	动物种类		用 途	□饲养 □屠宰 □展览 □演出 □比赛 □其他		
	动物来源	□家畜家禽 □人工饲养 □合法捕获				
	野生动物驯养繁殖许可证号			野生动物捕捉（猎捕）许可证号		
	数量		启运地点			
	到达地点				运载工具牌号	
查验材料与疫情调查	是否经强制免疫并在有效期内	□是 □否	养殖档案是否符合规定	□符合 □不符合	畜禽标识是否符合规定	□符合 □不符合
	养殖场疫情（六个月内）	□有 □无	是否疫区	□是 □否	其他项目检查	
临诊检查	□合格 □不合格					
实验室检测	□需要 □不需要		检测情况		□合格 □不合格	
检疫结果处理	是否符合检疫规定	□是 □否	出具《动物检疫合格证明》编号			
	检疫不合格	□法定检疫对象	数量		□其他	数量
		一般处理	□实验室检测 □隔离 □治疗 □其他			
		无害化处理	□焚烧 □化制 □掩埋 □发酵 □其他		数量	
		出具《检疫处理通知单》编号				
官方兽医姓名	年 月 日			货主签字	年 月 日	

图 10-6　动物产地检疫工作记录单

任务二　乳用、种用动物产地检疫

乳用、种用动物携带病原体，可能会成为长期的传染源，甚至通过其精液、胚胎、种蛋垂直传播给后代，造成疫病的传播。加强调运种猪、种牛、奶牛、种羊、奶山羊、种鸡、种鸭、种鹅及精液、胚胎和种蛋的产地检疫，对动物疫病防控和公共卫生安全具有重要意义。

一、检疫申报

出售、运输乳用、种用动物及精液、胚胎和种蛋，应当提前15d申报检疫。

调运乳用、种用动物及其精液、胚胎、种蛋，货主提供身份证明、动物检疫申报单、动物疫病检测报告、《种畜禽生产经营许可证》及其供体动物养殖档案等资料。

二、查验资料及畜禽标识

官方兽医到达现场后，进行下列查验工作。

（1）查验饲养场的《种畜禽生产经营许可证》和《动物防疫条件合格证》。

（2）按《生猪产地检疫规程》《反刍动物产地检疫规程》《家禽产地检疫规程》要求，查验受检动物的养殖档案、畜禽标识及相关信息。确认饲养场（养殖小区）6个月内未发生相关动物疫病，确认动物已按国家规定进行强制免疫，并在有效保护期内；确认没有使用未经国家批准使用的兽用疫苗，没有违反国家规定使用餐厨剩余物饲喂生猪；所佩戴畜禽标识与相关档案记录相符。

（3）调运精液和胚胎的，还应查验其采集、存贮、销售等记录；调运种蛋的，查验其收集、消毒等记录；确认对应供体及其健康状况。

三、临诊检查

按照乳用、种用动物产地检疫规程要求，主要开展下列疫病的临诊检查。

1. 种猪 口蹄疫、猪瘟、非洲猪瘟、高致病性猪蓝耳病、炭疽、猪丹毒、猪肺疫、猪细小病毒病、伪狂犬病、猪支原体肺炎、猪传染性萎缩性鼻炎。

2. 种牛 口蹄疫、布鲁菌病、结核病、炭疽、牛传染性胸膜肺炎、牛白血病。

3. 奶牛 口蹄疫、布鲁菌病、结核病、炭疽、牛传染性胸膜肺炎、牛白血病、乳腺炎。

4. 种羊 口蹄疫、布鲁菌病、绵羊痘和山羊痘、小反刍兽疫、炭疽。

5. 奶山羊 口蹄疫、布鲁菌病、绵羊痘和山羊痘、小反刍兽疫、炭疽。

6. 种禽 高致病性禽流感、新城疫、鸡传染性喉气管炎、鸡传染性支气管炎、鸡传染性法氏囊病、马立克病、禽痘、鸭瘟、小鹅瘟、鸡白痢、鸡球虫病、鸡病毒性关节炎、禽白血病、禽传染性脑脊髓炎、禽网状内皮组织增殖症。

四、实验室检测

实验室检测须由经省级农业农村主管部门批准符合条件的实验室承担，并出具检测报告。

按照乳用、种用动物产地检疫规程要求，主要开展下列疫病的实验室检测。

1. 种猪 口蹄疫、猪瘟、非洲猪瘟、高致病性猪蓝耳病、猪圆环病毒病、布鲁菌病。

2. 种牛 口蹄疫、布鲁菌病、结核病、副结核病、牛传染性鼻气管炎、牛病毒性腹泻/黏膜病。

3. 种羊 口蹄疫、布鲁菌病、蓝舌病、山羊病毒性关节炎-脑炎。

4. 奶牛 口蹄疫、布鲁菌病、结核病、牛传染性鼻气管炎、牛病毒性腹泻/黏膜病。

5. 奶山羊 口蹄疫、布鲁菌病。

6. 种鸡 高致病性禽流感、新城疫、禽白血病、禽网状内皮组织增殖症。

7. 种鸭 高致病性禽流感、鸭瘟。

8. 种鹅 高致病性禽流感、小鹅瘟。

9. 精液和胚胎 检测其供体动物相关动物疫病。

五、检疫合格标准

检疫结果符合下列条件的，判定为合格。

（1）符合农业农村部《生猪产地检疫规程》《反刍动物产地检疫规程》《家禽产地检疫规程》要求。

（2）符合农业农村部规定的种用、乳用动物健康标准。

（3）提供乳用、种用动物产地检疫规程规定动物疫病的实验室检测报告，检测结果合格。

（4）精液和胚胎采集、销售、移植记录完整，种蛋的收集、消毒记录完整，其供体动物符合乳用、种用动物产地检疫规程规定的标准。

（5）种用雏禽临诊检查健康，孵化记录完整。

六、检疫处理

1. 检疫合格 经检疫合格的，出具《动物检疫合格证明》，动物启运前，畜主或承运人对运载工具进行有效消毒。

2. 检疫不合格 经检疫不合格的，出具《检疫处理通知单》，并按照有关规定处理。

无有效的《种畜禽生产经营许可证》和《动物防疫条件合格证》的，无有效的实验室检测报告的，检疫程序终止。

七、到达输入地后检疫

跨省、自治区、直辖市引进的乳用、种用动物到达输入地后，在所在地农业农村主管部门的监督下，应当在隔离场或饲养场（养殖小区）内的隔离舍进行隔离观察，大中型动物隔离期为45d，小型动物隔离期为30d。经隔离观察合格的方可混群饲养；不合格的，按照有关规定进行处理。隔离观察合格后需继续在省内运输的，货主应当申请更换《动物检疫合格证明》。

八、检疫记录

1. 检疫申报单 动物卫生监督机构须指导畜主填写检疫申报单。

2. 检疫工作记录 官方兽医须填写检疫工作记录，详细登记畜主姓名、地址、检疫申报时间、检疫时间、检疫地点、检疫动物种类、数量及用途、检疫处理、检疫证明编号等，并由畜主签名。具体格式见图10-7。

乳用、种用动物检疫工作记录单

记录单编号：

动物卫生监督所（分所）名称：　　　　　　　　　　　　　　　　　　　　单位：头、只、羽、匹

<table>
<tr><td rowspan="5">基本情况</td><td>报检时间</td><td colspan="3">年　月　日</td><td>检疫时间</td><td colspan="2">年　月　日</td></tr>
<tr><td>货主姓名</td><td></td><td>联系电话</td><td></td><td>身份证号</td><td colspan="2"></td></tr>
<tr><td>养殖场名称</td><td colspan="3"></td><td>动物种类</td><td colspan="2"></td></tr>
<tr><td>数量</td><td colspan="3"></td><td>检疫地点</td><td colspan="2"></td></tr>
<tr><td>到达地点</td><td colspan="3"></td><td>运载工具牌号</td><td colspan="2"></td></tr>
<tr><td rowspan="5">查验材料与疫情调查</td><td>《种畜禽生产经营许可证》</td><td>□无
□有</td><td>发证单位</td><td></td><td>编号</td><td colspan="2"></td></tr>
<tr><td>《跨省引进乳用种用动物检疫审批表》审批单位</td><td colspan="3"></td><td>审批表编号</td><td colspan="2"></td></tr>
<tr><td>《动物防疫条件合格证》</td><td colspan="2">□有　□无</td><td colspan="2">经强制免疫并在有效期内</td><td colspan="2">□是　□否</td></tr>
<tr><td>养殖场疫情（六个月内）</td><td>□有
□无</td><td>养殖档案</td><td>□符合
□不符合</td><td>耳标佩戴是否符合规定</td><td colspan="2">□是
□否</td></tr>
<tr><td>是否疫区</td><td colspan="2">□是　□否</td><td>其他项目检查</td><td colspan="3"></td></tr>
<tr><td>临诊检查</td><td colspan="7">□合格　□不合格</td></tr>
<tr><td>实验室检测</td><td colspan="7">法定检疫对象实验室检测情况　□合格　□不合格</td></tr>
<tr><td rowspan="5">检疫结果处理</td><td colspan="2">是否符合检疫规定</td><td>□是　□否</td><td colspan="2">出具《动物检疫合格证明》编号</td><td colspan="2"></td></tr>
<tr><td rowspan="4">检疫不合格</td><td>□法定检疫对象</td><td>数量</td><td></td><td>□其他</td><td>数量</td><td></td></tr>
<tr><td>一般处理</td><td colspan="5">□实验室检测　□隔离　□治疗　□其他</td></tr>
<tr><td>无害化处理</td><td colspan="3">□焚烧　□化制　□掩埋　□发酵　□其他</td><td>数量</td><td></td></tr>
<tr><td>出具《检疫处理通知单》编号</td><td colspan="5"></td></tr>
<tr><td>官方兽医姓名</td><td colspan="3">年　月　日</td><td colspan="4">货主签字：
年　月　日</td></tr>
</table>

图 10－7　乳用、种用动物检疫工作记录单

3. 存档　检疫申报单和检疫工作记录应保存 12 个月以上。

任务三　骨、角、生皮、原毛、绒等产品的检疫

骨、角、生皮、原毛、绒等动物产品可能携带病原体，随着动物产品的转运造成疫病的传播。加强骨、角、生皮、原毛、绒等动物产品的产地检疫，对动物疫病防控和公共卫生安全具有重要意义。

一、申报受理

货主需要提前 3d 申报检疫，填检疫申报单。向无规定动物疫病区输入相关易感动物产品的，货主除应按规定向输出地动物卫生监督机构申报检疫外，还应当在起运 3d 前向输入地省级动物卫生监督机构申报检疫。

动物卫生监督机构在接到检疫申报后，根据当地相关动物疫情情况，决定是否予

以受理。受理的，应当及时指派官方兽医实施检疫；不予受理的，应说明理由。

二、现场检疫

官方兽医到现场或到指定地点实施检疫，检查动物产品是否符合下列条件。

（1）来自非封锁区，或者未发生相关动物疫情的饲养场（户）。

（2）按有关规定消毒合格。

（3）农业农村部规定需要进行实验室疫病检测的，检测结果符合要求。

三、检疫处理

经检疫合格的动物产品，由动物卫生监督机构根据动物产品流向情况，出具《动物检疫合格证明》，动物检疫合格证明格式见图 10－8、图 10－9。动物产品启运前，货主或承运人对运载工具进行有效消毒。

动物检疫合格证明（产品 A）

编号：

货　主		联系电话	
产品名称		数量及单位	
生产单位名称地址			
目的地	省　市（州）　县（市、区）		
承运人		联系电话	
运载方式	□公路　□铁路　□水路　□航空		
运载工具牌号		装运前经　　消毒	
本批动物产品经检疫合格，应于______日内到达有效。 官方兽医签字：______ 签发日期：　年　月　日 （动物卫生监督所检疫专用章）			
动物卫生监督检查站签章			
备注			

第一联　共二联

注：1. 本证书一式两联，第一联由动物卫生监督所留存，第二联随货同行。

2. 动物卫生监督所联系电话_________。

图 10－8 《动物检疫合格证明》（产品 A）

动物检疫合格证明的有效期，根据动物产品种类、用途、运输距离等情况来确定。省内运输一般为 1d，地域面积较大等特殊情况下可延长到 3d；跨省运输视到达地点所需时间填写，最长不超过 7d。

经检疫不合格的动物产品，货主应当在农业农村主管部门的监督下按照国家有关规定处理，处理费用由货主承担。

动物检疫合格证明（产品 B）

编号：

货　　主		产品名称		第一联 共二联
数量及单位		产　地		
生产单位名称地址				
目的地				
检疫标志号				
备　　注				
本批动物产品经检疫合格，应于当日到达有效。 官方兽医签字：________ 签发日期：　　年　月　日 （动物卫生监督所检疫专用章）				

注：1. 本证书一式两联，第一联由动物卫生监督所留存，第二联随货同行。
2. 本证书限省境内使用。

图 10－9 《动物检疫合格证明》（产品 B）

四、到达目的地后检疫

1. 直接在当地分销　经检疫合格的动物产品到达目的地后，需要直接在当地分销的，货主可以向输入地动物卫生监督机构申请换证，换证应当符合下列条件。

（1）提供原始有效《动物检疫合格证明》，检疫标志完整，且证物相符。

（2）在有关国家标准规定的保质期内，无腐败变质。

2. 贮藏后继续调运或者分销　经检疫合格的动物产品到达目的地，贮藏后需继续调运或者分销的，货主可以向输入地动物卫生监督机构重新申报检疫。输入地县级以上动物卫生监督机构对符合下列条件的动物产品，出具《动物检疫合格证明》。

（1）提供原始有效《动物检疫合格证明》，检疫标志完整，且证物相符。

（2）在有关国家标准规定的保质期内，无腐败变质。

（3）有健全的出入库登记记录。

（4）农业农村部规定进行必要的实验室疫病检测的，检测结果符合要求。

3. 输入到无规定动物疫病区　输入到无规定动物疫病区的相关易感动物产品，应当在输入地省、自治区、直辖市农业农村主管部门指定的地点，按照农业农村部规定的无规定动物疫病区有关检疫要求进行检疫。检疫合格的，由输入地省、自治区、直辖市动物卫生监督机构的官方兽医出具《动物检疫合格证明》；不合格的，不准进入，并依法处理。

五、检疫记录

官方兽医须填写检疫工作记录，详细登记货主姓名、检疫日期、申报单编号、检疫时间、检疫地点、检疫动物产品种类、数量、检疫处理、检疫证明编号等。具体格式见表 10－1。

表 10-1　皮、毛、绒、骨、蹄、角检疫情况记录

动物卫生监督所（分所）名称：　　　　　　　　　　　　　　　　　单位：枚、张、千克

检疫日期	货主	申报单编号	产品种类	产品数量	检疫地点	检疫方式	出具《动物检疫合格证明》编号	出具《检疫处理通知单》编号	到达地点	运载工具牌号	官方兽医姓名	备注

注：1. 检疫地点：现场检疫的，填写现场全称；指定地点检疫的，填写指定地点名称。
2. 到达地点：应注明到达地的省、市、县、乡、村或交易市场、加工厂名称。
3. 官方兽医姓名：应填写出具动物检疫合格证明或检疫处理通知单的官方兽医姓名。
4. 检疫方式：填写消毒。

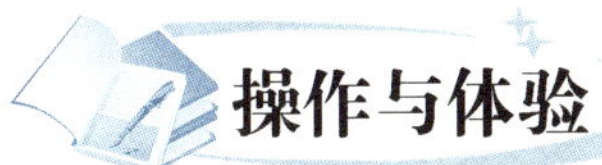

操作与体验

技能一　猪的临诊检疫

（一）技能目标

（1）学会猪的群体检疫方法。

（2）学会猪的个体检疫方法。

（二）材料设备

养猪场、屠宰场、保定用具、体温计、隔离服、胶靴、口罩、一次性手套等。

（三）方法步骤

猪的临诊检疫一般是在猪场（产地检疫）或屠宰场（宰前检疫）的现场检疫，包括群体检疫和个体检疫两个环节，先群体检疫，再个体检疫。

1. 群体检疫　一般以圈舍或车船为单位，从静态、动态、饮食状态三个方面进行全面检查，检出病猪和疑似病猪。

（1）静态检查。在车船或圈舍内休息时对猪群进行静态观察。在不惊扰猪群的情况下，观察猪只精神状态、被毛及营养状况、卧立姿势、呼吸情况，注意有无精神沉郁、被毛粗乱无光泽、消瘦、鼻盘干燥、呼吸困难、咳嗽、气喘、全身颤抖、呻吟、流涎、嗜睡和孤立一隅等现象。

（2）动态检查。在卸车过程中、圈舍活动时观察猪只起立姿势、行动姿势，注意有无精神沉郁或兴奋、起立困难、站立不稳、行动迟缓、步态踉跄、屈背弓腰、跛行、离群掉队、运动后咳嗽和气喘等现象。

（3）饮食状态检查。当猪群在圈舍吃食、饮水时或有意给少量饲料、饮用水时进行观察，注意有无不食不饮、少食少饮、吞咽困难、咀嚼困难、流涎等现象。

2. 个体检疫　对群体检疫中检出的病猪和疑似病猪进行详细的感官检查，确定被检猪只是否患有检疫对象，重点检疫口蹄疫、猪瘟、非洲猪瘟、高致病性猪蓝耳病、猪丹毒、猪肺疫、炭疽等疫病。

（1）视诊。

①精神。有无精神沉郁或兴奋不安。

②被毛和皮肤。看被毛有无光泽，有无脱落或粗乱现象；观察皮肤色泽有无异常，有无肿胀、溃烂、皮疹、出血等现象。

③姿态步样。观察静止时的姿势和运动时的步样，有无姿势异常、跛行、运步不协调等情况。

④鼻盘和呼吸动作。看鼻盘是否湿润，有无干燥或干裂；检查其呼吸节律、呼吸式是否正常，有无呼吸困难等。

⑤可视黏膜。检查眼结膜、鼻腔黏膜和口腔黏膜有无苍白、潮红、黄染、发绀以及分泌物流出等情况。

⑥排泄物。注意观察有无便秘、腹泻、血便、血尿等。

（2）触诊。用手触摸猪的耳根、皮肤、浅表淋巴结、胸廓、腹部，检查皮肤的弹性、完整性、温湿度；感知胸腹部的状态及敏感性；了解淋巴结的大小、活动性等。

（3）听诊。利用听诊器听诊心音、呼吸音和胃肠蠕动音。

（4）体温检查。测量体温，注意有无体温升高现象。

（四）考核标准

序号	考核内容	考核要点	分值	评分标准
1	群体检疫（30分）	静态检查	10	方法正确，内容全面
		动态检查	10	方法正确，内容全面
		饮食状态检查	10	方法正确，内容全面
2	个体检疫（50分）	视诊	20	方法正确，内容全面
		触诊	10	方法正确，内容全面
		听诊	10	方法正确，内容全面
		体温检查	10	正确测量
3	安全意识（10分）	个人消毒、防护	10	按要求穿戴防护用品
4	实训态度（10分）	实训认真负责情况	10	服从安排，积极主动，认真负责
总分			100	

技能二　养殖场肉鸡产地检疫

（一）技能目标

（1）通过参与肉鸡产地检疫，学会动物产地检疫的程序和内容。

（2）熟悉检疫合格证明的电子出证过程。

（二）体验环境

提前联系当地动物卫生监督所，根据当地肉鸡出栏安排及报检情况，随官方兽医到不同养殖场实施产地检疫。

（三）体验内容

1. 报检　肉鸡饲养场场主提前3d到当地动物卫生监督机构设置的报检点报检，并通过电子申报系统填写检疫申报单。动物卫生监督机构根据当地疫情情况，决定是

否受理。受理的，动物卫生监督机构填写检疫受理单，按约定时间指派官方兽医到现场或指定地点实施检疫；不予受理的，应说明理由。

2. 产地检疫的程序 官方兽医到现场实施检疫时需着装整洁，携带证件及必备的检疫用品及工具。到场后先向畜主出示证件，表明身份。

（1）查验资料。查验肉鸡饲养场《动物防疫条件合格证》和养殖档案，了解生产、免疫、监测、诊疗、消毒、无害化处理等情况，确认饲养场6个月内未发生相关动物疫病，无违禁药物使用及休药期符合规定，确认待检动物已按国家规定进行强制免疫，并在有效保护期内。

（2）临诊健康检查。分别进行群体检查和个体检查。群体检查从静态、动态和食态等方面进行检查。主要检查鸡群的精神状况、外貌、呼吸状态、运动状态、饮水饮食及排泄物状态等。个体检查通过视诊、触诊、听诊等方法检查家禽个体精神状况、呼吸、羽毛、天然孔、冠、髯、爪、粪、嗉囊内容物性状等。

（3）结果判定。对来自非疫区、免疫在有效期内、临诊检查健康、养殖档案相关记录符合规定的判定为合格。

（4）处理。合格的出具检验合格证明，不合格的，出具检疫处理通知单，按国家相关规定处理。

（5）填写动物产地检疫工作记录单，并由畜主签字。

（四）考核标准

序号	考核内容	考核要点	分值	评分标准
1	报检 （20分）	检疫申报	10	正确填写检疫申报单
		检疫受理	10	正确填写检疫受理单
2	产地检疫的程序 （80分）	查验资料	20	检查项目、内容正确
		临诊健康检查	30	群体检查方法、内容正确，个体检查方法、内容正确
		结果判定	10	根据动物产地检疫合格条件正确判定
		处理	10	合法出具检疫合格证明或检疫处理通知单
		填写动物产地检疫工作记录单	10	规范填写检疫工作记录单
总分			100	

知识拓展

拓展知识一 《动物检疫合格证明》（动物A）的规范填写

（一）适用范围

用于跨省境出售或者运输动物。

（二）项目填写

1. 货主　货主为个人的，填写个人姓名；货主为单位的，填写单位名称。联系电话：填写移动电话；无移动电话的，填写固定电话。

2. 动物种类　填写动物的名称，如猪、牛、羊、马、骡、驴、鸭、鸡、鹅、兔等。

3. 数量及单位　数量和单位连写，不留空格。数量及单位以汉字填写，如叁头、肆只、陆匹、壹佰羽。

4. 启运地点　饲养场（养殖小区）、交易市场的动物填写生产地的省、市、县名和饲养场（养殖小区）、交易市场名称；散养动物填写生产地的省、市、县、乡、村名。

5. 到达地点　填写到达地的省、市、县名以及饲养场（养殖小区）、屠宰场、交易市场或乡镇、村名。

6. 用途　视情况填写，如饲养、屠宰、种用、乳用、役用、宠用、试验、参展、演出、比赛等。

7. 承运人　填写动物承运人的名称或姓名；公路运输的，填写车辆行驶证上法定车主名称或名字。联系电话：填写承运人的移动电话或固定电话。

8. 运载方式　根据不同的运载方式，在相应的“□”内画“√”。

9. 运载工具牌号　填写车辆牌照号及船舶、飞机的编号。

10. 运载工具消毒情况　写明消毒药物名称。

11. 到达时效　视运抵到达地点所需时间填写，最长不得超过5d，用汉字填写。

12. 牲畜耳标号　由货主在申报检疫时提供，官方兽医实施现场检疫时进行核查。牲畜耳标号只需填写顺序号的后3位，可另附纸填写，并注明本检疫证明编号，同时加盖动物卫生监督所检疫专用章。

13. 动物卫生监督检查站签章　由途经的每个动物卫生监督检查站签章，并签署日期。

14. 签发日期　用简写汉字填写。

15. 备注　有需要说明的其他情况可在此栏填写。

拓展知识二　骨、角、生皮、原毛、绒等产品的消毒

1. 高温处理法　适用于染疫动物蹄、骨和角的处理。

将蹄、骨和角放入高压锅内蒸煮至脱胶或脱脂时止。

2. 盐酸食盐溶液消毒法　适用于被病原微生物污染和一般染疫动物的皮毛消毒。

用2.5%盐酸溶液和15%食盐水溶液等量混合，将皮张浸泡在此溶液中，并使溶液温度保持在30℃左右，浸泡40h，1m^{2}皮张用10L消毒液。浸泡后捞出沥干，放入2%氢氧化钠溶液中，以中和皮张上的酸，再用水冲洗后晾干。也可按100mL 25%食盐水溶液中加入盐酸1mL配制消毒液，在室温15℃条件下浸泡48h，皮张与消毒液之比为1∶4。浸泡后捞出沥干，再放入1%氢氧化钠溶液中浸泡，以中和皮张上的酸，再用水冲洗后晾干。

3. 过氧乙酸消毒法　适用于任何染疫动物的皮毛消毒。

将皮毛放入新鲜配制的2%过氧乙酸溶液中浸泡30min，捞出，用水冲洗后晾干。

4. 碱盐液浸泡消毒 适用于被病原微生物污染的皮毛消毒。

将病皮浸入5%碱盐液（饱和盐水内加5%氢氧化钠）中，室温（18～25℃）浸泡24h，并随时加以搅拌，然后取出挂起，待碱盐液流净，放入5%盐酸液内浸泡，使皮上的酸碱中和，捞出，用水冲洗后晾干。

5. 煮沸消毒法 适用于染疫动物鬃毛的处理。

将鬃毛于沸水中煮沸2～2.5h。

思政园地

请观看焦点访谈节目“关口开，危险来”（人民网 http：//tv.people.com.cn/n/2015/0318/c39805-26714681.html）。

思考：视频中产地检疫和宰前检疫存在哪些违法行为？党的二十大报告提出，着力提升产业链供应链韧性和安全水平。“着力”一词，凸显了这项任务的现实重要性及紧迫性。学习产地检疫后，请思考如何身体力行为食品产业链的安全保驾护航？

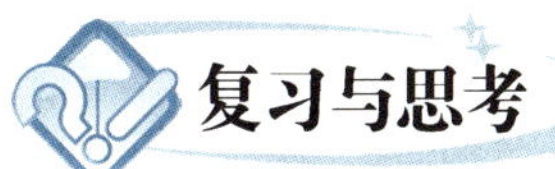

复习与思考

1. 非乳用、种用动物产地检疫时，出具《动物检疫合格证明》的条件有哪些？
2. 乳用、种用动物产地检疫时，出具《动物检疫合格证明》的条件有哪些？
3. 各类动物产地检疫报检的时限有何具体要求？
4. 跨省调运乳用、种用动物时，现场检疫的内容有哪些？
5. 跨省引进的乳用、种用动物到达输入地后，如何处理？

项目十一

动物屠宰检疫

本项目的应用：屠宰场工作人员检疫申报；检疫人员在屠宰场进行动物宰前检疫；检疫人员在屠宰场进行动物宰后检疫。

完成本项目所需知识点：动物检疫相关法律法规；动物宰前检疫的程序与内容；宰前检疫的处理；动物宰后检疫的方法；宰后检疫的程序与内容；宰后检疫的处理。

完成本项目所需技能点：动物宰前“瘦肉精”的检验；猪宰后检疫及处理；屠宰检疫出证。

动物屠宰检疫是指对被宰动物所进行的宰前检疫和在屠宰过程中所进行的同步检疫。做好动物屠宰检疫是保障市场肉品安全和让人民群众真正吃上“放心肉”的重要手段，防止动物疫病传播和保护人民身体健康的重要措施。动物屠宰检疫流程如图 11-1 所示。

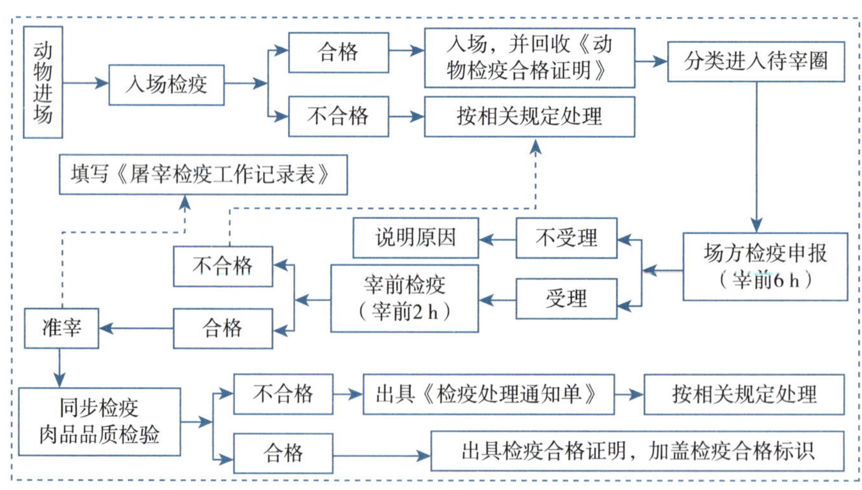

图 11-1　动物屠宰检疫流程

根据农业农村部最新印发的动物屠宰检疫规程，各动物屠宰检疫对象如下。

1. 生猪　口蹄疫、猪瘟、非洲猪瘟、高致病性猪蓝耳病、炭疽、猪丹毒、猪肺疫、猪副伤寒、猪Ⅱ型链球菌病、猪支原体肺炎、副猪嗜血杆菌病、丝虫病、猪囊尾蚴病、旋毛虫病。

2. 家禽　高致病性禽流感、新城疫、禽白血病、鸭瘟、禽痘、小鹅瘟、马立克病、鸡球虫病、禽结核病。

3. 牛　口蹄疫、牛传染性胸膜肺炎、牛海绵状脑病、布鲁菌病、结核病、炭疽、牛传染性鼻气管炎、日本分体吸虫病。

4. 羊　口蹄疫、痒病、小反刍兽疫、绵羊痘和山羊痘、炭疽、布鲁菌病、肝片吸虫病、棘球蚴病。

5. 兔　病毒性出血症（兔瘟）、兔黏液瘤病、野兔热、兔球虫病。

任务一　动物宰前检疫

动物宰前检疫是对待宰动物进行活体检疫，也是动物在屠宰之前最后一次认真、仔细的检疫，是屠宰检疫的前提和保障。

一、宰前检疫的目的和意义

1. 及时查出患病动物　通过宰前检疫，及时查出患病动物，做到早发现，早处理，防止疫病扩散。尤其对口蹄疫、猪水疱病、狂犬病、破伤风、李氏杆菌病、流行性乙型脑炎、羊痘等临诊症状明显的疫病有重要意义。宰前检疫减轻了宰后检疫的压力，对保障肉品安全起到重要作用。

2. 及时剔出患病动物和伤残动物　实行宰前检疫，及时发现和剔出患病动物和伤残动物，有利于做到病、健分宰，减轻肉品污染，提高肉品卫生质量，减少经济损失。

3. 发现和纠正违法行为　宰前检疫通过查证验物，发现和纠正违反动物防疫法律法规的行为，维护《动物防疫法》的尊严，促进动物免疫接种和动物产地检疫工作的实施。

二、宰前检疫的程序和内容

（一）入场监督查验

1. 查证验物　动物到屠宰场后，在没有卸离运载工具之前，官方兽医先查验《动物检疫合格证明》和佩戴有农业农村部规定的畜禽标识，验证的同时核对动物种类、数量，确认证物是否相符，畜禽标识是否符合农业农村部的规定等。

2. 疫情调查　询问在运输过程中是否有动物发病、死亡等异常情况，发现动物疫情时，要根据畜禽标识，通知产地动物卫生监督机构调查疫情，及时追查疫源，采取对策。

3. 临诊健康检查　检查动物的精神状况、外貌、呼吸状态及排泄物状态等情况。将可疑患病动物移入隔离栏，并进行详细的个体临诊检查，必要时进行实验室检查。

4. 结果处理

(1) 合格。《动物检疫合格证明》有效、证物相符、畜禽标识符合要求、临诊检查健康，方可入场，并回收《动物检疫合格证明》。场（厂、点）方须按产地分类将动物送入待宰圈，不同货主、不同批次的动物不得混群。

(2) 不合格。无《动物检疫合格证明》，实施补检；《动物检疫合格证明》过期失效或证物不相符的，实施重检。其他不符合条件的，按国家有关规定处理。

(二) 检疫申报

场方在屠宰前 6h 申报检疫，填写检疫申报单。官方兽医接到检疫申报后，根据相关情况决定是否予以受理。受理的，应当及时实施宰前检查；不予受理的，应说明理由。

(三) 宰前检查

屠宰前 2h 内，官方兽医按照《动物产地检疫规程》中“临床检查”部分实施检查。

(四) 检疫结果处理

1. 合格动物 准予屠宰，出具准予屠宰通知书（图 11－2）。

动物准予屠宰通知书

No. ________

________：

你（单位）申报屠宰的动物______（猪、牛、羊、禽），共计______头（只、羽、匹），经宰前检查合格，可以屠宰。本通知在______小时内有效。

官方兽医：　　年　月　日　时

动物卫生监督所（盖章）

图 11－2　动物准予屠宰通知书

2. 不合格动物 按以下规定处理。

(1) 发现有口蹄疫、猪瘟、非洲猪瘟、高致病性猪蓝耳病、炭疽等疫病症状的生猪，有高致病性禽流感、新城疫等疫病症状的家禽，有口蹄疫、牛传染性胸膜肺炎、牛海绵状脑病及炭疽等疫病症状的牛，有口蹄疫、痒病、小反刍兽疫、绵羊痘和山羊痘、炭疽等疫病症状的羊，限制移动，并按照《动物防疫法》《重大动物疫情应急条例》《农业农村部关于做好动物疫情报告等有关工作的通知》（农医发［2018］22 号）和《病死及病害动物无害化处理技术规范》（农医发［2017］25 号）等有关规定处理。

(2) 发现有猪丹毒、猪肺疫、猪Ⅱ型链球菌病、猪支原体肺炎、副猪嗜血杆菌病、猪副伤寒等疫病症状的生猪，有鸭瘟、小鹅瘟、禽白血病、禽痘、马立克病、禽结核病等疫病症状的家禽，有布鲁菌病、结核病、牛传染性鼻气管炎等疫病症状的牛，有布鲁菌病症状的羊，患病动物按国家有关规定处理，同群动物隔离观察，确认无异常的，准予屠宰；隔离期间出现异常的，按《病死及病害动物无害化处理技术规范》（农医发［2017］25 号）等有关规定处理。

(3) 怀疑患有屠宰检疫规程规定疫病及临诊检查发现其他异常情况的，按相应疫病防治技术规范进行实验室检测，并出具检测报告。实验室检测须由经省级农业农村主管部门批准符合条件的实验室承担。

（4）发现患有屠宰检疫规程规定以外疫病的，隔离观察；确认无异常的，准予屠宰；隔离期间出现异常的，按《病死及病害动物无害化处理技术规范》（农医发［2017］25号）等有关规定处理。

（5）确认为无碍于肉食安全且濒临死亡的猪、牛、羊，视情况进行急宰。

任务二　动物宰后检疫

宰后检疫是指动物在放血解体的情况下，直接检查肉尸、内脏，根据其病理变化和异常现象进行综合判断，得出检疫结论。

一、动物宰后检疫的意义

动物宰后，充分暴露肉尸和内脏，能直观、快捷、准确地发现肉尸和内脏的病理变化，对临诊症状不明显在宰前难发现的疫病较容易检出，如猪慢性咽炭疽、猪旋毛虫病、猪囊尾蚴病等，弥补了宰前检疫的不足，从而防止疫病的传播和人畜共患病的发生。

宰后检疫还可以及时发现畜禽胴体和内脏的某些非传染性病变，如黄疸肉、黄脂肉、脓毒症、尿毒症、肿瘤、水肿、局部化脓、异色、异味等有碍肉品卫生的情况，以便及时剔除，保证肉品卫生安全。

二、宰后检疫的基本方法和要求

（一）宰后检疫的基本方法

宰后检疫主要是通过感官检验，必要时辅以细菌学、血清学、组织病理学等实验室检验。

1. 感官检验　感官检验包括视检、剖检、触检和嗅检，以视检和剖检为主。

（1）视检。通过视觉器官直接观察胴体皮肤、肌肉、脂肪、胸腹膜、骨骼、关节、天然孔及各种脏器浅表暴露部位的色泽、形状、大小、组织状态等，判断有无病理变化或异常，为进一步剖检提供方向。

（2）剖检。用检疫刀切开肉尸或脏器的深部组织或隐蔽部分，观察其有无病理变化，对淋巴结、肌肉、脂肪、脏器的检查非常重要，尤其是对淋巴结的剖检。

（3）触检。即通过触摸受检组织和器官，感觉其弹性、硬度以及深部有无隐蔽或潜在性的变化。触检可减少剖检的盲目性，提高剖检效率，必要时将触检可疑的部位剖开视检，这对发现深部组织或器官内的硬块很有意义。

（4）嗅检。嗅闻被检胴体及组织器官有无异常气味，借以判定肉品质量和食用价值，为实验室检验提供指导。生前动物患有尿毒症，宰后肉中有尿臊味；生前用药时间较长，宰后肉品有残留的药味；病猪、死猪冷宰后肉有一定的尸腐味等，都可通过嗅闻检查出。

2. 实验室检验　经过感官检验，对屠宰畜禽的胴体或内脏，不能确诊其所患疾病以及是否有碍于肉食卫生，或已发现有异味的胴体、脏器，从感官上难以辨别性质时，必须进行实验室检验。实验室检验包括细菌学检验、病理组织学检验、血清学检验、理化检验和寄生虫学检验等。

（二）宰后检疫的要求

宰后检疫是在屠宰加工过程中进行和完成的，对宰后检疫有严格的要求。

1. 对检疫环节的要求 检疫环节应密切配合屠宰加工工艺流程，不能与生产的流水作业相冲突，所以宰后检疫常被分作若干环节安插在屠宰加工过程中。

2. 对检疫内容的要求 严格按屠宰检疫规程规定的检疫内容、检查部位进行。为保证检验的顺利和正确作出卫生评价，必须把每一个动物的胴体、头、内脏及其皮张编上同一号码，以便发现疑问时及时追踪检查。

3. 对剖检的要求 为保证肉品的卫生质量和商品价值，剖检时只能在一定的部位按一定的方向剖开，肌肉应顺肌纤维方向切开，受检的淋巴结应纵切，切口的大小、深浅要适度，不能乱切和拉锯式的切割，以免破坏胴体、头、内脏的完整性。

4. 对环境保护的要求 为防止肉品污染和环境污染，切开脏器、脓肿或血肿等病变组织时，一定要防止脓、血等病变材料污染胴体、地面、器具以及检验人员。当发现重大疫病时，立即停宰，上报疫情，封锁现场，按相关规定处理。

5. 对检疫人员的要求 检疫人员应配备两套检验工具（检验刀、检验钩、锉棒），可更换使用。检验工具一旦被污染，应彻底消毒后方可使用。检疫人员除做好个人防护外，每年应体检，发现患有人畜共患病或体表有化脓性伤口时，应停止工作。

三、宰后检疫的程序

宰后检疫的程序根据屠宰加工企业的建筑设备、机械化程度、屠宰动物的种类有所不同，现在的屠宰加工企业，设有自动或半自动的架空轨道，屠宰加工采取流水线作业方式，宰后检疫必须与屠宰流程相配合，对同一动物的头、蹄、内脏、胴体等统一编号进行检疫。宰后检疫程序一般包括头蹄部检查、内脏检查、胴体检查三个环节，生猪还有皮肤检查和旋毛虫检验，家禽主要是内脏检查和胴体检查。图 11 - 3 为猪的宰后检疫程序。

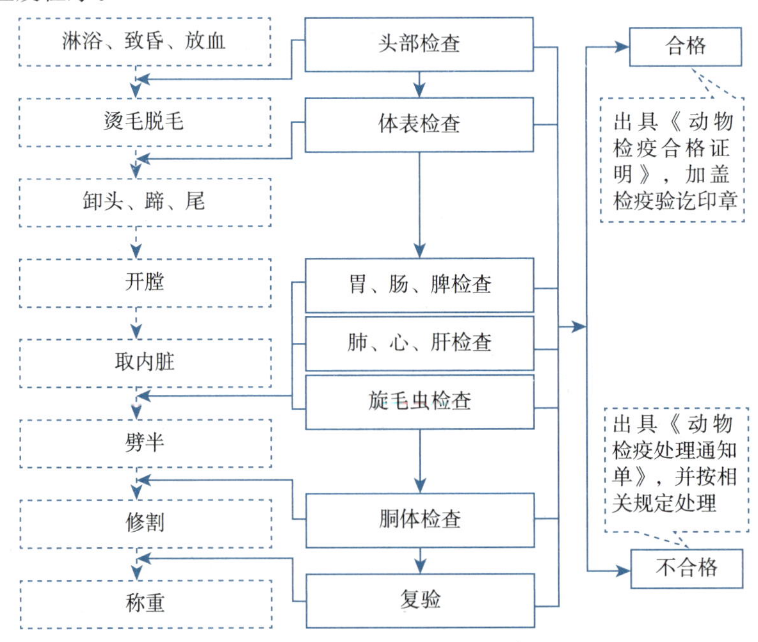

图 11 - 3 猪的宰后检疫程序

四、宰后检疫的内容

（一）猪的宰后检疫

1. 头蹄部检查

（1）头部检查。猪的头部检查分两步进行：第一步在放血之后，烫毛、脱毛或剥皮之前，剖检颌下淋巴结，视检有无肿大、坏死灶（紫、黑、灰、黄），切面是否呈砖红色，周围有无水肿、胶样浸润等，检查有无咽炭疽、猪瘟、非洲猪瘟、结核病等，并设专人摘除甲状腺。第二步在割头后，在左、右侧下颌骨平行处切开咬肌，检查猪囊尾蚴；同时观察鼻盘、唇和口腔黏膜，检查有无口蹄疫、猪传染性萎缩性鼻炎等疫病。

（2）蹄部检查。观察蹄部有无水疱、溃疡、烂斑等。检查有无口蹄疫等疫病。

2. 皮肤检查　在烫毛、脱毛之后、开膛取内脏之前，主要观察皮肤表面有无出血斑点、疹块、坏死、溃疡等病变，检查有无猪瘟、非洲猪瘟、猪丹毒、猪肺疫等疫病。

3. 内脏检查　取出内脏前，观察胸腔、腹腔有无积液、粘连、纤维素性渗出物。

（1）胃、肠、脾的检查。首先视检脾，观察其形态、大小、颜色，重点看脾边缘有无出血性梗死区，触摸脾的弹性、硬度，必要时剖开脾髓观察，检查猪瘟、炭疽、猪丹毒等疫病。视检胃肠浆膜，观察大小、色泽、质地，检查有无淤血、出血、坏死、胶冻样渗出物和粘连。然后剖检肠系膜淋巴结，检查肠炭疽、猪瘟、非洲猪瘟、猪丹毒、猪肺疫等疫病。

（2）肺、心、肝的检查。视检肺外表、色泽、大小，触检弹性，剖检支气管淋巴结，检查结核病、肺丝虫病、猪肺疫、气喘病及各种肺炎病变；视检心外形、心包和心外膜，剖开左心室，视检心肌、心内膜及血液凝固状态，检查慢性猪丹毒（二尖瓣有菜花样赘生物）、猪囊尾蚴、口蹄疫（“虎斑心”）；视检肝形态、色泽、大小，触检被膜和实质的弹性，剖检肝门淋巴结、肝实质和胆管，检查有无寄生虫、肝脓肿、肝硬化以及肝脂肪变性、淤血等。

4. 胴体检查　包括整体检查、腰肌检查、肾检查和淋巴结检查。

（1）整体检查。检查皮肤、皮下组织、脂肪、肌肉、淋巴结、骨骼以及胸腔、腹腔浆膜有无淤血、出血、疹块、黄染、脓肿和其他异常等。检查放血程度，检出黄疸肉、黄脂肉、红膘肉、羸瘦肉、消瘦肉以及白肌肉等。

（2）腰肌检查。沿荐椎与腰椎结合部两侧肌纤维方向切开 10cm 左右切口，检查有无猪囊尾蚴。

（3）肾检查。剥离两侧肾被膜，视检肾形状、大小、色泽，触检质地，观察有无贫血、出血、淤血、肿胀等病变。必要时纵向剖检肾，检查切面皮质部有无颜色变化、出血及隆起等。检查猪瘟、非洲猪瘟、猪丹毒等疫病。

（4）淋巴结检查。主要剖检腹股沟浅淋巴结，其位于最后一个乳头上方（肉尸倒挂时）的皮下脂肪内。检查有无淤血、水肿、出血、坏死、增生等病变。必要时剖检腹股沟深淋巴结、髂下淋巴结及髂内淋巴结。

5. 旋毛虫检查　取左右膈脚各 30g 左右，与胴体编号一致，撕去肌膜，感官检查后镜检。

6. 复检 对上述检疫情况进行复查，防止错检、漏检。重点对“三腺”（甲状腺、肾上腺和病变淋巴结）的摘除情况进行检查。

（二）家禽的宰后检疫

家禽没有可供检查的较大的淋巴结，鸭、鹅只在颈胸部有少量淋巴结。因此，家禽的内脏检查和胴体检查均不剖检淋巴结。

1. 胴体检查

（1）判断放血程度。放血良好的健康家禽的皮肤为白色或淡黄色，有光泽，看不到皮下、翅下、胸部等部位的血管，肌肉切面颜色均匀，无血液渗出。放血不良的光禽，皮肤呈红色，胴体切面有血液流出，肌肉颜色不均匀。

（2）体表检查。检查色泽、气味、光洁度、完整性及有无水肿、痘疮、化脓、外伤、溃疡、坏死灶、肿物等。

（3）冠和肉髯。检查有无出血、水肿、结痂、溃疡及形态有无异常等。

（4）眼。检查眼睑有无出血、水肿、结痂，眼球是否下陷等。

（5）爪。检查有无出血、淤血、增生、肿物、溃疡及结痂等。

（6）肛门。观察肛门的清洁度，注意是紧闭还是松弛，有无炎症。

2. 内脏检查 日屠宰量在1万只以上（含1万只）的，按照1%的比例抽样进行内脏检查；日屠宰量在1万只以下的抽检60只。抽检发现异常情况的，应适当扩大抽检比例和数量。

（1）鼻孔和口腔。检查有无淤血、出血、异常分泌物或干酪样伪膜。

（2）喉头和气管。检查有无水肿、淤血、出血、糜烂、溃疡和异常分泌物等。

（3）肺和气囊。检查有无结节，肺有无颜色异常、囊壁有无增厚混浊、纤维素性渗出物等。

（4）肾。检查有无肿大、出血、苍白、尿酸盐沉积、结节等。

（5）腺胃和肌胃。检查浆膜面有无异常。剖开腺胃，检查腺胃黏膜和乳头有无肿大、淤血、出血、坏死灶和溃疡等；切开肌胃，剥离角质膜，检查肌层内表面有无出血、溃疡等。

（6）肝和胆囊。检查肝形状、大小、色泽及有无出血、坏死灶、结节、肿物等。检查胆囊有无肿大等。

（7）肠道。检查浆膜有无异常。剖开肠道，检查小肠黏膜有无淤血、出血等，检查盲肠黏膜有无枣核状坏死灶、溃疡等。

（8）脾。检查形状、大小、色泽及有无出血和坏死灶、灰白色或灰黄色结节等。

（9）心脏。检查心包和心外膜有无炎症变化等，心冠状沟脂肪、心外膜有无出血点、坏死灶、结节等。

（10）法氏囊。检查有无出血、肿大等。剖检有无出血、干酪样坏死等。

3. 复检 对上述检疫情况进行复查，防止错检、漏检。

（三）牛的宰后检疫

1. 头蹄部检查

（1）头部检查。检查鼻镜、齿龈及舌面有无水疱、溃疡、烂斑等；剖检一侧咽后内侧淋巴结和两侧下颌淋巴结，同时检查咽喉黏膜和扁桃体有无病变。

（2）蹄部检查。检查蹄冠、蹄叉皮肤有无水疱、溃疡、烂斑、结痂等。

2. 内脏检查　取出内脏前，观察胸腔、腹腔有无积液、粘连、纤维素性渗出物。

（1）肺的检查。检查两侧肺叶实质、色泽、形状、大小及有无淤血、出血、水肿、化脓、实变、结节、粘连、寄生虫等。剖检一侧支气管淋巴结，检查切面有无淤血、出血、水肿等。必要时剖开气管、结节部位。

（2）心脏的检查。检查心脏的形状、大小、色泽及有无淤血、出血等。必要时剖开心包，检查心包膜、心包液和心肌有无异常。

（3）肝的检查。检查肝大小、色泽，触检其弹性和硬度，剖开肝门淋巴结，检查有无出血、淤血、肿大、坏死灶等。必要时剖开肝实质、胆囊和胆管，检查有无硬化、萎缩、日本分体吸虫等。

（4）脾、胃、肠的检查。检查脾弹性、颜色、大小等，必要时剖检脾实质。检查肠袢、肠浆膜；剖开肠系膜淋巴结，检查形状、色泽及有无肿胀、淤血、出血、粘连、结节等。必要时剖开胃肠，检查内容物、黏膜及有无出血、结节、寄生虫等。

（5）肾的检查。检查其弹性和硬度及有无出血、淤血等。必要时剖开肾实质，检查皮质、髓质和肾盂有无出血、肿大等。

（6）子宫和睾丸的检查。检查母牛子宫浆膜有无出血、黏膜有无黄白色或干酪样结节。检查公牛睾丸有无肿大，睾丸、附睾有无化脓、坏死灶等。

3. 胴体检查

（1）整体检查。检查皮下组织、脂肪、肌肉、淋巴结以及胸腔、腹腔浆膜有无淤血、出血、疹块、脓肿和其他异常等。

（2）淋巴结检查。检查切面形状、色泽、大小及有无肿胀、淤血、出血、坏死灶等。主要检查颈浅淋巴结（肩前淋巴结）和髂下淋巴结（股前淋巴结、膝上淋巴结），必要时剖检腹股沟深淋巴结。

4. 复检　对上述检疫情况进行复查，防止错检、漏检。

（四）羊的宰后检疫

1. 头蹄部检查

（1）头部检查。检查鼻镜、齿龈、口腔黏膜、舌及舌面有无水疱、溃疡、烂斑等。必要时剖开下颌淋巴结，检查形状、色泽及有无肿胀、淤血、出血、坏死灶等。

（2）蹄部检查。检查蹄冠、蹄叉皮肤有无水疱、溃疡、烂斑、结痂等。

2. 内脏检查　取出内脏前，观察胸腔、腹腔有无积液、粘连、纤维素性渗出物。

（1）肺的检查。检查两侧肺叶实质、色泽、形状、大小及有无淤血、出血、水肿、化脓、实变、结节、粘连、寄生虫等。剖检一侧支气管淋巴结，检查切面有无淤血、出血、水肿等。

（2）心脏的检查。检查心脏的形状、大小、色泽及有无淤血、出血等。必要时剖开心包，检查心包膜、心包液和心肌有无异常。

（3）肝的检查。检查肝大小、色泽、弹性、硬度及有无大小不一的突起。剖开肝门淋巴结，切开胆管，检查有无寄生虫（肝片吸虫病）等。必要时剖开肝实质，检查有无肿大、出血、淤血、坏死灶、硬化、萎缩等。

（4）脾、胃、肠的检查。检查脾弹性、颜色、大小等，必要时剖检脾实质。检查胃、肠浆膜面及肠系膜有无淤血、出血、粘连等。剖开肠系膜淋巴结，检查有无肿胀、淤血、出血、坏死等。必要时剖开胃、肠，检查有无淤血、出血、胶样浸润、糜烂、溃疡、化脓、结节、寄生虫等，瘤胃肉柱表面有无水疱、糜烂或溃疡等。

（5）肾的检查。剥离两侧肾被膜（两刀），检查弹性、硬度及有无贫血、出血、淤血等。必要时剖检肾。

3. 胴体检查

（1）整体检查。检查皮下组织、脂肪、肌肉、淋巴结以及胸腔、腹腔浆膜有无淤血、出血以及疹块、脓肿和其他异常等。

（2）淋巴结检查。检查切面形状、色泽、大小及有无肿胀、淤血、出血、坏死灶等。主要检查颈浅淋巴结（肩前淋巴结）和髂下淋巴结（股前淋巴结、膝上淋巴结），必要时剖检腹股沟深淋巴结。

4. 复检 对上述检疫情况进行复查，防止错检、漏检。

（五）兔的宰后检疫

1. 整体检查 观察可视黏膜是否苍白，眼睑是否出现肿胀、黏性或脓性渗出物，鼻腔、喉头是否出现淤血、弥漫性出血或坏死，颜面、体表是否有肿块、水肿、出血及坏死等，颌下、颈下、腋下和腹股沟等处体表淋巴结是否肿大。

2. 内脏检查 取出内脏前，观察胸、腹腔有无积液、粘连、纤维素性渗出物。日屠宰量在1万只以上（含1万只）的，按照1%比例抽样检查；日屠宰量在1万只以下的抽检60只。抽检发现异常情况的，应适当扩大抽检比例和数量。

（1）肾的检查。检查肾有无肿大，皮质有无出血点或花斑肾等情况。

（2）肝的检查。检查肝有无肿大，小叶间质有无增宽；检查肝表面与实质内有无白色或淡黄色的结节性病灶；胆管周围和肝小叶间结缔组织是否增生等情况。

（3）肺及支气管的检查。检查肺有无淤血、水肿或出血斑点；气管黏膜有无可见淤血或弥漫性出血，并有泡沫状血色分泌物等情况。

（4）肠的检查。检查十二指肠有无肠壁增厚、内腔扩张和黏膜炎症；小肠内有无充满气体和大量微红色黏液；肠黏膜有无充血、出血、结节等情况。

3. 复检 对上述检疫情况进行复查，防止错检、漏检。

五、检疫合格标准

检疫结果符合下列条件的，判定为合格。

（1）入场时，具备有效的《动物检疫合格证明》，畜禽标识符合国家规定。

（2）无规定的传染病和寄生虫病。

（3）需要进行实验室疫病检测的，检测结果合格。

（4）履行规定的检疫程序，检疫结果符合规定。

六、宰后检疫的处理

1. 合格动物产品 由官方兽医出具《动物检疫合格证明》，加盖检疫验讫印章（图11-4），对分割包装肉品加施检疫标志（图11-5）。

2. 不合格动物产品 由官方兽医出具《检疫处理通知单》，并按以下规定处理。

（1）发现患有屠宰检疫规程规定疫病的，按屠宰检疫规程和有关规定处理。

（2）发现患有屠宰检疫规程规定以外疫病的，监督场方对染疫动物胴体及副产品

按《病死及病害动物无害化处理技术规范》（农医发［2017］25 号）处理，对污染的场所、器具等按规定实施消毒，并做好《生物安全处理记录》。

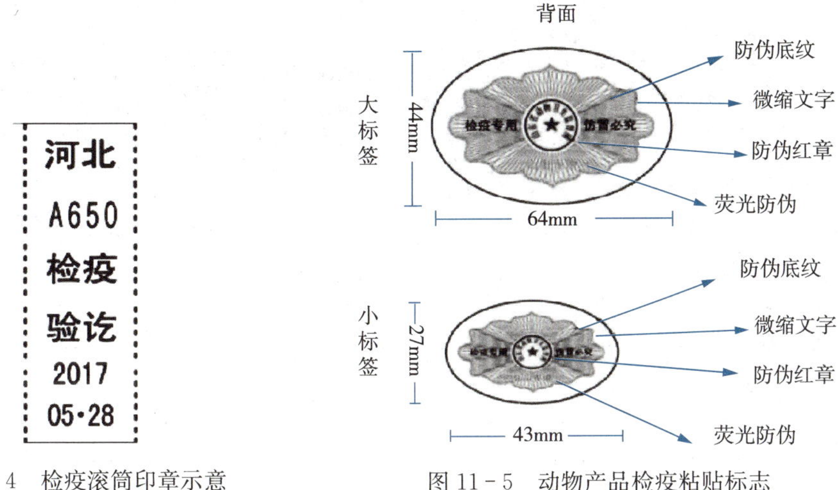

图 11－4　检疫滚筒印章示意

图 11－5　动物产品检疫粘贴标志

七、到达目的地后检疫

1. 直接在当地分销　经检疫合格的动物产品到达目的地后，需要直接在当地分销的，货主可以向输入地动物卫生监督机构申请换证，换证应当符合下列条件。

（1）提供原始有效《动物检疫合格证明》，检疫标志完整，且证物相符。

（2）在有关国家标准规定的保质期内，无腐败变质。

2. 贮藏后继续调运或者分销　经检疫合格的动物产品到达目的地，贮藏后需继续调运或者分销的，货主可以向输入地动物卫生监督机构重新申报检疫。输入地县级以上动物卫生监督机构对符合下列条件的动物产品，出具《动物检疫合格证明》。

（1）提供原始有效《动物检疫合格证明》，检疫标志完整，且证物相符。

（2）在有关国家标准规定的保质期内，无腐败变质。

（3）有健全的出入库登记记录。

（4）农业农村部规定进行必要的实验室疫病检测的，检测结果符合要求。

3. 输入到无规定动物疫病区　输入到无规定动物疫病区的相关易感动物产品，应当在输入地省、自治区、直辖市动物卫生监督机构指定的地点，按照农业农村部规定的无规定动物疫病区有关检疫要求进行检疫。检疫合格的，由输入地省、自治区、直辖市动物卫生监督机构的官方兽医出具《动物检疫合格证明》；不合格的，不准进入，并依法处理。

八、检疫记录

1. 场方记录　官方兽医监督指导屠宰场做好待宰、急宰、生物安全处理等环节的各项记录。

2. 检疫工作记录　官方兽医填写入场监督查验、检疫申报、宰前检查、同步检疫等环节记录（图 11－6）。

屠宰检疫工作情况日记录表

动物卫生监督所（分所）名称：　　　　　　屠宰场名称：　　　　　　屠宰动物种类：

申报人	产地	入场数量（头、只、羽、匹）	入场监督查验			宰前检查		同步检疫			官方兽医姓名	备注
			临床情况	是否佩戴规定的畜禽标识	回收《动物检疫合格证明》编号	合格数（头、只、羽、匹）	不合格数（头、只、羽、匹）	合格数（头、只、羽、匹）	出具《动物检疫合格证明》编号	不合格并处理数（头、只、羽、匹）		
合　计												

检疫日期：　　　　年　　月　　日

图 11－6　屠宰检疫工作情况日记录表

3. 存档　检疫工作记录应保存 12 个月以上。

操作与体验

技能一　猪宰前“瘦肉精”的检测

（一）技能目标

（1）会应用胶体金检测技术检测尿中的盐酸克伦特罗。

（2）能正确判定检测结果并出具检测报告。

（二）材料设备

盐酸克伦特罗快速检测卡、盐酸克伦特罗阳性尿样（3ng/mL）、盐酸克伦特罗阴性尿样、一次性洁净塑料尿杯或玻璃容器、一次性塑料滴管、一次性塑料手套、离心管、离心机、水浴锅、计时器。

（三）方法步骤

1. 测定原理　克伦特罗检测试剂是运用抗原抗体的特异反应以及侧向层析和胶体金技术进行尿液中克伦特罗分子的快速定性检测。用十二烷基磺酸钠（BSA）偶联的克伦特罗分子与胶体金颗粒结合后，包被在硝酸纤维素膜上；在硝酸纤维素膜上将克伦特罗抗体和 BSA 抗体分别包被在检测区（T）和质控区（C）。当尿液样本加入样孔后，样本中的克伦特罗分子与克伦特罗－BSA－胶体金偶联物一起层析泳动到检测区竞争与克伦特罗抗体结合，剩余的克伦特罗－BSA－胶体金继续泳动到质控区与抗体结合。因此，当样本中的克伦特罗浓度超过一定量后，胶体金偶联物就不能与克伦特罗抗体结合，此时检测区不出现紫红色线条；当样本中克伦特罗浓度低于一定值或样本中没有克伦特罗时，胶体金偶联物就与克伦特罗抗体结合，从而在检测区显示出一条紫红色线条；而无论样本中是否含有克伦特罗分子，质控区都会出现紫红色线

条，以示检测有效。

2. 操作过程　在进行测试前完整阅读检测卡使用说明书。

（1）尿样采集。用一次性洁净塑料尿杯或玻璃容器取待检猪尿液，每头猪尿样采集两份，每份30mL。

（2）尿样处理。如尿样不立即检测，放在0～4℃冷藏可保存24h；如尿样混浊，可离心或过滤取上清液，然后静置10min，尿样温度在（20±5）℃，可进行检测。

（3）加样。取出检测卡，平放在干净平坦的台面上，用塑料吸管吸取尿液，向检测卡样本孔垂直缓慢滴加3滴无气泡的尿液。

（4）结果判定。加样后15min，观察显色区，判断结果（图11－7）。

①阴性：C线显色，T线肉眼可见，无论颜色深浅均判为阴性[两条紫红色条带出现。一条位于测试区（T）内，另一条位于质控区（C）内，表明：克伦特罗含量在阈值（3ng/mL）以下]。

②阳性：C线显色，T线不显色，判为阳性[仅质控区（C）出现一条紫红色条带，在测试区（T）内无紫红色条带出现，表明：克伦特罗含量在阈值（3ng/mL）以上]。

③无效：C线不显色或T线显色，出现任何一种现象或两种同时出现，均判为无效。

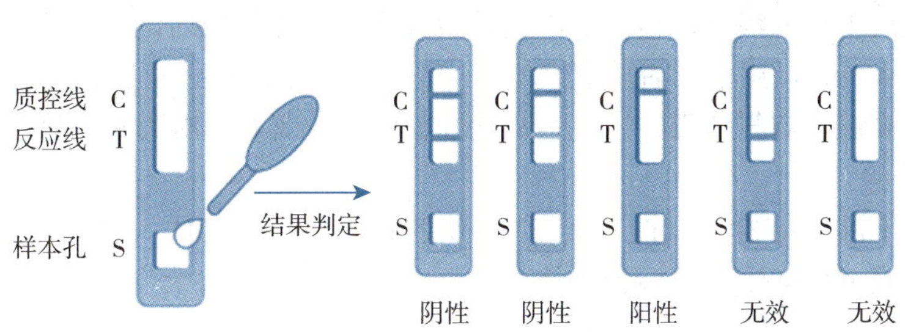

图11－7　盐酸克伦特罗快速检测卡的检测结果

（四）考核标准

序号	考核内容	考核要点	分值	评分标准
1	检测原理（15分）	T线、C线显色判定	15	正确说出T线、C线显色原理及判定标准
2	操作过程（85分）	尿样采集	15	操作方法正确、采样量恰当
		尿样处理	10	正确使用离心机，规范保存尿样
		打开检测卡	10	操作规范
		滴加尿样	15	吸取的尿样无气泡、滴加量准确
		判定	15	结果判定正确
		安全意识	10	取样时注意人身安全
		协作意识	10	具备团队协作精神，积极与小组成员配合，共同完成任务
总分			100	

技能二　猪的宰后检疫

(一) 技能目标

(1) 掌握猪宰后检疫的程序、要点和操作技术。

(2) 掌握常见病变的鉴别和检疫后的处理方法。

(二) 材料设备

检验刀、检验钩、锉棒、显微镜、剪刀、镊子、二氯异氰尿酸钠、来苏儿、检疫记录表格、工作帽、工作服、胶靴、手套等。

(三) 方法步骤

1. 检疫工具的消毒　一般检疫用工具有检疫刀、检疫钩和锉棒等。检疫刀用于切割检疫肌肉、内脏、淋巴结；检疫钩用于钩住胴体和内脏一定部位进行固定以便于切割。锉棒为磨刀专用。

(1) 检疫工具的使用方法。检疫时对切开的部位和限度有一定要求，要用刀刃平稳滑动切开组织，不能用拉锯式的动作，以免造成切面模糊，影响观察。为保持检疫刀的平衡用力，拿刀时应把大拇指压在刀背上。使用时要注意安全，不要伤及自己及周围人员。

(2) 检疫工具的消毒。检疫工具使用后放入二氯异氰尿酸钠或来苏儿消毒液中浸泡消毒 30～40min，用清水冲去消毒液，擦干后备用。检疫工具不可用水煮沸、火焰、蒸汽、高温热空气消毒，以免造成柄的松动、脱落和影响刀刃的锋利。

2. 头部检查

(1) 颌下淋巴结检查（图 11－8）。将宰杀放血后的猪体，倒悬在架空轨道上，腹面朝向检查者或仰卧在检验台上待检。

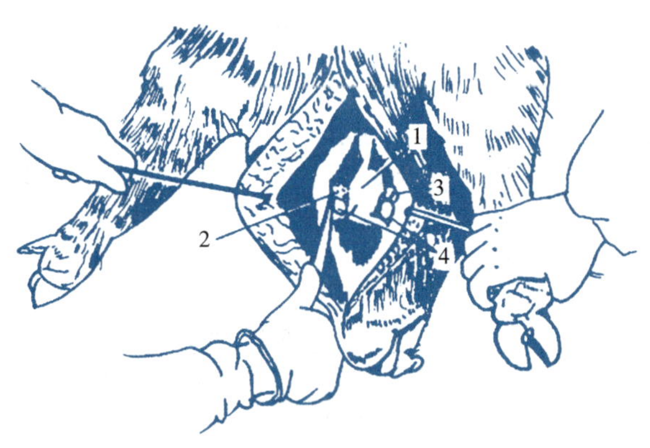

图 11－8　猪颌下淋巴结剖检术式

1. 咽喉头隆起　2. 下颌骨切迹　3. 颌下腺　4. 颌下淋巴结

剖检颌下淋巴结时，一般由两人操作。助手以右手握住猪的右前蹄，左手持检验钩，钩住颈部放血口右侧壁中间部分，向右拉；检验者左手持检验钩，钩住放血口左侧壁中间部分，向左侧拉开切口，右手持检验刀从放血口向深部并向下方纵切一刀，使放血口扩大至喉头软骨和下颌前端。然后再以喉头为中心，朝向下颌骨的内侧，左

右下颌角各做一平行切口，即可在下颌骨内侧、颌下腺下方（胴体倒挂时）找出该淋巴结进行剖检。同时摘除甲状腺。如在流水生产线上进行操作，则由一人操作，左手持检验钩钩住放血口，右手持检验刀按上述方法切开放血口下颌角内侧，找到淋巴结即可。

（2）咬肌检查（图 11－9）。首先观察鼻盘、唇部有无水疱，必要时检查口腔、舌面、喉头黏膜，注意有无水疱、糜烂及其他病变，以检出口蹄疫、猪水疱病等。然后用检验钩钩住头部一定部位，固定猪头，右手持检验刀从左、右下颌角外侧沿与咬肌纤维垂直方向平行切开两侧咬肌，观察有无猪囊尾蚴寄生。

图 11－9 猪的咬肌检疫术式（离体猪头）

1. 检疫钩钩住的部位 2. 被切开的咬肌

3. 皮肤检查 烫毛后开膛前进行体表皮肤检查。主要观察全身皮肤的完整性及其色泽的改变，特别注意耳根、四肢内外侧、胸腹部、背部及臀部等处，观察有无点状、斑状出血性变化或弥漫性发红；有无疹块、痘疮、黄染等；有无鞭伤、刀伤等异常情况。同时注意耳尖、蹄冠、蹄踵和指间有无水疱或水疱破溃后留下的烂斑和溃疡等。

4. 内脏检查

（1）胃、肠、脾检查（图 11－10）。受检脏器必须与胴体同步编号。先检查胃、肠的外形和色泽，看其浆膜有无粘连、出血、水肿、坏死及溃疡等变化，再观察肠系膜上有无细颈囊尾蚴寄生；然后观察脾的外形、大小、色泽，触检其硬度，观察其边缘有无楔形梗死。必要时再剖检脾、胃、肠，观察脾实质性状，沿胃大弯和与肠管平行方向切开胃、肠，检查胃、肠黏膜和胃、肠壁有无出血、水肿、纤维素渗出、坏死、溃疡和结节形成。再将胃放在检验者左前方，大肠放在正前方，用手将小肠部分提起，使肠系膜铺开，可见一串珠状隆起，先观察其外表有无肿胀、出血，周围组织有无胶样浸润；检验者用刀在肠系膜上做一条与小肠平行的切口，切开串珠状隆起，即可在脂肪中剖检肠系膜淋巴结，重点注意有无猪肠型炭疽。

（2）肺、心、肝检查（图 11－11）。

①肺检查。先进行外观和肺实质检查，用长柄钩将肺悬挂，观察肺的色泽、形状、大小，触检其弹性及有无结节等变化；或将肺平放在检验台上，使肋面朝上，肺纵沟对

着检验员进行检验。然后进行剖检，切开咽喉头、气管和支气管，观察喉头、气管和支气管黏膜有无变化，再观察肺实质有无异常变化，主要观察有无炎症、结核结节和寄生虫寄生等。最后剖检支气管淋巴结，左手持检疫钩钩住主动脉弓，向左牵引，右手持检疫刀切开主动脉弓与气管之间的脂肪至支气管分叉处，观察左侧支气管淋巴结，并剖检；再用检疫钩钩住右肺尖叶，向左下方牵引，使肺腹面朝向检验者，用检疫刀在右肺尖叶基部和气管之间紧贴气管切开至支气管分叉处，观察右侧支气管淋巴结，并剖检。

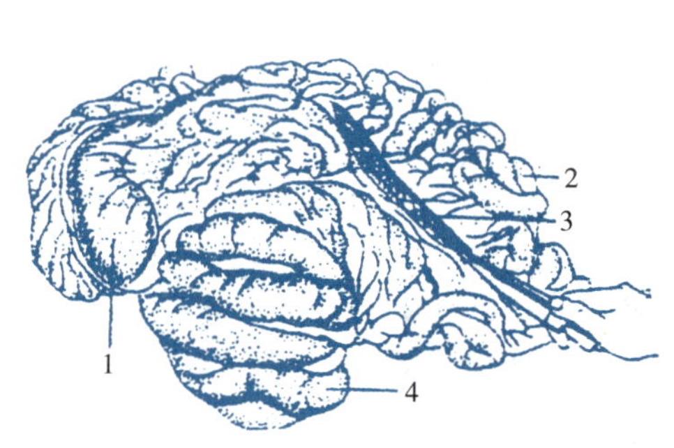

图 11－10　猪胃、肠检疫术式

1. 胃　2. 小肠　3. 肠系膜淋巴结　4. 大肠

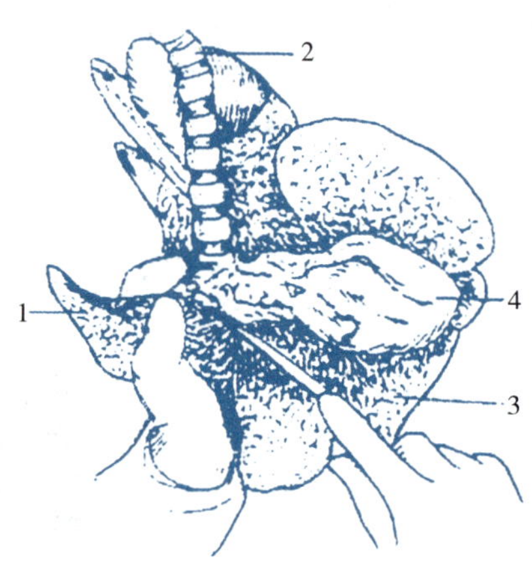

图 11－11　猪心、肝、肺检疫术式

1. 右肺尖叶　2. 气管　3. 右肺膈叶　4. 心脏

②心脏检查。先观察外形，检查心包及心包液有无变化，注意心脏的形状、大小及表面情况，心外膜有无炎性渗出物，有无创伤，心肌内有无猪囊尾蚴寄生。然后用检疫钩钩住心脏左纵沟，用检疫刀在与左纵沟平行的心脏后缘纵剖心脏，观察心肌、心内膜、心瓣膜及血液凝固状态，特别应注意心瓣膜上有无增生性变化及心肌内有无猪囊尾蚴寄生。

③肝检查。先进行外观检查，重点注意观察肝的人小、形状、硬度、颜色及肝门淋巴结的性状、胆管内有无寄生虫寄生等；然后进行肝的剖检，用检疫钩牵起肝门处脂肪，用检疫刀切开脂肪，找到肝门淋巴结进行检查；然后观察肝切面的血液量、颜色、肝小叶的性状，有无隆突、病灶、寄生虫，并剖检胆管及胆囊，观察有无异常变化。

5. 胴体检查

（1）一般检查。主要是观察胴体色泽、浅在血管中血液潴留情况、肌肉切口湿润程度，以判定放血程度。分别观察皮肤、皮下结缔组织、脂肪、肌肉、骨骼及其断面、胸膜和腹膜有无病变。

（2）主要淋巴结的剖检。重点剖检腹股沟浅淋巴结（图 11－12），必要时剖检髂内淋巴结、髂下淋巴结和腹股沟深淋巴结。

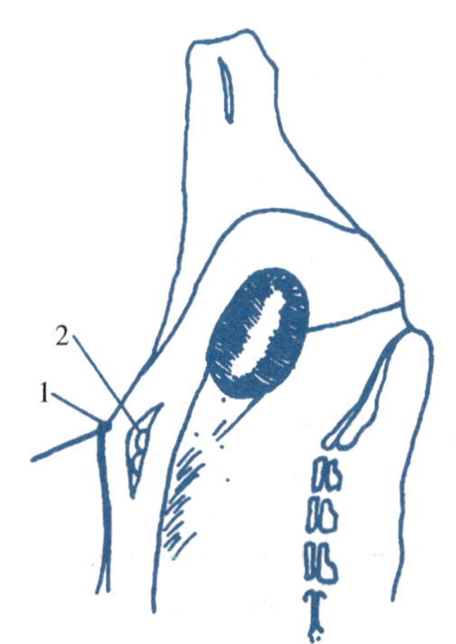

图 11－12　猪腹股沟浅淋巴结检疫术式

1. 检疫钩钩住的部位

2. 剖检切口与切口中的淋巴结

在悬挂的胴体上，以检疫钩钩住最后乳头稍上方的皮下组织，向外侧拉开，用检疫刀从脂肪层正中部纵切，即可找到被切开的腹股沟浅淋巴结，观察有无淤血、水肿、出血、坏死、增生等病变。

（3）深腰肌检查。以检疫钩固定胴体，在深腰肌部位，顺肌纤维方向切开 10cm 左右切口，检查有无猪囊尾蚴。

（4）肾检查。先用检疫钩钩住肾盂部，右手持检疫刀沿肾边缘处，顺着肾纵轴轻轻地切开肾包膜，切口长约 3.5cm，然后将检疫钩一边向左下方牵引，一边向外转动，与此同时，以刀尖背面向右上方挑起肾包膜，两手同时配合，将肾包膜剥离，迅速视检其表面，观察有无出血点、坏死灶和结节形成，必要时切开肾检验，观察其颜色等情况。在检查肾的同时摘除肾上腺。

6. 旋毛虫检查 开膛取出腹腔脏器后，取左右膈脚各 30g 左右，编上与胴体一致的号码，送旋毛虫检疫室进行旋毛虫检疫。

7. 复检 对“三腺”的摘除情况进行检查和畜禽标识的回收。

8. 检疫处理 检疫合格的，胴体加盖检疫滚筒印章，动物产品包装加封检疫合格标志，出具《动物检疫合格证明》。检出病害的，填写《检疫处理通知单》给屠宰场业主，并监督其按照《病死及病害动物无害化处理技术规范》（农医发［2017］25 号）要求处理。

9. 检疫记录表填写 填写屠宰检疫工作情况日记录表和屠宰检疫无害化处理情况日汇总表。做好动物检疫档案材料归档工作（回收的检疫证明、现场检疫记录表、检疫处理通知单、出具检疫证明存根、其他应归档材料）。

（四）考核标准

序号	考核内容	考核要点	分值	评分标准
1	检疫工具的消毒（5 分）	检疫刀钩的消毒	5	刀钩用后消毒并清洗擦干
2	头部检验（15 分）	鼻唇部视检	5	正确识别鼻唇部病变
		颌下淋巴结检查	5	正确剖检淋巴结并识别病变
		咬肌检查	5	正确剖检咬肌并检查猪囊尾蚴
3	皮肤检查（5 分）	皮肤完整性和色泽判断	5	根据皮肤变化做出疫病初步判定
4	内脏检查（30 分）	胃、肠、脾检查	15	正确视检胃、肠、脾，规范剖检肠系膜淋巴结并判定
		肺检查	5	操作正确，判定正确
		心脏检查	5	操作正确，判定正确
		肝检查	5	操作正确，判定正确
5	胴体检查（30 分）	一般检查	5	全面检查肉尸病变及判定放血程度
		主要淋巴结的剖检	15	正确剖检淋巴结并判定病变
		深腰肌检查	5	正确剖检腰肌并检查猪囊尾蚴
		肾检查	5	操作正确，判定正确
6	复检（5 分）	全面复检及摘除“三腺”	5	检查有无漏检并摘除“三腺”
7	检疫处理（5 分）	检疫结果处理	5	依据检疫结果规范处理

（续）

序号	考核内容	考核要点	分值	评分标准
8	填写检疫记录表（5分）	填写检疫记录表	5	正确填写检疫记录表
总分			100	

知识拓展

拓展知识　禁止屠宰的生猪

禁止屠宰的生猪包括：

（1）依法应当检疫而未经检疫或者检疫不合格的。

（2）染疫、疑似染疫的。

（3）病死或者死因不明的。

（4）注水或者注入其他物质的。

（5）尚在用药期、休药期内或者含有禁用药物和其他化合物的。

（6）其他不符合法律、法规和国家有关规定的。

复习与思考

1. 实施动物宰前检疫有什么意义？
2. 动物宰前检疫的程序和内容有哪些？
3. 为什么实施动物宰后检疫？
4. 如何进行猪宰后检疫处理？
5. 猪宰后检疫需要检查哪些淋巴结？
6. 屠宰检疫合格的标准是什么？

项目十二

动物及动物产品检疫监督

本项目的应用：执法人员进行运输检疫监督；执法人员进行市场检疫监督；从业人员依法进行动物及动物产品的运输与经营。

完成本项目所需知识点：检疫监督相关法律法规；运输检疫监督的程序；运输检疫监督的处理；市场检疫监督的程序；市场检疫监督的处理。

完成本项目所需技能点：公路运输动物及动物产品的检疫监督；农贸市场动物及动物产品的检疫监督。

检疫监督是指农业农村主管部门依法对屠宰、市场经营、流通运输以及参加展览、演出和比赛的动物及市场经营、流通运输的动物产品的检疫情况，进行监督检查的一种行政执法行为，包括运输检疫监督和市场检疫监督。

任务一　运输检疫监督

运输检疫监督是指对通过铁路、道路、水路、航空运输的动物及动物产品，在运输前、运输过程中及到达运输地后的检疫情况进行监督检查，并做出处理的一种行政执法行为。

一、运输检疫监督的意义

1. 防止动物疫病的传播　运输过程中，由于动物集中，相互接触，感染疫病的机会增多。同时运输时动物又受到许多不良因素的刺激，抗病能力下降，极易暴发疫病。因此，搞好运输检疫监督，及时查出不合格的动物、动物产品，对防止动物疫病远距离传播有重要作用。

2. 促进产地检疫工作　凡是未经过产地检疫的动物及动物产品运出饲养地和生产地时，均为不合格，要给予处罚。因此，运输检疫监督可以促进经营者主动办理产地检疫合格证明，使产地检疫工作得到保证，也为市场检疫监督奠定了良好的基础。

二、运输检疫监督的程序

（一）查证验物

动物及动物产品运输时，屠宰、经营、运输以及参加展览、演出和比赛的动物，应附有《动物检疫合格证明》，经营和运输的动物产品应附有《动物检疫合格证明》及检疫标志。执法人员查验检疫证明是否合法有效，是否加盖印章，填写是否规范（条件具备的在网上查验电子证明），证物是否相符。查验动物是否佩戴有农业农村部规定的畜禽标识，动物产品是否有验讫印章或检疫标志。农业农村主管部门可以对动物产品进行采样、留验、抽检。

（二）动物、动物产品检查

执法人员对动物进行临诊检查，动物产品进行感官检查。必要时，对疑似染疫的动物、动物产品采样进行实验室检查。

（三）运输检疫监督的处理

1. 准许运输 持有合法有效检疫证明，动物佩戴有农业农村部规定的畜禽标识，动物产品附有验讫印章或检疫标志，证物相符，动物或动物产品无异常，准许运输。

2. 补检 对未经检疫进入流通领域的动物及其产品进行的检疫。

（1）未经检疫的动物。对未检疫的动物进行补检，并依法处罚，补检合格的出具《动物检疫合格证明》，不合格的按照农业农村部有关规定处理。

（2）未经检疫的动物骨、角、生皮、原毛、绒等产品。对未检疫的动物骨、角、生皮、原毛、绒等产品进行补检和依法处罚。补检合格的（外观检查无腐烂变质、按有关规定重新消毒、实验室检测结果符合要求）出具《动物检疫合格证明》；不合格的，予以没收销毁。

（3）未经检疫的精液、胚胎、种蛋等。对未检疫的精液、胚胎、种蛋等进行补检和依法处罚。补检合格的（货主在5d内提供输出地动物卫生监督机构出具的来自非封锁区的证明和供体动物符合健康标准的证明、在规定的保质期内且外观检查无腐败变质、实验室检测结果符合要求）出具《动物检疫合格证明》；不合格的，予以没收销毁。

（4）未经检疫的肉、脏器、脂、头、蹄、血液、筋等。对未经检疫的肉、脏器、脂、头、蹄、血液、筋等进行补检和依法处罚。补检合格的（货主在5d内提供输出地动物卫生监督机构出具的来自非封锁区的证明、外观检查无病变和腐败变质、实验室检测结果符合要求）出具《动物检疫合格证明》；不合格的，予以没收销毁。

3. 重检 动物及动物产品的检疫证明过期，或虽在有效期内，但发现有异常情况时所做的重新检疫。重检合格的出具《动物检疫合格证明》，不合格的按照农业农村部有关规定处理。

（四）运载工具的消毒

货主或者承运人应当在装载前和卸载后，对动物、动物产品的运载工具以及饲养

用具、装载用具等，按照农业农村部规定的技术规范进行消毒，并对清除的垫料、粪便、污物等进行无害化处理。

运输途中不准宰杀、销售、抛弃染疫动物和病死动物以及死因不明的动物。染疫和病死以及死因不明的动物及产品、粪便、垫料、污物等必须在当地农业农村主管部门监督下在指定地点进行无害化处理。

任务二　市场检疫监督

市场检疫监督是指对市场交易的动物及动物产品，在进入市场前和市场交易过程中的检疫情况进行监督检查，并做出处理的一种行政执法行为。

一、市场检疫监督的意义

市场是动物及动物产品的集散地，市场内的动物及动物产品交易具有由分散到集中、再由集中到分散的特点，疫病也就容易通过市场交易而扩散。

搞好市场检疫监督，能有效地防止未经检疫检验的动物、动物产品和染疫动物、病害胴体的上市交易，防止疫病扩散，保护人畜健康。同时进一步促进产地检疫、屠宰检疫工作的开展和运输检疫监督工作的实施，使产地检疫、屠宰检疫、运输检疫监督和市场检疫监督环环相扣，保证消费者的肉类食品卫生安全，促进畜牧业经济发展和市场经济贸易。

二、市场检疫监督的程序

（一）查证验物

进入市场的动物及其产品，畜（货）主必须持有相关的《动物检疫合格证明》。执法人员应仔细查验检疫证明是否合法有效，然后检查动物、动物产品的种类、数量（重量）与检疫证明是否一致，核实证物是否相符。查验动物是否佩戴有合格的畜禽标识；检查胴体、内脏上有无验讫印章或检疫标志以及检验刀痕，加盖的印章是否规范有效，核实交易的动物、动物产品是否经过检疫。

（二）动物、动物产品检查

以感官检查为主，力求快速准确。

1. 动物检查　结合疫情调查和体温测定，通过观察动物全身状态如营养、精神、姿势，确定动物是否健康。

2. 动物产品检查　鲜肉产品采用感官检查结合剖检，必要时进行实验室检验，重点检查病死动物肉，尤其注意一类动物疫病的查出，检查肉的新鲜度，检查“三腺”摘除情况。其他动物产品（如骨、蹄、角、皮、毛、绒）多数带有包装，注意观察外包装是否完整、有无霉变等现象。

（三）市场检疫监督的处理

1. 合格　持有合法有效检疫证明，动物佩戴有农业农村部规定的畜禽标识，动物产品附有验讫印章或检疫标志，证物相符，动物或动物产品检查结果符合检疫要求，准许交易。

2. 不合格　发现动物、动物产品异常的，隔离（封存）留验；检查发现畜禽标识、检疫标志、检疫证明等不全或不符合要求的，要依法补检或重检（具体内容见运输检疫监督的处理）；对涂改、伪造、转让检疫合格证明的，依照《动物防疫法》等有关规定予以处罚。

动物、动物产品应在指定的地点进行交易，同时建立消毒制度以及病死动物无害化处理制度，防止疫情传入和传出。在交易前、交易后要对交易场所进行清扫、消毒，保持清洁卫生。粪便、垫草、污物采取发酵等方法处理，病死动物按国家有关规定进行无害化处理。建立市场检疫监督报告制度，定期向当地农业农村主管部门报告检疫情况。

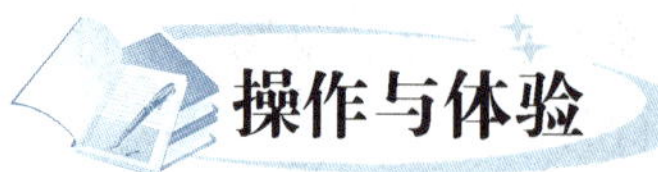

操作与体验

技能　农贸市场肉类检疫监督

（一）技能目标

（1）掌握市场肉类卫生监督的程序。

（2）充分认识肉食安全的重要性。

（二）体验环境

城区某农贸市场，提前联系当地农业农村主管部门，随执法人员进行市场监督检查。

（三）体验内容

1. 验证　执法人员仔细查验《动物检疫合格证明》是否合法有效，是否加盖印章，填写是否规范（条件具备的在网上查验电子证明）。

2. 查物

（1）查验印章。检查被检胴体是否盖有验讫印章或加封检疫标志。如已盖有验讫印章，则应观察验讫印章的真伪。检疫标志与检疫证明是否相符。

（2）检验胴体。检查头、胴体和内脏的应检部位有无检验刀痕，“三腺”是否摘除干净，然后检查胴体的放血程度和放血部位的状态，再检查皮肤、脂肪、肌肉、胸腹膜等，注意观察胴体的卫生状况，有无腐败变质。在检验中，若发现漏检、误检、局部有病变，以及病、死畜禽肉或某种传染病可疑时，应进行全面认真的检查，并取材进行实验室检验。当发现胴体放血不良、皮下和肌间组织有浆液性或出血性胶样浸润时，必须做炭疽杆菌和沙门菌等致病菌检验。

3. 处理

（1）检查各项均合格，可以出售。

（2）未进行检疫的肉，一律不得上市，必须到指定地点补检，合格后方可上市，不合格的按有关规定处理。

（3）经过检疫但有异常情况的肉，需要重检，合格后方可上市，不合格的按有关规定处理。

4. 检疫记录　登记内容主要包括肉品的种类、数量、产地，经营者和生产者的姓名、地址、证件、检验结果和处理意见。

（四）考核标准

序号	考核内容	考核要点	分值	评分标准
1	验证（20分）	查验《动物检疫合格证明》	20	正确识别《动物检疫合格证明》是否合法有效
2	查物（40分）	验讫印章	10	正确检查胴体所盖验讫印章
		检疫标志	10	正确检查产品包装所贴检疫标志
		检验胴体	20	正确检验胴体
3	处理（20分）	准许交易	10	正确判定准许交易
		不许交易	10	正确判定补检和重检
4	检疫记录（10分）	填写市场检疫监督工作记录单	10	规范填写工作记录单
5	实习表现（10分）	实习态度及安全意识	10	听从安排、注重生物安全
总分			100	

知识拓展

拓展知识　动物检疫验讫印章和相关标志样式

（一）生猪屠宰检疫验讫印章

为解决生猪胴体上检疫验讫印章规格大小、印油颜色不一致等问题，农业农村部组织对各地使用的生猪屠宰检疫验讫印章进行了研究，在基本保持原有样式基础上，对尺寸等进行了统一规范，自2019年3月开始启用。同时规定，对检疫合格肉品加盖的验讫印章印油，颜色统一使用蓝色（图12-1）；对检疫不合格的肉品加盖的“高温”或“销毁”章印油，颜色统一使用红色（图12-2）。印油必须使用符合食品级标准的原料。已经得到批准使用针刺检疫验讫印章、激光灼刻检疫验讫印章的，其印章印迹应与规定的检疫验讫印章的尺

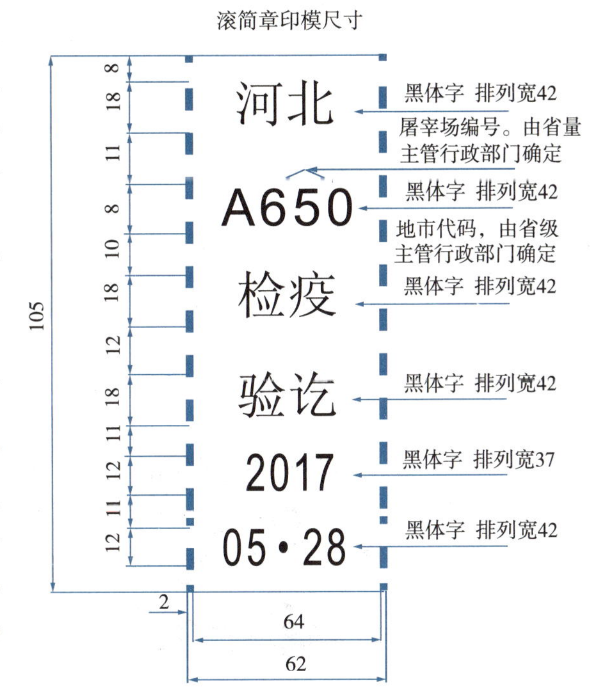

图12-1　检疫滚筒印章样式规范（单位：mm）

寸、规格、内容一致，所用原材料材质必须符合国家规定，不能对生猪产品产生污染。

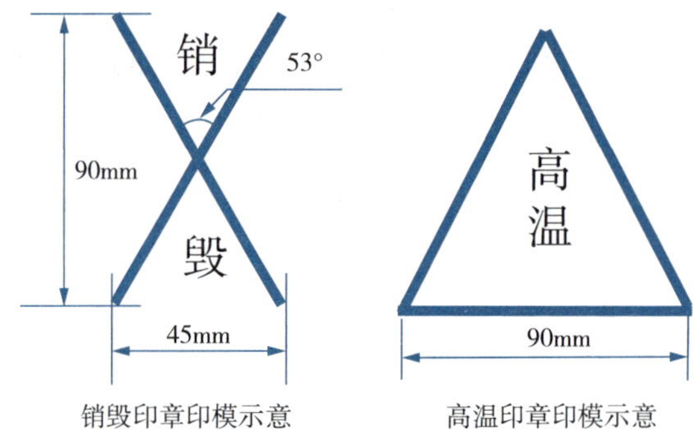

图 12－2　无害化处理印章

（二）牛羊肉塑料卡环式检疫验讫标志

由于牛羊肉检疫后不易加盖检疫验讫印章，农业部于 2016 年在部分地方开展了牛羊肉塑料卡环式检疫验讫标志使用试点工作，该验讫标志参照了国际标准，并设计了防伪识别码，能有效防止伪造变造（图 12－3）。该检疫验讫标志已通过鉴定，自 2019 年 3 月开始启用（图 12－4）。

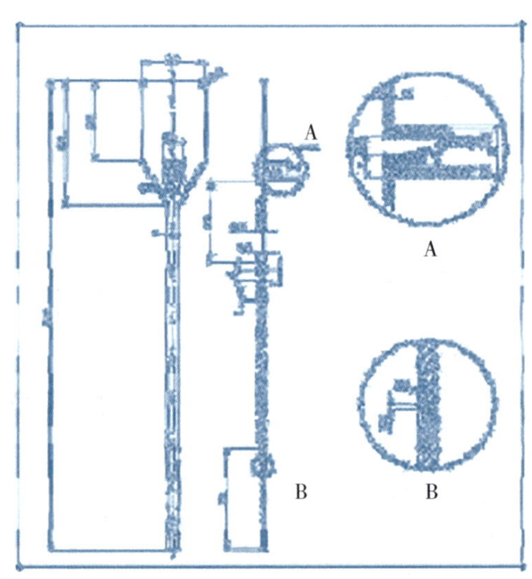

图 12－3　塑料卡环式检疫验讫标志扎带、锁扣、标牌示意

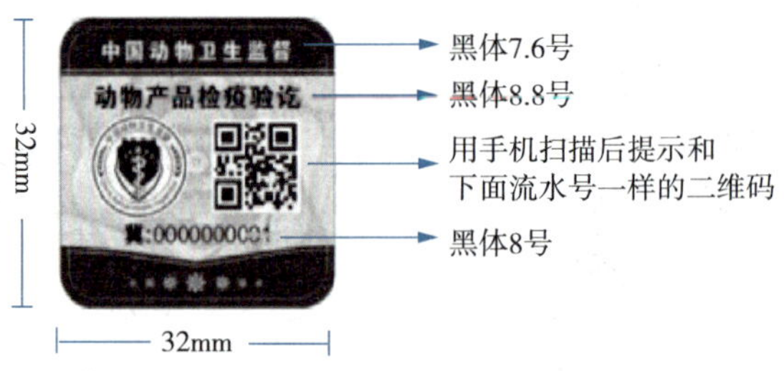

图 12－4　动物产品检疫验讫标签示意

（三）动物产品检疫粘贴标志

新型动物产品检疫粘贴标志增加了防水珠光膜，具有经冷冻不易脱落、不褪色等优点，正面与原标志相同，背面增加了图案设计，提高了防伪水平。大标签用在动物产品包装箱上，小标签用在动物产品包装袋上，式样一致（图 12－5）。新型标志自 2019 年 3 月开始启用。

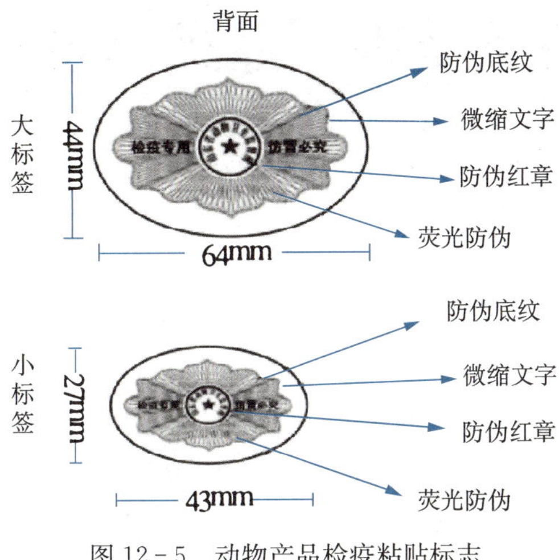

图 12－5 动物产品检疫粘贴标志

复习与思考

1.《动物检疫合格证明》的有效期限是多少？
2. 在检疫监督过程中，如何处理应当检疫而未经检疫的动物及动物产品？
3. 为什么把市场检疫监督和运输检疫监督工作的重点放在查证验物上？
4. 动物及动物产品运输工具如何进行消毒？

项目十三

动物及动物产品进出境检疫

项目指南

本项目的应用：官方兽医对进出境活动物及动物产品实施检疫与出证；官方兽医对过境动物及动物产品实施检疫监督；企业人员完成进口活动物及动物产品的检疫审批；出口动物的养殖企业人员完成注册登记和出口报检；出口动物产品的企业人员完成注册登记和出口报检。

完成本项目所需知识点：动物进出境检疫相关法律法规；进境活动物的检疫；进境动物遗传物质的检疫；进境动物产品的检疫；出境活动物的检疫；出境动物产品的检疫；过境动物及动物产品的检疫。

完成本项目所需技能点：进出境活动物及动物产品的报检；出口动物养殖企业的注册登记；出口动物产品企业的注册登记。

认知与解读

对进出境的动物和动物产品以及运输工具、装载容器、包装物，按规定实施检疫，称为进出境检疫或口岸检疫。目的是防止动物传染病、寄生虫病及其他有害生物传入、传出国境，保护畜牧业生产和人体健康，促进对外经济贸易的发展。

为防止动物疫病伴随动物和动物产品进境传入及保证进境动物产品的安全卫生，世界各个国家和地区都对进境动物和动物产品制定了检验检疫法规。世界贸易组织（WTO）和世界动物卫生组织（WOAH）为了避免各国的检疫措施影响动物和动物产品的正常国际贸易，对动物和动物产品的检疫要求进行了规范统一。WOAH 发布的《国际动物卫生法典》规定了国际贸易中动物和动物产品检疫的基本要求。美国、日本、韩国、俄罗斯、澳大利亚、新西兰、巴西、加拿大、泰国以及欧盟等我国的主要贸易国家和组织都制定了进境动物和动物产品检验检疫规定。

我国制定实施的《进出境动植物检疫法》《进出境动植物检疫法实施条例》《进出口商品检验法》《进出口商品检验法实施条例》对进出境动物和动物产品的检验检疫做出了明确规定。

为了保护国家不受外来动物疫病侵袭，我国禁止下列物品进境：动物病原体（包

括菌种、毒种等）、害虫（对动物和动物产品有害的活虫）及其他有害生物（如有危险的病虫的中间宿主、媒介生物等）；动物疫情流行的国家和地区的有关动物、动物产品和其他检疫物；动物尸体等。因科研等特殊需要引进上述禁止进境物的，须办理特许审批。

为了保护动物资源，我国禁止良种动物、濒危动物、珍稀动物等受保护动物资源出境。若优良种畜禽出境，应当向省级农业农村主管部门提出申请，经其审核后，报国务院农业农村主管部门批准。

任务一　进境活动物的检疫

进境活动物是指大中家畜（猪、马、牛、羊、驴等）、小动物（犬、兔、貂、鸡、鸭、鹅、鸽等禽类或鸟类等）、野生动物、水生动物（食用水生动物除外）、演艺或观赏动物、实验动物等。

一、检疫审批

进境活动物的检疫流程

在签订输入动物的贸易合同或协议之前，货主或其代理人须向中华人民共和国海关总署（以下简称海关总署）提出申请，办理检疫审批手续。

1. 检疫审批的目的

（1）世界各国动物疫情发生多且复杂，海关总署根据已掌握的输出国（地区）疫情，决定是否同意输入，防止危险性动物疫病进入我国。

（2）海关总署在办理审批过程中，可以帮助进口单位了解我国的检疫要求，在签订相关合同时，将我国的检疫要求列入条款中，一旦国际上发生重大疫情灾害，可以提出索赔，促进对外贸易顺利进行和持续发展。

2. 货主或其代理人在申请时须提交的材料

（1）申请单位的法人资格证明材料。

（2）《中华人民共和国进境动植物检疫许可证申请表》（以下简称《进境动植物检疫许可证申请表》）（图 13－1）。

（3）输入动物要在隔离场检疫，填写《中华人民共和国进出境动物指定隔离检疫场使用申请表》（图 13－2），检验检疫机构出具《中华人民共和国进出境动物指定隔离检疫场使用证》（图 13－3）。

3. 检疫审批的依据　符合下列条件的，检验检疫机构做出同意入境的审批决定，并签发《中华人民共和国进境动植物检疫许可证》（以下简称《进境动植物检疫许可证》）（图 13－4）。

（1）输出和途经国家或者地区无相关的动物疫情。当世界某国（或地区）发生重大疫情时，海关总署会及时发出有关通知，禁止从该国（或地区）进口相对应的动物及动物产品。如果疫情解除，且符合世界动物卫生组织（WOAH）的有关规定，海关总署将解除禁止从该国（或地区）进口相对应的动物及动物产品。

（2）符合中国与输出国家或者地区签订的双边检疫协定（包括检疫协议、议定书、备忘录等）。

（3）符合中国有关动物检疫法律法规和部门规章的规定。

中华人民共和国
进境动植物检疫许可证申请表

一、申请单位

编号：

<table>
<tr><td colspan="3">名称：</td><td rowspan="4">本表所填内容真实。保证严格遵守进出境动植物检疫的有关规定，特此声明。

法人签字盖章：
申请日期：　　年　月　日</td></tr>
<tr><td colspan="3">地址：</td></tr>
<tr><td>邮编：</td><td>法人代码：</td><td>联系人：</td></tr>
<tr><td>电话：</td><td colspan="2">传真：</td></tr>
</table>

二、进境后的生产、加工、使用、存放单位

名称及地址	联系人	电话	传真

三、进境检疫物

<table>
<tr><td>名称</td><td>品种</td><td>数量/重量</td><td>产地</td><td>境外生产、加工、存放单位</td><td>是否转基因产品</td></tr>
<tr><td></td><td></td><td></td><td></td><td></td><td></td></tr>
<tr><td colspan="3">输出国家或地区：</td><td colspan="2">进境日期：</td><td>出境日期：</td></tr>
<tr><td colspan="4">进境口岸：</td><td colspan="2">结关地：</td></tr>
<tr><td colspan="3">目的地：</td><td colspan="2">用途：</td><td>出境口岸：</td></tr>
<tr><td colspan="6">运输路线及方式：</td></tr>
<tr><td colspan="6">进境后隔离检疫场所：</td></tr>
</table>

四、审批意见（以下由出入境检验检疫机关填写）

<table>
<tr><td>初审机关意见：

签字盖章：
日期：　　年　月　日</td><td>审批机关意见：

经办：　审核：　签发：
经办日期：　　年　　月　　日</td></tr>
</table>

图 13-1　进境动植物检疫许可证申请表

中华人民共和国
进出境动物指定隔离检疫场使用申请表

一、申请单位

名称：			本表所填内容真实。保证严格遵守进境动物隔离检疫的有关规定，特此声明。
地址：			
邮编：	法人代码：	联系人：	
电话：	传真：		法人签字盖章： 申请日期： 年 月 日

二、隔离检疫场基本情况

名称：		法人：
地址：		容量：
联系人：	电话：	传真：
本隔离检疫场上批动物隔离检疫情况：		
动物名称：	输出（入）国家或地区：	数量：
隔离起止时间：	使用单位：	

三、申请隔离检疫的动物情况

名称：	品种：	数量：
产地：	进（出）境时间：	进（出）境口岸：
目的地：	用途：	运输路线及方式：

四、审批意见（以下由审批机关填写）

初审意见： 签字盖章： 日期： 年 月 日	审批意见： 经办： 审核： 签发： 经办日期： 年 月 日

图 13-2 进出境动物指定隔离检疫场使用申请表

中华人民共和国
进出境动物指定隔离检疫场使用证

编号：

<table>
<tr><td rowspan="3">申请单位</td><td colspan="3">名称：</td><td>法人代码：</td></tr>
<tr><td colspan="3">地址：</td><td>邮政编码：</td></tr>
<tr><td colspan="2">联系人：</td><td>电话：</td><td>传真：</td></tr>
<tr><td rowspan="3">隔离检疫场</td><td colspan="3">名称：</td><td>法人代码：</td></tr>
<tr><td colspan="3">地址：</td><td>邮政编码：</td></tr>
<tr><td colspan="2">联系人：</td><td>电话：</td><td>传真：</td></tr>
<tr><td rowspan="3">动物</td><td>品种：</td><td>数量：</td><td>产地：</td><td>用途：</td></tr>
<tr><td colspan="2">进（出）口岸：</td><td colspan="2">目的地：</td></tr>
<tr><td colspan="4">进（出）运输路线：</td></tr>
<tr><td colspan="5">签发：
年　月　日</td></tr>
<tr><td colspan="5">备注：有效期自　　年　　月　　日至　　年　　月　　日</td></tr>
</table>

图 13-3　进出境动物指定隔离检疫场使用证

中华人民共和国进境动植物检疫许可证
PERMIT TO IMPORT QUARNTINE MATERIAL INTO THE PEOPLE'S REPUBLIC OF CHINA

<table>
<tr><td rowspan="3">申请单位</td><td colspan="5">名称：</td><td>法人代码：</td></tr>
<tr><td colspan="5">地址：</td><td>邮政编码：</td></tr>
<tr><td colspan="3">联系人：</td><td colspan="2">电话：</td><td>传真：</td></tr>
<tr><td rowspan="8">进境检疫物</td><td>名称</td><td>品种</td><td>数量</td><td>重量</td><td>产地</td><td>生产、加工、存放单位</td></tr>
<tr><td></td><td></td><td></td><td></td><td></td><td></td></tr>
<tr><td colspan="3">输出国家或地区：</td><td colspan="2">进境日期：</td><td>出境日期：</td></tr>
<tr><td colspan="2">进境口岸：</td><td colspan="3">出境口岸：</td><td>指运地：</td></tr>
<tr><td colspan="2">目的地：</td><td colspan="4">用途：</td></tr>
<tr><td colspan="6">进境后的生产、加工、使用、存放单位：</td></tr>
<tr><td colspan="6">运输路线及方式：</td></tr>
<tr><td colspan="6">进境后的隔离检疫场所：</td></tr>
<tr><td>检疫要求</td><td colspan="6">签字盖章：
签发日期：</td></tr>
<tr><td colspan="7">有效期限：</td></tr>
<tr><td colspan="7">备注：</td></tr>
</table>

许可证编号：

A 0042632　第一联：申请单位存（凭此联向出入境检验检疫局报检）

图 13－4　进境动植物检疫许可证(部分)

二、境外预检

为确保引进的动物健康无病，海关总署视进口动物的品种（如猪、马、牛、羊、狐狸、鸵鸟等种畜、禽）、数量和输出国家或地区的情况，依照我国与输出国家或地区签署的输入动物的检疫和卫生条件议定书规定，派预检兽医赴输出国家或地区配合输出国家或地区官方检疫机构执行检疫任务。

1. 同输出国家或地区官方兽医商定检疫工作 了解整个输出国家或地区动物疫情，特别是拟出口动物所在省（州）的疫情，确定从符合议定书要求的省（州）的合格农场挑选动物，初步商定检疫工作计划。

2. 挑选动物 确认输出国家或地区输出动物的原农场符合议定书要求，特别是议定书要求该农场在指定的时间内（如 3 年、6 个月等）及农场周围（如周围 20km 范围内）无议定书中所规定的疫病或临诊症状等，查阅农场有关的疫病监测记录档案，询问地方兽医、农场主有关动物疫情、疫病诊治情况；对农场所有动物进行检查，保证所选动物是临诊检查健康的。

3. 原农场检疫 确认该农场符合议定书要求，检查全农场的动物是健康的，到官方认可的负责出口检疫的实验室，参与议定书规定动物疫病的实验室检验工作，并按照议定书规定的判定标准判定检验结果；符合要求的阴性动物方可进入官方认可的出口前隔离检疫场，实施隔离检疫。

4. 隔离检疫 确认隔离场为输出国家或地区官方确认的隔离场。核对动物编号，确认只有农场检疫合格的动物方可进入隔离场；到官方认可的实验室参与有关疫病的实验室检验工作及结果判定；根据检验结果，阴性的合格动物准予向中国出口；在整个隔离检疫期，定期或不定期地对动物进行临诊检查；监督对动物的体内外驱虫工作；对出口动物按照议定书规定进行疫苗注射。

5. 动物运输 拟定动物从隔离场到机场或码头至中国的运输路线并监督对运输动物的车、船或飞机的消毒及装运工作，并要求使用药物为官方认可的有效药物。运输动物的飞机、车、船不可同时装运其他动物。

三、报检

货主或其代理人在大中型动物进境前 30d，其他动物进境前 15d（演艺动物进境前 5～7d），向入境口岸和指运地海关报检。

报检时须提供有效的《进境动植物检疫许可证》、贸易合同或协议、信用证、发票、输出国家或地区官方检疫机构出具的检疫证书等单证。

如无有效检疫许可证或者输出国家或地区官方检疫机构出具的有效检疫证书，不得接受报检。如动物已抵达口岸的，视情况做退回或销毁处理，并根据《进出境动植物检疫法》的有关规定，进行处罚。

旅客携带入境的活动物仅限具有芯片或者其他有效身份证明的犬和猫，每人每次限带 1 只，报检时必须提供输出国家或地区官方动物检疫机构出具的有效检疫证书和疫苗接种证书。

四、现场检验检疫

输入动物、动物遗传物质抵达入境口岸时，动物检疫人员需登机（登船、登车）进行现场检疫。如动物输出国家或地区突发动物疫情的，根据海关总署颁布的相关公告、禁令执行。

1. 单证、记录核查

（1）核查输出国家或地区官方检疫部门出具的有效动物检疫证书（正本），并查验证书所附有关检测结果报告是否与相关检疫条款一致，动物数量、品种是否与《进境动植物检疫许可证》相符。

（2）核查输出国家或地区官方检疫机关出具的动物检疫证书或动物卫生证书中兽医签字与官方检疫机关的印章，确认符合要求。

（3）查阅运行日志、贸易合同、发票、装箱单等，了解启运时间、口岸、途经国家和地区。

（4）查看随行兽医记录，并询问运输途中动物健康状况，如有动物死亡应说明原因，由运输方提供死亡证明，并进行核对。凡不能提供有效动物检疫证书的，或者不符合《进境动植物检疫许可证》有关要求的，按相关法律法规规定处理。

2. 动物检查

（1）核对动物种类、品种、数量，检查动物健康状况，发现动物死亡或有一般性传染病可疑症状时，应做好现场检疫记录并保留影像资料。对死亡或有一般性传染病可疑症状的动物进行单独隔离，对铺垫材料、剩余饲料、排泄物等做销毁或除害处理。死亡动物应查明死因，动物尸体应经严格防疫消毒处理后封存，且禁止卸离运输工具。

（2）如发现有《一、二、三类动物疫病病种名录》《中华人民共和国进境动物检疫疫病名录》中所列的一类传染病、寄生虫病或疑似病症状的，应立即采取封锁、隔离措施，禁止动物卸离运输工具，立即上报主管部门，并启动进出境动植物检验检疫风险预警及快速反应程序。

现场检疫无异常后，允许其在指定地点卸载，动物调离至《进境动植物检疫许可证》所指定的隔离场进行隔离检疫，并签发《入境货物通关单》。

五、隔离检疫

进境动物必须在隔离检疫场进行隔离检疫。

1. 隔离检疫期 自动物全部进入隔离场开始，进境种用大中型动物的隔离检疫期为45d，冷水观赏水生动物为30d，热带观赏水生动物为14d，其他动物为30d（有其他规定的按照双边协议及海关总署要求执行），如需延长或缩短隔离期需由海关总署审批，并书面通知货主或其代理人。官方驻场兽医负责对隔离场内的动物防疫和饲养管理工作进行监督和指导。

2. 动物卸载及运输监管 对进境运输工具停泊的场地、所有装卸工具、中转运输工具进行消毒处理，上下运输工具或者接近动物的人员接受防疫消毒。

官方兽医在卸载现场（码头或机场）实行监管，并监督货主用运输工具按照事先确定的运输路线将动物运至隔离场；隔离场官方驻场兽医应在隔离场卸载动物现场进行监管，清点进场动物数量，并做好记录。

3. 动物标号核对 动物进入隔离场后，官方驻场兽医应认真核查并记录每头动物的标号（适用于有标识的动物），与输出国家或地区官方出具的动物检疫证书上注明的动物标号进行核对。

4. 实验室检测 动物到达隔离场 7d 内，按照《出入境动物检疫采样》（GB/T 18088—2000）、《进境动植物检疫许可证》及双边协议的要求进行采样和临床试验。对种蛋，孵化后 7d 内，采雏禽血样。实验室应保存样品不少于 6 个月。

依据《进境动植物检疫许可证》、双边检疫议定书规定、海关总署相关文件规定的项目进行检测。实验室应在隔离期内完成项目检测并出具检测报告。

在隔离检疫期间，发现上述检疫项目以外的动物传染病、寄生虫病可疑迹象的，应进一步实施检疫。

5. 免疫接种 进境动物在采完样品后，种牛要及时进行口蹄疫的免疫接种工作，种猪及时进行口蹄疫和猪瘟的免疫接种工作。

六、检疫处理

1. 检疫合格 经检疫合格的进境动物，在隔离期满当天向货主或其代理人签发《入境货物检验检疫证明》（图 13－5）。

入境货物检验检疫证明

编号__________

<table>
<tr><td>收货人</td><td colspan="3"></td></tr>
<tr><td>发货人</td><td colspan="3"></td></tr>
<tr><td>品　名</td><td></td><td>报检数/重量</td><td></td></tr>
<tr><td>包装种类及数量</td><td></td><td>输出国家或地区</td><td></td></tr>
<tr><td>合同号</td><td></td><td colspan="2" rowspan="4">标记及号码
N/M</td></tr>
<tr><td>提/运单号</td><td></td></tr>
<tr><td>入境口岸</td><td></td></tr>
<tr><td>入境日期</td><td></td></tr>
<tr><td colspan="4">证明
对该批＊＊进行了为期＊＊天的隔离检疫。检疫合格＊＊头，予以放行。
＊＊＊＊＊＊＊

签字：　　　　日期：　　年　　月　　日</td></tr>
<tr><td colspan="4">备注</td></tr>
</table>

图 13－5　入境货物检验检疫证明

2. 检疫不合格

（1）发病死亡检疫处理。隔离期内如有动物出现发病症状，官方兽医监督进口动

物企业进行单独隔离，对污染场地、用具和物品进行消毒；严禁转移和急宰动物；对死亡动物应留有影像资料，并做无害化处理。

（2）阳性处置。实验室出具检测报告后，官方兽医及时对不合格的动物出具《动物检疫证书》（图13-6），须做检疫处理的出具《检验检疫处理通知书》（图13-7），进行检疫处理。检出《一、二、三类动物疫病病种名录》《中华人民共和国进境动物检疫疫病名录》中所列的一类传染病、寄生虫病的，应立即采取封锁、隔离措施，并立即上报上级主管部门，全群动物做退回或者扑杀销毁处理；检出其他阳性结果的，及时对阳性动物进行扑杀销毁处理，同群动物在隔离场隔离观察。

检出上述名录之外，对畜牧业、水产业有严重危害的其他传染病、寄生虫病的，应逐级上报，经海关总署批准后根据其危害程度做相应的处理。

动 物 检 疫 证 书

VETERINARY HEALTH CERTIFICATE

收货人名称及地址 Name and Address of Consignee	
发货人名称及地址 Name and Address of Consignor	
动物种类 Species of	动物学名 Scientific Name of Animals
动物品种 Breed of Animals	产地 Place of Origin
报检数量 Quantity Declared	合同号 Contract No.
到货地点 Port of Arrival	到货日期 Date of Arrival
启运地 Place of Despatch	运输工具 Means of Conveyance

副结核病抗体阳性种羊耳号为：

黏膜病和边界病抗体阳性种羊耳号为：

共有5头种羊检出三类疫病，分别为：

羊衣原体病抗体阳性种羊耳号为：

上述所有检出抗体阳性的种羊都进行了扑杀销毁处理。

另：在隔离检疫期间有　　头种羊死亡，耳号分别为：

印章

Official Stamp

签证地点 Place of Issue ________　　签证日期 Date of Issue ________

官方兽医 Official Veterinarian ________　　签　　名 Signature ________

图13-6　动物检疫证书

检验检疫处理通知书

NOTIFICATION OF INSPECTION AND QUARATINE TREATMENT

Entry - Exit Inspection and Quarantine of the P. R. China

编号 No. ________________

____

根据中华人民共和国有关法律法规，经对________________检验检疫，因________________须做________________处理，特此通知。

* * * * * * * * * * *

签字 Signature： 日期 Date：

图 13-7 检验检疫处理通知书

七、材料管理

种用动物隔离检疫结束后，隔离场所在地海关按照《进境动物指定隔离场使用监督管理办法》的规定，总结和整理检疫过程中的所有报检单证、原始记录、有关资料，并存档，档案保存期至少5年；进口奶牛和种猪的，在隔离检疫结束后，及时将相关信息录入进口奶牛检疫管理系统和进口种猪检疫管理系统。

任务二 进境动物遗传物质的检疫

动物遗传物质是指哺乳动物的精液、胚胎和卵细胞。

从境外引进动物遗传物质的，应当向省级人民政府农业农村主管部门提出申请；受理申请的农业农村主管部门经审核，报国务院农业农村主管部门，经评估论证后批准。经批准的，依照《进出境动植物检疫法》的规定办理相关手续并实施检疫。

一、检疫审批

在签订输入动物遗传物质的贸易合同或协议之前，货主或其代理人向海关总署提出申请，办理检疫审批手续。

1. 货主或其代理人在申请时须提交的文件

（1）申请单位的法人资格证明文件。

（2）《进境动植物检疫许可证申请表》。

（3）《进境动物遗传物质使用单位备案表》。

（4）使用单位备案表、申请单位与使用单位不一致的，须提交代理进口合同或协议。

2. 检疫审批的依据 符合下列条件的，海关做出同意入境的审批决定，并签发《进境动植物检疫许可证》。

（1）输出和途经国家或者地区无相关的动物疫情。

（2）符合中国与输出国家或者地区签订的双边检疫协定（包括检疫协议、议定书、备忘录等）。

（3）符合中国有关动植物检疫法律法规和部门规章的规定。

二、报检

货主或其代理人在动物遗传物质进境前30d，向进境地海关报检。

报检时须提供有效的《进境动植物检疫许可证》、贸易合同或协议、信用证、发票、输出国家或者地区官方检疫机构出具的检疫证书等单证，并在贸易合同或有关协议中注明我国的检疫要求。

无有效检疫许可证或者输出国家/地区官方检疫机构出具的有效检疫证书，不得接受报检。如动物遗传物质已抵达口岸的，视情况做退回或销毁处理，并根据《进出境动植物检疫法》的有关规定，进行处罚。

三、现场检验检疫

动物遗传物质运抵进境口岸时，检验检疫人员实施现场检疫。

（1）查验检疫证书是否符合《进境动植物检疫许可证》以及我国与输出国家或地区签订的双边检疫协定的要求。

（2）核对货、证是否相符。

（3）检查货物的包装、保存状况。

现场检疫合格的，予以签发《入境货物通关单》，调往《进境动植物检疫许可证》指定的地点实施检疫。

四、检疫处理

按照《进境动植物检疫许可证》的要求对进境动物遗传物质实施检疫。

1. 检疫合格 检疫合格的动物遗传物质，签发《入境货物检验检疫证明》，准予入境。

2. 检疫不合格 经检疫不符合规定判定为不合格的，签发《检验检疫处理通知书》，做退回或者销毁处理。需要对外索赔的，出具相关证书。

五、检疫监督管理

所在地海关对进境动物遗传物质的加工、存放、使用实施检疫监督管理；对动物遗传物质的第一代后裔实施备案；所在地海关根据需要，可对动物遗传物质后裔的健康状况进行监测。使用单位应当填写《进境动物遗传物质检疫监管档案》，接受所在地海关监管。

检疫过程中的所有单证、原始记录、有关资料，由相应部门归档保存。

任务三　进境动物产品的检疫

动物产品按照用途一般分为非食用动物产品和食用动物产品。非食用动物产品是指非直接供人类或者动物食用的动物副产品及其衍生物和加工品，如动物皮张、毛类、纤维、骨、蹄、角、油脂、明胶、标本、工艺品、内脏、动物源性肥料、蚕产品、蜂产品、水产品、奶产品等。食用动物产品包括肉、禽蛋、肉制品、禽蛋制品、肠衣和水产品等。

凡进入我国国境的未经加工或虽经加工但仍可能传播疫病的动物产品均应接受检疫，经检疫合格后方准进境。

进境动物产品的检疫流程

一、检疫准入

海关总署对进境动物产品实施检疫准入制度，包括产品风险分析、监管体系评估与审查、确定检验检疫要求、境外生产企业注册登记等。根据风险分析、评估审查结果，海关总署与输出国家或者地区主管部门协商确定向中国输出动物产品的检验检疫要求，并商签有关双边协定或者确定检验检疫证书。

向中国输出动物产品的境外生产加工企业应当符合输出国家或者地区法律法规和标准的相关要求，并达到中国有关法律法规和强制性标准的要求。海关总署对向中国输出动物产品的境外生产加工企业实施注册登记制度。

海关总署定期公布注册登记的境外生产加工企业。

二、检疫审批

进境食用动物产品和具有Ⅰ级、Ⅱ级风险的非食用动物产品需要办理《进境动植物检疫许可证》。

在签订贸易合同或协议之前，货主或其代理人向海关总署提出申请，办理检疫审批手续。

1. 货主或其代理人在申请时须提交的文件。

（1）申请单位的法人资格证明文件。

（2）《进境动植物检疫许可证申请表》。

（3）生产、加工、使用、存放企业所在地海关出具的考核报告。

（4）如果申请单位与生产、加工、使用、存放企业不是同一单位的，需提供申请单位与生产、加工、使用、存放企业签署的加工协议。

2. 检疫审批的依据　符合下列条件的，海关做出同意入境的审批决定，并签发《进境动植物检疫许可证》。

（1）输出和途经国家或者地区无相关的动物疫情。

（2）符合中国与输出国家或者地区签订的双边检疫协定（包括检疫协议、议定

书、备忘录等)。

(3) 符合中国有关动植物检疫法律法规和部门规章的规定。

(4) 进境后需要对生产、加工过程实施检疫监督的动物产品，审查其运输、生产、加工、存放及处理等环节是否符合检疫防疫及监管条件，根据生产、加工企业的加工能力核定其进境数量。

三、报检

货主或其代理人在动物产品进境前或者进境时向进境地海关报检。报检时需提供原产地证书、贸易合同或协议、发票、提单、输出国家或者地区官方检疫检验机构出具的检疫证书等单证，须办理检疫审批的应当提供检疫许可证。

对有证书要求的产品，无有效检疫许可证或者输出国家或地区官方检验检疫机构出具的有效检疫证书，不得接受报检。如动物已抵达口岸的，视情况做退回或销毁处理，并根据《进出境动植物检疫法》的有关规定，进行处罚。

四、现场检验检疫

动物产品运抵进境口岸时，口岸检验检疫人员实施现场检疫。

因口岸条件限制等原因，进境后应当运往指定企业检疫的非食用动物产品，由进境口岸检验检疫部门实施现场查验和相应防疫消毒处理后，通知指定企业所在地海关。货主或者其代理人将非食用动物产品运往检疫许可证列明的指定企业后，应当向指定企业所在地海关申报，由指定企业所在地海关实施检验检疫，并对存放、加工过程实施检疫监督。

1. 进境非食用动物产品现场查验

(1) 查询启运时间、港口、途经国家或者地区、装载清单等，核对单证是否真实有效，单证与货物的名称、数（重）量、输出国家或者地区、包装、唛头、标记等是否相符。

(2) 检查包装、容器是否完好，集装箱号、铅封号是否与检疫证书一致，是否带有动植物性包装、铺垫材料并且符合我国相关规定。

(3) 查验有无腐败变质现象，有无携带有害生物、动物排泄物或者其他动物组织等。

(4) 检查有无携带动物尸体、土壤及其他禁止进境物品。

2. 进境肉类产品现场查验

(1) 检查运输工具是否清洁卫生、有无异味，控温设备设施运作是否正常，温度记录是否符合要求。

(2) 核对货证是否相符，包括集装箱号码和铅封号、货物的品名、数（重）量、输出国家或者地区、生产企业名称或者注册号、生产日期、包装、唛头、输出国家或者地区官方证书编号、标志或者封识等信息。

(3) 查验包装是否符合食品安全国家标准要求。

(4) 检查预包装肉类产品的标签是否符合要求。

(5) 对鲜冻肉类产品还应当检查新鲜程度、中心温度是否符合要求、是否有病变以及肉眼可见的寄生虫包囊、生活害虫、异物及其他异常情况，必要时进行蒸煮试验。

现场查验未发现异常的，检验检疫机构依照规定对动物产品采样，进行实验室检验检疫。

动物产品符合要求的，允许卸离运输工具。装运进口动物产品的运输工具、集装箱、包装外表、铺垫材料、污染场地等，在进境地海关的监督下实施防疫消毒处理。

五、检疫处理

1. 检疫合格 检疫合格的动物产品，签发《入境货物检验检疫证明》，准予入境。

2. 检疫不合格 经检疫不符合规定判定不合格的，签发《检验检疫处理通知书》，做退回或者销毁处理。需要对外索赔的，出具相关证书。

（1）属于法律法规禁止进境的、带有禁止进境物的、货证不符的、发现严重腐败变质的，做退回或者销毁处理。

（2）无有效证书的，未获得注册的生产企业生产的，做退回或者销毁处理。

（3）带有检疫性有害生物的，按照有关规定进行检疫处理。不能有效处理的，做退回或者销毁处理。

六、检疫监督管理

所在地海关对进境动物产品存放、加工过程实施检疫监督制度，并负责指定企业的日常监督和年度审查。

检验检疫过程中的所有单证、原始记录、有关资料，由相应部门归档保存。

任务四 出境活动物的检疫

出境活动物检疫是指对输出到境外的供屠宰食用、种用、养殖、观赏、演艺、科研等用途的活动物出境前的检疫。

出境活动物的检疫流程

一、注册登记

对出口动物的养殖企业实施注册登记制度是国际通用做法。通过注册登记，一方面对养殖企业卫生防疫条件进行评估和考核，另一方面通过所在地海关的监管，规范和提高养殖企业的防疫管理水平。

1. 注册申请 申办出境动物养殖企业注册，出境动物养殖企业或其代理人应向所在地海关提出注册登记申请，提交《注册申请表》《企业法人营业执照》，饲养场平面图和彩色照片（包括饲养场全貌，大门，进出场及生产区通道，饲养舍内、外景，更衣消毒室，饲料库，兽医库，病情隔离舍，死禽处理设施，粪便污水处理设施及出、入场隔离检疫舍等）以及饲养管理制度和动物卫生防疫制度等资料。

2. 审核批准 所在地海关根据出境动物注册饲养场条件和动物卫生基本要求进行现场考核，必要时抽样送实验室进行检验。审核考核合格的，报海关总署批准后准予注册，由所在地海关发给《出境动物养殖企业注册证》（图 13－8），并报出境海关备案。实行一场一证一注册登记号制度，注册登记证有效期 5 年，有效期满后继续饲养出口动物的饲养场，须在期满前 6 个月重新申办注册登记。

对取得检疫注册资格的饲养场每年进行一次年度审核，对与饲养地停产、迁址或变更法人的，须报告批准注册的所在地海关，迁址或变更法人的，需经重新审核考核、确认注册登记。

出口动物育肥场、中转场（仓）、中转包装场参照上述规定办理注册登记和年度审核。

中华人民共和国质量监督检验检疫
出境动物养殖企业注册证

（正本）

注册编号：

单位名称：

法定代表人：

法定地址：

注册项目：

注册场地址：

有效期：　　年　月　日至　　年　月　日

发证机关（公章）：

中华人民共和国国家出入境检验检疫局制

中华人民共和国出入境检验检疫出境动物养殖企业注册证

（副本）

注册编号：

单位名称：

法定代表人：

注册项目：

注册场地址：

年　度	年审结果

有效期：　　年　月　日至　　年　月　日

发证机关（公章）：

中华人民共和国国家出入境检验检疫局制

图 13-8　出境动物养殖企业注册证

二、检疫监督

养殖企业所在地海关对出境动物的饲养过程实施检疫监督，检疫监督内容主要包括以下几个方面。

（1）所在地海关检查注册饲养场的动物卫生防疫制度落实情况、动物卫生状况、饲料及药物的使用等，并将检查结果填入注册饲养场管理手册。

（2）所在地海关对注册饲养场实施疫情监测。发现重大疫情时，应立即启动和实施进出境重大动物疫情应急预案，并于12h内向海关总署报告。

（3）所在地海关对注册饲养场开展药物残留监测。注册饲养场不得饲喂、存放和输入国家或者地区禁止使用的药物和动物促生长剂。对允许使用的药物和动物促生长剂，要遵守国家有关药物使用规定，特别是停药期的规定，并须将使用药物和动物促生长剂的名称、种类、使用时间、剂量、给药方式等填入管理手册。

（4）注册饲养场应建立疫情报告制度。发现疫情或疑似疫情时，必须及时采取紧急预防措施，并于12h内向所在地海关报告。

（5）注册饲养场的免疫程序必须报所在地海关备案，严格按规定的程序进行免疫，严禁使用国家禁止使用的疫苗。

（6）注册饲养场须保持良好的环境卫生，切实做好日常防疫消毒工作，定期消毒饲养场地和饲养用具，定期灭鼠、灭蚊蝇。进出注册场的人员、车辆和笼具必须严格消毒。

三、报检

货主或其代理人应在动物出境前向启运地海关预报检，一般有隔离检疫要求的，提前60d预报检，隔离检疫前7d正式报检；有检疫要求的，提前30d预报检；无检疫要求的，一般提前7d报检。填写《出境货物报检单》，提交贸易合同、输入国家或地区法定和贸易合同规定的动物检验检疫要求以及与所输出动物有关的资料。输入国家或地区要求中国对向其输出的动物养殖企业注册登记的，须提供《出境动物养殖企业注册证》，不要求来自注册饲养场的，须出示县级以上农业农村主管部门签发的《动物检疫合格证明》；输出属于国家规定的保护动物的，货主或其代理人须提交国家濒危物种进出口管理机构核发的允许出口证明书；出境种用畜禽的，货主或其代理人应当向省级人民政府农业农村主管部门提出申请，报国务院农业农村主管部门批准。

海关受理报检后，应核对出境动物养殖企业注册登记号、出口公司备案资料、合同或信用证、发票及其他必要的单证，经审核符合出境检验检疫报检规定的，接受报检。否则，不予受理。

四、隔离检疫

输入国家或地区要求进行隔离检疫的，按照有关隔离场管理办法的要求对临时隔离场进行考核，并出具临时隔离场使用许可证；从注册饲养场输出的动物，可在注册饲养场隔离区进行隔离检疫。

隔离动物一般进行群体检查，必要时进行个体检查，并依据输入国家或地区及我

国有关动物检验检疫规定和贸易合同的要求，进行实验室检验。

检验检疫合格的，根据需要，对检验检疫合格的动物加施检验检疫标志；出具《动物卫生证书》（图 13－9）《出境货物通关单》或《出境货物换证凭单》，准予出境。不合格的，出具《出境货物不合格通知单》，不准出境。

《出境货物通关单》适用于从本局辖区口岸直接出境的出境动物；《出境货物换证凭单》适用于从其他直属局辖区口岸出境的出境动物。

中华人民共和国出入境检验检疫

ENTRY-EXIT INSPECTION AND QUARANTINE
OF THE PEOPLE'S REPUBLIC OF CHINA

动物卫生证书　　　　编号 No. ________

ANIMAL HEALTH CERTIFICATE

发货人名称及地址
Name and Address of Consignor ________

收货人名称及地址
Name and Address of Consignee ________

动物种类 Species of Animals	猪	动物学名 Scientific Name of Animals	（不填）
动物品种 Breed of Animals	（例：长白猪）	产地 Place of Origin	××省（市）××市（区）××县
送诊数量 Quantity Declared	（以实际发送数量，例 120 头）	检测日期 Date of Inspection	××××年××月××日
发送地 Place of Despatch	××省（市）××市（区）××县	发货日期 Date of Despatch	××××年××月××日
到达国家/地区 Country/Region of Destination	香港（或者澳门）	运输工具 Means of conveyance	（运输工具名称、编号，如）火车及其车次/船舶及其船名

兹证明：

1.上述动物来自检验检疫机构注册的饲养场，注册场名称：________ 注册场编号（针印号）：________；

2.经检查，上述动物健康状况良好，未发现狂犬病、口蹄疫、猪水疱病、流行性乙型脑炎、猪肺疫、猪丹毒及其他动物传染病、寄生虫病的临床症状；

3.日常监督管理及抽样监测表明，上述动物未饲喂或使用氯霉素、阿伏霉素、盐酸克伦特罗、沙丁胺醇、己二烯雌酚、己烷雌酚、己烯雌酚等药品，其他允许使用的药物符合港澳特区政府的要求，没有证据表明动物体内的药物残留超过了规定的最高残留限量。

出境日期：　　　　出境动物数量：

检疫官员：　　　　出境局签章：

印章
Official Stamp

签证地点 Place of Issue ________ 签证日期 Date of Issue ××××年××月××日

官方兽医 Official Veterinarian （印刷体） 签 名 Signature ________

印刷流水号位置

图 13－9　动物卫生证书（猪）

五、监装和运输监管

1. 监装 监装时，确认出境动物来自海关总署注册饲养场，经隔离检疫合格；临诊检查无任何传染病、寄生虫病症状和伤残；动物运输途中所用饲料、饲草及铺垫材料必须来自非疫区；运输工具及装载器具经消毒处理，符合动物卫生要求；核定出境动物数量，检查检验检疫标识。

2. 运输监管 出境大、中动物，国内运输过程的押运必须由海关培训考核合格的押运员负责。押运员在押运过程中须做好运输途中的饲养管理和防疫消毒工作，不得串车，不准沿途抛弃、出售或随意卸下病、残、死动物及其饲料、粪便、垫料等，要做好押运记录。运输途中发现重大疫情时应立即向启运地动物卫生监督机构和所在地动物卫生监督机构报告，同时采取必要的防疫措施。出境动物抵达离境口岸时，押运员需向离境口岸海关提交押运记录，途中所带物品和用具需在离境口岸海关监督下进行有效消毒处理。

六、离境检验检疫

经启运地海关检验检疫合格的出境动物运抵口岸后，由离境口岸海关实施离境检验检疫。

1. 离境申报 出境动物运抵离境口岸后，货主或其代理人应向离境口岸海关申报。启运地口岸与离境口岸不属于同一海关管辖的，货主或其代理人提供启运地海关出具的《动物卫生证书》和《出境货物换证凭单》；启运地口岸与离境口岸属于同一直属海关管辖的，货主或其代理人提供启运地海关出具的《动物卫生证书》和《出境货物通关单》；首次申报的，还需提供《出境动物养殖企业注册证》正本和副本影印件进行备案。

2. 现场查验 离境口岸海关受理申报后，对出境动物实施临诊检查，核定出口动物数量，核对货证相符，查验检验检疫标识，必要时进行复检。

3. 检验处理

（1）查验合格，准予出境。在启运地海关签发的《动物卫生证书》上加签出境日期、数量、检疫员姓名，加盖检验检疫专用章，并根据启运地海关出具的《出境货物换证凭单》，签发《出境货物通关单》；启运地与离境口岸属于同一海关的，应核对启运地签发的《出境货物通关单》。

（2）查验不合格，不准出境。

七、资料归档

检疫结束后，离境口岸海关总结和整理检疫过程中的所有单证、原始记录、有关资料，并存档。

任务五　出境动物产品的检疫

出境动物产品检疫是指对输出到国外或我国港澳特区未经加工或虽经加工但仍有可能传播疫病的动物产品实施的检疫。

出境动物产品检疫程序包括注册登记、报检、现场检验检疫、实验室检验检疫、检疫处理、离境口岸查验等。

一、注册登记

出境动物产品的检疫流程

输入国家或者地区要求中国对向其输出动物产品的生产、加工、存放企业注册登记的，出境生产加工企业应向所在地海关申请办理注册登记。考核合格的，为出境非食用动物产品生产加工企业颁发《出境非食用动物产品生产、加工、存放企业检验检疫注册登记证》，为出境食用动物产品生产加工企业颁发《出口食品生产企业备案证明》。

二、报检

货主或其代理人一般在报关或装运前 7d 向出口生产加工企业所在地海关报检。对有特殊要求、检验检疫周期较长的，可视情况适当提前。

报检单位填写《出境货物报检单》，提交贸易合同、信用证、发票、装箱单、加工企业的产品检验合格单证、出口商品运输包装性能检验结果单、出口产品加工用原料供货证明材料等；使用进口原料肉的，还应附《入境货物检验检疫证明》复印件；出境非食用动物产品须提供《出境非食用动物产品生产、加工、存放企业检验检疫注册登记证》；出境食用动物产品须提供《出口食品生产企业备案证明》。

所在地海关受理报检后，核对报检单内是否完整、准确、真实，所提供的单证是否齐全、一致、有效。经审核，符合《检验检疫受理报检工作规范》要求的，接受报检；变造、伪造单证的，应没收，并按有关规定处理；单证不全、无效的，不受理报检，待补齐有关单证后重新报检。

三、现场检验检疫

1. 查证 核对单证与货物的名称、数（重）量、生产日期、批号、包装、唛头、出境生产企业名称或者注册登记号等是否相符，审核屠宰动物的饲养场注册备案情况，审核屠宰动物的产地检疫合格证明和屠宰检疫合格证明。

2. 货物现场检验

（1）感官检验。检查产品规格、外观、色泽、组织状态、黏度、气味、异物、异色等有关项目，确定是否存在检疫问题。

（2）包装查验。检查包装、容器是否完好，内外包装是否卫生、完整，是否破损、被污染。

（3）标识查验。查验品名、产品批号或生产日期、加工或屠宰日期、唛头、产地等信息标注是否清晰完整，是否与内容物相符；查验检疫标识。

（4）记录核查。核查货物原料验收、卫生防疫、生产加工（温度、时间、压力、pH 等）、存放、自检自控、追溯等过程和记录是否符合相关要求。

3. 抽样 根据《出入境动物检疫采样》（GB/T 18088—2000）、输入国家或者地区的要求进行抽样，出具《抽/采样凭证》。

四、实验室检验

对抽取样品进行感官检验，并根据输入国家或地区法定及贸易合同规定的检验检疫要求和标准，进行理化、微生物、寄生虫、有毒有害物质残留等项目的实验室检验。

五、出证

根据日常监管情况、现场检验检疫情况、实验室检测结果，进行综合判定。

1. 合格产品 检验检疫合格的，出具《出境货物通关单》或《出境货物换证凭单》《兽医卫生证书》等相关证书。检验检疫不合格的，经有效方法处理并重新检验检疫合格的，可以按照规定出具相关单证，准予出境。

我国尚未与进口国家或地区确认卫生证书样本的，按照现有格式和内容出具，证书出具的内容必须有充足的证据证明；进口国家或地区不要求出具证书的，按照规定检验检疫合格后方可放行。

2. 不合格产品 经检验检疫为不合格的，且无有效方法处理或者虽然经处理重新检验检疫仍不合格的，不予出境，并出具《出境货物不合格通知单》。

六、离境口岸查验

离境口岸海关按照出境货物换证查验的相关规定查验，重点检查货证是否相符。查验合格的，凭产地海关出具的《出境货物换证凭单》或者电子转单换发《出境货物通关单》，准予放行。查验不合格的，不予放行。

七、监督管理

出境生产加工企业所在地海关，对出境动物产品的生产、加工及存放过程实施检疫监督，检疫监督内容主要包括以下几个方面。

（1）兽医卫生防疫制度的执行情况。

（2）自检自控体系运行，包括原辅料、成品自检自控情况、生产加工过程控制、原料及成品出入库及生产、加工的记录等。

（3）《检验检疫监督管理手册》填写情况。

检验检疫过程中的所有单证、原始记录、有关资料，由相应部门归档保存。

任务六　过境活动物、动物产品的检疫

过境检疫是指对境外活动物、动物产品在事先得到批准的情况下，途经中华人民共和国境运往第三国或地区实施的检疫。根据《进出境动植物检疫法》及其实施条例，检验检疫机构对过境活动物和动物产品依法实施检验检疫和全程监督管理。

过境动物的检疫流程

检疫程序包括注册登记、报检、现场检验检疫、实验室检验检疫、检疫处理、离境口岸查验等。

一、过境活动物检疫

过境活动物必须是经输出国或地区检验检疫合格的，并有输出国或地区官方机构出具的动物检疫证书。

（一）检疫审批

动物入境前，货主或其代理人须直接向海关总署提出动物过境检疫申请，按要求

填写《中华人民共和国动物过境检疫申请表》，说明拟过境的路线，并提供输出国（地区）官方机构出具的动物检疫证书复印件，目的地或运输途经下一个国家（地区）官方机构出具的动物进境检疫许可证或动物接收证复印件。

有以下情况者，过境申请不被批准。

（1）输出国家（地区）或进入中国国境前所途经国家（地区）发生一类动物传染病、新发病或其他严重威胁我国畜牧业和人体健康的疾病，拟过境动物属该疫病的易感动物。

（2）无输出国（地区）官方检验检疫证书。

（3）无目的地或运输途经下一个国家（地区）官方机构出具的动物进境检疫许可证或动物接收证。

（二）入境报检

动物入境前或入境时，承运人或押运人应向《动物过境检疫许可证》指定的入境口岸海关报检，并提供货运单、输出国（地区）官方动物检疫证书正本、输出国（地区）或途经国（地区）官方机构出具的过境动物使用饲料及铺垫材料检疫证书正本、海关总署签发的《动物过境检疫许可证》。

入境口岸海关对以上证单进行审核，审核合格者由入境口岸海关签发《入境货物通关单》，将过境动物调离到离境口岸。通关单上注明动物过境期间的检疫防疫要求。

无《动物过境检疫许可证》及输出国（地区）官方机构出具的动物检疫证书的，入境口岸海关将不予受理报检，动物不得过境。《动物过境检疫许可证》超过有效期的，在规定期限内补办过境检疫许可手续后，可重新办理报检手续。

（三）入境口岸现场检验检疫

动物到达前货主或其代理人要提前预报准确的到港时间，并做好通关和接卸准备。动物到达入境口岸后，口岸检验检疫人员将对过境动物实施现场检验检疫，未经现场检验检疫合格，任何人不得擅自将动物卸离运输工具。

1. 现场检验检疫的内容

（1）登机（轮）了解动物启运时间、港口、途径国家（地区），并与《过境许可证》的有关要求进行核对。向承运人了解饲养管理、患病、死亡及饲料等情况。

（2）查验产地国（地区）官方检疫证书、货运单、贸易合同等，核对是否货证相符。

（3）检查装载过境动物的运输工具、笼具是否完好并能防止渗漏。动物在吸血昆虫活动季节过境时，其运输工具、笼具还须装置有效的防护设施。

（4）在指定的场所对过境动物进行临诊检查，观察动物是否有传染病症状、死亡、流产、异常排泄物等，有传染病症状的，采样送检验室检验。

（5）对装载过境动物的运输工具、笼具、接近动物的人员以及被污染的场地做防疫消毒处理；对过境动物的尸体、排泄物、铺垫材料及其他废弃物按防疫要求进行处理。经现场检验检疫合格的，同意卸离运输工具，运往指定的出境口岸。

2. 现场检验检疫处理

（1）货证不符或不能提供有效产地国（地区）官方检疫证书的，不准过境。

（2）临诊检查发现动物急性死亡或有一、二类动物传染病、寄生虫病症状的，全群动物不准过境。

（3）经检查发现运输工具、笼具有可能造成途中散漏的，承运人或押运人应按检验检疫机关的要求采取密封措施，无法采取密封措施的，不准过境。

（4）过境动物的饲料、铺垫材料受病虫害污染的，做除害处理，无法处理的，不准过境和做销毁处理。

（5）动物到达前或到达时，产地国或地区突发动物疫情，按海关总署相关公告、禁令执行。

（四）过境期间的检疫监督

海关对过境动物实施全程监督，主要的监管要求如下。

（1）过境期间，未经过境地海关同意，不得将过境动物卸离运输工具。

（2）过境动物须按指定路线在中国境内运输，入境地海关对其在中国境内的运输全过程实施检疫监督管理，可根据《动物过境检疫许可证》的要求，派员监运过境动物至离境口岸，货主或其代理人负责押运人员的一切费用。

（3）过境期间动物尸体、排泄物、铺垫材料及其他废弃物必须按照有关规定，进行无害化处理，不得擅自抛弃。

（4）上下过境动物运输工具的人员须经过境地海关允许，并接受必要的防疫消毒处理。

（5）需在中国境内添装饲料、铺垫材料的，应事先征得过境地海关的同意，所添装的饲料、铺垫材料应来自非疫区并符合兽医卫生要求。

动物过境途中发生一类动物传染病、寄生虫病，全群扑杀；发生二类动物传染病、寄生虫病，扑杀阳性动物。

（五）离境检疫

过境动物离境时，承运人凭入境口岸海关签发的《入境货物通关单》向离境口岸海关申报，离境口岸海关验证放行，不再实施检疫。

二、过境动物产品的检验检疫

动物产品过境无须事先取得检疫许可证。承运人或押运人可在动物产品入境前或入境时向入境口岸海关申请办理检验检疫手续。

过境动物产品的检疫流程

（一）入境报检

过境动物产品入境报检须提供货运单复印件和输出国官方检疫证书正本。

入境口岸海关对以上证单进行审核，审核合格者，签发《入境货物通关单》，将货物调离到出境口岸。

（二）入境口岸现场检验检疫

入境口岸海关按以下要求对过境动物产品实施现场检验检疫。

1. 现场检验检疫的内容

（1）登机（轮、车）查询启运时间、港口、途径国家或地区，查看航行日志。

（2）查验货证，检查货物品名、数（重）量、产地、包装规格、唛头等是否与单证相符。

（3）检查装载过境动物产品的运输工具、装载容器、包装是否完好并能防止渗漏。

（4）对装载过境动物产品的运输工具、装载容器、包装、装卸动物产品的人员以及被污染的场地做防疫消毒处理。

（5）未经入境口岸海关同意，不得拆开包装或将过境动物产品卸离运输工具。

2. 现场检验检疫处理

(1) 货证不符，不准过境。

(2) 经检查发现运输工具、装载容器、包装有可能造成途中散漏的，承运人或押运人应按入境口岸海关的要求采取密封措施，无法采取密封措施的，不准过境。

(3) 发现货物被一、二类传染病、寄生虫病病原体污染的，做除害处理，无法处理的，不准过境。

经现场检验检疫合格，同意卸离运输工具，运往指定的出境口岸。过境期间，未经过境地海关同意，不得拆开包装或将过境动物产品卸离运输工具，必要时入境口岸海关可对过境动物产品施加封识。

(三) 离境检疫

过境动物产品离境时，承运人凭入境口岸海关签发的《入境货物通关单》向离境口岸海关申报，离境口岸海关验证放行，不再实施检疫。

知识拓展

拓展知识一 进境动物、动物产品的检疫处理方式

对违章进境或经检疫不合格的进境动物、动物产品采取除害、扑杀、销毁、退回、截留、封存、不准入境、不准过境等处理方式。

1. 除害 通过物理、化学等方法杀灭有害生物，包括熏蒸、消毒、高温、低温辐照等。

2. 扑杀 对经检疫不合格的动物，用不放血的方法进行宰杀，消灭传染源。

3. 销毁 用化学处理、焚烧、深埋或其他有效方法，彻底消灭病原体及其载体。

4. 退回 对尚未卸离运输工具的不合格检疫物，可用原运输工具退回输出国(地区)；对已卸离运输工具的不合格检疫物，在不扩大传染的前提下，由原入境口岸在检验检疫机构的监管下退回输出国（地区）。

5. 截留 对旅客携带的检疫物，经现场检疫认为需要除害或销毁的，签发《出入境人员携带物留验/处理凭证》，作为检疫处理的辅助手段。

6. 封存 对需进行检疫处理的检疫物，应及时予以封存，防止疫情扩散，也是检疫处理的辅助手段。

拓展知识二 我国禁止携带、邮寄进境的动物及动物产品名录

(1) 活动物（犬、猫除外），包括所有的哺乳动物、鸟类、鱼类、两栖类、爬行类、昆虫类和其他无脊椎动物，动物遗传物质。

(2)（生或熟）肉类（含脏器类）及其制品；水生动物产品。

(3) 动物源性奶及奶制品，包括生奶、鲜奶、酸奶，动物源性的奶油、黄油、奶酪等奶类产品。

(4) 蛋及其制品，包括鲜蛋、皮蛋、咸蛋、蛋液、蛋壳、蛋黄酱等蛋源产品。

(5) 燕窝(罐头装燕窝除外)。

(6) 油脂类,皮张、毛类,蹄、骨、角类及其制品。

(7) 动物源性饲料(含肉粉、骨粉、鱼粉、乳清粉、血粉等单一饲料)、动物源性中药材、动物源性肥料。

拓展知识三 我国进境动物检疫疫病名录

(一类传染病、寄生虫病)

口蹄疫(Foot and mouth disease)、猪水疱病(Swine vesicular disease)、猪瘟(Classical swine fever)、非洲猪瘟(African swine fever)、尼帕病(Nipa virus encephalitis)、非洲马瘟(African horse sickness)、牛传染性胸膜肺炎(Contagious bovine pleuropneumonia)、牛海绵状脑病(Bovine spongiform encephalopathy)、痒病(Scrapie)、蓝舌病(Bluetongue)、小反刍兽疫(Peste des petits ruminants)、绵羊痘和山羊痘(Sheep pox and Goat pox)、高致病性禽流感(Highly pathogenic avian influenza)、新城疫(Newcastle disease)、埃博拉出血热(Ebola haemorrhagic fever)。

思政园地

党的二十大报告提出,我国已成为一百四十多个国家和地区的主要贸易伙伴,货物贸易总额居世界第一,吸引外资和对外投资居世界前列,形成了更大范围、更宽领域、更深层次对外开放格局。报告也明确指出,随着对外经济贸易的发展,加强生物安全管理,防治外来物种侵害也愈发重要。

2022 年 8 月 1 日,农业农村部、自然资源部、生态环境部、海关总署四部门公布的《外来入侵物种管理办法》正式实施,对源头预防、监测预警、治理修复等方面作出规定,全力构建生物安全监管预警防控体系。

思考:做好动物及动物产品进出境检疫对防治外来物种侵害有何重要意义?

1. 活动物进境时,货主或其代理人在申请检疫时须提交哪些材料?
2. 在隔离检疫场,如何对进境动物进行隔离检疫?
3. 动物遗传物质进境时,检疫审批的依据是什么?
4. 如何处理检疫不合格的进境动物产品?
5. 出口动物的养殖企业如何进行注册登记?
6. 如何对出境动物产品实施现场检验检疫?

参考文献

白文彬，于康震，2002. 动物传染病诊断学［M］. 北京：中国农业出版社.

陈溥言，2006. 家畜传染病学［M］. 5版. 北京：中国农业出版社.

陈继明，2008. 重大动物疫病监测指南［M］. 北京：中国农业科学技术出版社.

陈杖榴，2009. 兽医药理学［M］. 3版. 北京：中国农业出版社.

费恩阁，李德昌，丁壮，2004. 动物疫病学［M］. 北京：中国农业出版社.

甘孟侯，杨汉春，2005. 中国猪病学［M］. 北京：中国农业出版社.

胡新岗，桂文龙，2012. 动物防疫技术［M］. 北京：中国农业出版社.

鞠兴荣，2008. 动植物检验检疫学［M］. 北京：中国轻工业出版社.

李长友，秦德超，肖肖，2011. 一二三类动物疫病释义［M］. 北京：中国农业出版社.

李舫，2014. 动物微生物与免疫技术［M］. 2版. 北京：中国农业出版社.

刘秀梵，2012. 兽医流行病学［M］. 3版. 北京：中国农业出版社.

刘跃生，2011. 动物检疫［M］. 杭州：浙江大学出版社.

陆承平，2013. 兽医微生物学［M］. 5版. 北京：中国农业出版社.

宁宜宝，2008. 兽用疫苗学［M］. 北京：中国农业出版社.

童光志，2008. 动物传染病学［M］. 北京：中国农业出版社.

王功民，马世春，2011. 兽医公共卫生［M］. 北京：中国农业出版社.

汪明，2003. 兽医寄生虫学［M］. 3版. 北京：中国农业出版社.

王志亮，陈义平，单虎，2007. 现代动物检验检疫方法与技术［M］. 北京：化学工业出版社.

徐百万，2010. 动物疫病监测技术手册［M］. 北京：中国农业出版社.

徐朝哲，2011. 进出境动物检疫技术手册［M］. 北京：中国标准出版社.

闫若潜，李桂喜，孙清莲，2014. 动物疫病防控工作指南［M］. 3版. 北京：中国农业出版社.

杨廷桂，陈桂先，2011. 动物防疫与检疫技术［M］. 北京：中国农业出版社.

张苏华，刘佩红，沈素芳，2007. 动物产地检疫员手册［M］. 上海：上海科学技术出版社.

Saif Y M，2012. 禽病学［M］. 12版. 苏敬良，高福，索勋，主译. 北京：中国农业出版社.

图书在版编目（CIP）数据

动物防疫与检疫技术 / 朱俊平，葛爱民主编．—2版．—北京：中国农业出版社，2022.6（2024.1 重印）
高等职业教育农业农村部“十三五”规划教材
ISBN 978-7-109-29721-0

Ⅰ.①动… Ⅱ.①朱… ②葛… Ⅲ.①兽疫－防疫－高等职业教育－教材②兽疫－检疫－高等职业教育－教材 Ⅳ.①S851.3

中国版本图书馆 CIP 数据核字（2022）第 125451 号

中国农业出版社出版
地址：北京市朝阳区麦子店街 18 号楼
邮编：100125
责任编辑：徐 芳
责任校对：王 晨　　责任校对：沙凯霖
印刷：中农印务有限公司
版次：2019 年 2 月第 1 版　　2022 年 6 月第 2 版
印次：2024 年 1 月第 2 版北京第 4 次印刷
发行：新华书店北京发行所
开本：787mm×1092mm　1/16
印张：16.75
字数：380 千字
定价：43.50 元
